高等学校教材

普通化学实验

沈建中　马　林　赵　滨　卫景德

復旦大學出版社

内 容 简 介

全书包括四个部分:绪论,化学实验基础知识,实验内容及附录。绪论部分介绍了化学实验的基本要求,实验室试剂(药品)的使用规则,安全常识和防范措施。化学实验基础知识部分介绍了基本的化学操作方法,常见的化学实验室仪器的工作原理和操作方法,实验数据的处理。实验内容部分共有35个独立的实验,包括了简单无机化合物和有机化合物的合成制备、分离提纯和性质鉴定,一些物理化学常数的测定,常见化学实验仪器及技术的应用。附录部分收集了常用化学试剂的配制方法,常见的元素(化合物)的性质及常用的物理化学常数。

本书的实验内容包含了一些与现实生活相联系的实验,以期在保证教学内容的科学性及准确性的同时,进一步启发学生认识化学学科在自然科学发展以及改善人类生活水平方面的作用,激发他们对化学学科的兴趣。

本书可作为普通高等学校低年级学生的普通化学实验课程教材,各学科可根据需要对所提供的实验内容进行挑选和组合。

前　言

复旦大学化学系历来重视实验教学，在长期教学实践中形成了有效的教学机制和良好的教学传统。近年来，随着对学生创新能力和全面素质培养的日益重视，在教学体制和课程设置上采取了一系列改革措施，建立了新的实验课程体系框架。其中，实验课程教学体系改革以教育部化学教学指导委员会制定的《化学专业化学实验教学基本内容》为依据，提出了"以实验技术要素为主线"的改革方案，对原有的以无机、分析、有机、物化划分的基础实验进行调整组合。

复旦大学于2002年全面推行学分制建设，本科教学培养方案由综合教育、文理基础教育和专业教育三个部分组成，其中文理基础教育按照人文、法政、经管、自然科学、技术科学、医学与数学七个类别，以大平台模式开展教学，同时安排较大比例的专业教育。从宽泛的基础教育着手，逐步过渡到宽口径的专业教育，努力培养全面的文化素质，构成了具有复旦特色的通识教育体系，体现了"厚基础、宽口径、重能力、求创新"的培养理念。

作为构筑通识教育体系的一个部分，新设立的《普通化学实验》课程与以往不同，课程性质由原来的专业基础教育课程转为面向自然科学和医学所有专业的文理基础教育课程。新的《普通化学实验》精选实验内容，改革教学方法，注重以科学性、基础性为前提，考虑内容的趣味性、实用性，贯穿以基本实验技术和操作技能的学习，让学生了解从化学实验中可以获得哪些基本信息及如何获得这些基本信息，引导学生体验化学学科尤其是化学实验的基本方法和操作，了解化学实验的基本面貌，领略化学的无限魅力，启发对化学的兴趣，同时也为学生打下化学实验的初步基础。

在实验内容的安排上，《普通化学实验》课程借助原有的基础实验框架，进行调整、组合与充实，努力贯通无机化学、有机化学、分析化学、物理化学等各个二级学科的知识，将一系列基本的实验操作技术，通过难度适当的实验内容为载体，进行学习与训练。具体的实验除了包括以往一年级学生学习的一些基本技术单元以及无机制备、性质试验、物理化学常数测定、pH计使用等最基本的内容之外，还增加了一些简单的有机合成反应，增加了分光光度法、气相色谱法等仪器分析技术方面的实验，力求反映化学最基本的学科特征。其中许多实验特别注重与现实生活的密切联系，同时兼顾不同学科的需求差异，注意到设置对象或选取方法的趣味性、实用性，以及内容和要求的不同层次。而在实验教材的编写上，力求联系实际，原理表达清晰完整、深入浅出、简洁明了，引导学生思考与理解，从中更多获得一些对化学实验的了解、对化学学习的兴趣和主动性。

在三年多的教学实践过程中，我们对教学内容的把握也在不断深化，并逐步形成了现在的这本《普通化学实验》教材。全书分为五个部分：绪论、化学实验基础知识、实验内容以及附录和参考文献，包含了三十五个实验。具体实施教学时，根据教学时数选做其中的部分内容。不同学科的教学还可以根据需要分别进行选择、组合。书中所提及的试剂，视具体实验所需，分别为化学纯或分析纯试剂；所用水则为蒸馏水或经电渗析处理的去离子水。

在编写、修改的过程中，我们深深感到：这本教材的问世，得益于化学系多年来实验教学的厚实积累，得益于许多前辈和同事们的辛勤劳动，也得益于学生们的质疑与建议。尤其是周锡庚、林阳辉、庄继华、李妙葵、姚子鹏、储艳秋、崔美芳等同仁，在教材的形成阶段给予了大力支持，他们或者参与了大纲的制订，或者参与了部分内容的编写，或者提供了一些具体实验；宋纯义、刘先年、许君兴、陈末华、高翔等老师在教材修改中曾提出很有价值的意见和建议；谢高阳、黄乃聚、周锡庚教授审阅了全书，提供了宝贵的意见；章慧琴、金幼铭帮助绘制了其中的插图；更有很多同事都给了我们帮助和支持。在此，向他们表示衷心的感谢！

毋庸讳言，本书的不足之处在所难免，敬请读者批评指正。

编　者

2005 年 11 月

目　录

第一部分 Part 1

绪论

化学是一门实验科学，化学中的定律和学说都源于实验同时又为实验所检验。因此，化学实验在化学学习中占有特别重要的地位。化学实验课程通过传授化学知识和实验技能、训练科学思维和方法、培养科学精神和职业道德，成为实施全面化学素质教育的有效环节。

《普通化学实验》是理科、医科等一年级大学生的基础课程，旨在引导学生了解化学学科尤其是化学实验的基本面貌、基本特点，启发对化学的兴趣和学习愿望，训练科学的思维和实验方法。在"以技术要素为主线"的教学指导思想下，《普通化学实验》作为学习实验技能的入门课程，融合了无机化学、有机化学、分析化学、物理化学等化学二级学科的内容，注重以科学性、基础性为前提，并兼顾趣味性、实用性。通过《普通化学实验》课程，可以直接获知大量化学事实，经过思考、归纳、总结，从感性认识上升至理性认识，既有助于对基本理论和基本知识的理解与掌握，又有利于运用这些基本理论知识来指导实验。通过《普通化学实验》课程，还可以初步了解一些物质的基本性质及其制备、提纯方法，了解一些化学定律和物理常数的研究方法，了解确定物质组成、含量和结构的一般方法，进一步了解开展科学研究的基本方法；训练化学实验中的一些基本操作技能，培养动手能力；学习如何细致观测实验现象、正确处理和表达实验结果以及查阅资料、推理判断，提高分析问题、解决问题的能力；培养实事求是、勤于思考、敢于质疑、善于计划、乐于协作等良好作风和科学精神。

化学实验的全过程是培养学生综合能力(动手、观测、查阅、记忆、分析、思维、想象、推理、归纳、总结、表达)的有效途径。而善于观察和捕捉实验中的异常现象，积极思考、努力求证，正是科学创新人才所必备的素质。

一　普通化学实验的学习方法

为了达到教学目的，要求学生具有正确的学习态度，同时还需要有科学的学习方法。依据实验的各个环节，可以将这些方法归纳如下。

1. 认真预习

预习是做好实验的前提和保证。要获得良好的实验效果，预习时应做到：

1) 仔细阅读实验讲义，了解实验原理，熟悉实验内容，必要时还应查阅有关教科书及参考资料。

2) 了解实验方法和所需实验试剂、装置，预习或复习相关基本操作和仪器使用方法。

3）简要列出实验步骤，合理安排实验进程，预测实验现象、实验结果及可能出现的问题。

4）完成预习思考题。

2. 认真聆听讲解

学生要注意聆听每次实验前指导教师的讲解，细心观察示范操作，并积极回答提问、参与讨论。因为在讲解中包含有前人的许多经验体会，可以引导学生解决预习中的问题，提高对实验内容和操作要领的理解，更明确实验中应注意的事项。

3. 专心实验

1）按步骤专心投入实验，注意操作规范，既要大胆，又要细心。

2）仔细观察现象，认真测定数据，做到边实验、边思考、边记录。记录必须真实、及时、清晰、完整，不能记在草稿纸、小纸片上，不得使用铅笔，不得涂改或用橡皮擦拭。如有笔误，可在原记录上画一道杠，再在旁边正确书写。不得杜撰原始数据，不凭主观意愿任意删改记录。

3）实验过程中要勤于思考，碰到问题，首先力争自己解决。必要时，可与教师讨论，但不应过于依赖教师。

4）对于实验中的异常现象，应及时分析，必要时可以做对照试验、空白试验，或自行设计实验进行核查，从中得出结论。

5）如果实验失败，要仔细查找原因，经教师同意后方可重做实验。

4. 科学书写实验报告

实验报告是实验课程中的重要训练内容之一，是提高学生文字表达能力、科学思维能力和养成良好的科研工作习惯的重要途径。它从一定角度反映了学生的学习态度、知识水平和观察、分析、判断问题的能力。因此，实验结束后，应严格地根据实验记录，认真、独立地完成实验报告。实验报告一般包括实验目的、原理、步骤、结论和问题讨论，书写时应注意：

1）语言简洁，字迹端正，格式规范。针对不同类型的实验可以参考不同的格式。

2）实验原理简明扼要，多使用经过自己领会提炼后的学术性语言表示，切忌照抄书本。

3）实验步骤清晰明了，表达合理，提倡采用表格、流程图或通用符号等形式表示。数据处理应准确无误，并学会用表格法和作图法处理实验数据。

4）对实验现象和结果进行归纳解释，给出明确结论。必要时，还应对实验结果的可靠性与合理性进行评价。

5）问题讨论时，重点在于心得体会，如总结实验的关键所在，对实验现象以及出现的问题进行探讨，分析产生误差的原因。也可对实验方法、检测手段等提出改进意见。

二　化学实验守则

1）实验前认真预习，明确实验目的，了解实验的基本原理方法和步骤，拟订实验计划，完成预习报告。

2）遵守实验室规章制度。不迟到、不早退；保持室内安静，不大声喧哗，不使用移动电话；不准在实验室饮食。

3）进行实验时应穿戴实验衣和防护眼镜。严格遵守操作规程和安全规则，注意保证实验安全。了解实验室的电源、气源开关位置和安全防护设施，一旦发生事故，应立即切断电源、气源,并立即向指导教师报告,进行适当处置。

4) 实验时应遵从教师指导,集中注意力,认真操作,仔细观察,如实记录实验数据和现象。不得用铅笔和纸片记录,更不得拼凑伪造数据和抄袭他人实验记录。

5) 保持环境整洁,不乱丢纸屑杂物,垃圾要分类收集在指定的废物桶内。

6) 爱护公物。公用物品用毕放回原处,不得擅自动用与本实验无关的仪器设备。使用水、电、煤气、药品时都要注意节约,对仪器设备要爱护。

7) 实验结束时整理实验台和实验用品,检查并关闭所用水、电、煤气开关。将实验记录交指导教师批阅,经同意方可离开实验室。

8) 同学应轮流值日。值日生要协助教师督促学生遵守本守则,并按照要求认真履行职责,做好相关的服务工作,包括打扫实验室、清倒废物、整理公用仪器物品、检查水电煤气、关好门窗。

9) 实验后应对实验现象和数据认真分析和总结,按时完成实验报告。

10) 严格遵守教学实验室管理规定、实验室安全工作规定和仪器赔偿制度,违者视情节轻重予以处理(包括赔偿损失)。

三　试剂取用规则

1) 装有试剂的容器应贴有标签,标明名称和纯度,配制的溶液还应标明浓度和配制日期。

2) 注意节约,按量取用试剂。

3) 为防止玷污试剂,取下的试剂瓶盖应倒置于桌面上,取用试剂后应立即将瓶子盖好,取出的试剂不得倒回原瓶。要求回收的试剂应倒入指定的回收瓶。

4) 取用固体试剂时应使用清洁干燥的药匙。取用液体试剂时按所需体积量取,不可将滴管直接伸入试剂瓶内。

5) 取用滴瓶内溶液时,滴管不可接触其他器皿,更不能插到其他溶液里,也不能放在原滴瓶以外的任何地方。滴管口必须始终低于橡胶头,以免溶液流入橡胶头内而玷污。不可随意使用其他滴管。

6) 公用试剂台应保持清洁整齐,公用试剂不可随意搁置于本人实验台。

四　实验室安全注意事项

化学实验时,经常使用水、电、煤气、各种药品及仪器,如果马马虎虎,不遵守操作规则,不但会导致实验失败,还可能造成事故(如失火、中毒、烫伤或烧伤等)。一旦出了事故,人身安全受到伤害,国家财产受到损失。为了保证实验安全,避免发生事故,必须了解基本安全知识,遵守各项安全规定。

1. 实验室的安全规则

1) 浓酸、浓碱具有强腐蚀性,使用时要小心,避免洒在皮肤和衣服上。稀释硫酸时,必须把酸注入水中,而不是把水注入酸中。

2) 有机溶剂(如乙醇、乙醚、苯、丙酮等)易燃,使用时一定要远离火焰,用后应把瓶塞塞严,置于阴凉处。注意防止易燃有机物的蒸气大量外逸或回流(蒸馏)时发生爆沸。不可用明火直接加热装有易燃有机溶剂的烧瓶。

3）对空气和水敏感的物质应隔绝空气保存。如金属钠、钾应保存在煤油中，并尽量放在远离水的地方；白磷则应保存在水面下。

4）实验中涉及具有刺激性的、有毒的气体（如 H_2S、Cl_2、CO、SO_2、Br_2 等）时，以及加热盐酸、硝酸、硫酸、高氯酸等以溶解或消化试样时，应该在通风橱内进行。

5）使用有毒试剂（如氰化物、氯化汞、砷酸和钡盐等）时，严防进入口内或接触伤口，剩余的药品或废液应倒入指定回收瓶中集中处理，不得倒入下水道。

6）严禁任意混合实验药品，注意试剂的瓶盖、瓶塞或胶头滴管不能搞错，以免发生意外事故。互相接触后容易爆炸的物质应严格分开存放。另外，对易爆炸的物质还应避免加热和撞击。使用爆炸性物质时，尽量控制在最少用量。

7）加热、浓缩液体时，不能正面俯视，以免烫伤。加热试管中的液体时，不能将试管口对着自己或别人。当需要借助于嗅觉鉴别少量气体时，决不能用鼻子直接对准瓶口或试管口嗅闻，而应用手把少量气体轻轻地扇向鼻孔进行嗅闻。

8）实验结束或水、电、煤气供应临时中断时，应立即关闭水、电、煤气阀门。如遇漏水或煤气泄漏，应立即检查，及时报告和处理。

9）不得在实验室饮食、吸烟，一切药品试剂均不得入口。不得用手直接触及毒物。实验后应仔细洗手。

10）实验完毕后，值日生和指导教师都应负责检查和关闭水、电、煤气及门窗。

11）必须了解实验室的环境，熟悉水、电、煤气阀门、急救箱和消防用品的放置地点和使用方法，了解实验楼的各疏散出口。

2. 实验室一般伤害的救护

1）割伤：先挑出伤口内的异物，然后在伤口敷上消毒药剂后用纱布包扎，使其立即止血且易愈合。

2）烫伤：在伤口处涂敷烫伤油膏，不要把烫出的水泡挑破。

3）受酸腐伤：先用大量水冲洗，再用 2%～3%碳酸氢钠溶液或稀氨水冲洗，最后用水洗净。

4）受碱腐伤：先用大量水冲洗，再用 2%醋酸溶液或 5%硼酸溶液冲洗，最后用水洗净。

5）酸和碱溅入眼中：必须立即用水冲洗，再用 5% $Na_2B_4O_7$ 溶液或 5% H_3BO_3 溶液冲洗，最后用蒸馏水冲洗。必要时还应到医院检查。

6）吸入有毒气体：立即到室外呼吸新鲜空气。若吸入溴蒸气、氯气、氯化氢气体，可吸入少量乙醇和乙醚的混合蒸气。

7）毒物误入口内时：立即内服 5～10 mL 稀 $CuSO_4$ 溶液，再将手指伸入咽喉部，促使呕吐，然后立即去医院治疗。

8）触电时：立即切断电源，必要时进行人工呼吸。

预备室里备有药箱和必要的药品，以供急用。如果伤势较重，应立即去医院就医。

3. 安全常识与防范措施

化学实验室中容易发生的事故有：中毒、烧伤、失火、爆炸等，有关事故常识、防范措施和急救方法等内容很多，现将最基本的安全知识介绍如下。

（1）消防

消防，应以防为主，如：使用易燃物时应远离火种。万一不慎起火，切不要惊慌，只要掌握灭火的方法，就能迅速把火扑灭。在失火以后，应立即采取如下措施。

a. 防止火势蔓延

① 立即关闭煤气阀门,停止加热。

② 拉开电闸。

③ 把一切可燃物质(特别是有机物质、易燃、易爆物质)迅速移到远处。

b. 灭火

一旦发现火情即应迅速扑灭。一般的灭火方法都是基于下面两个原理:使燃烧物迅速降温至燃点以下,或使燃烧物与空气隔绝而无法燃烧。

常用的灭火物品和工具有:水、砂、各种灭火器等。

一般物质燃烧时都可以用水灭火,水不仅可以使燃烧物迅速降温,而且生成的水蒸气还可以使燃烧物与空气隔绝。但是下列情况不可用水:

① 能与水剧烈反应、并会导致更大火灾的物质如金属钠、钾等燃烧时;

② 有机溶剂燃烧时,因为有机溶剂会浮于水面上燃烧而使燃烧面积更为扩大;

③ 周围有不能接触水的贵重仪器。

在这些情况下,应用砂土、湿布、石棉布覆盖燃烧物,或用合适的灭火器灭火。

当衣服上着火时,切勿慌张跑动,应赶快脱下衣服或用防火布覆盖着火处,也可在地上卧倒打滚,起到扑灭火焰的作用。

常见的几种灭火器列于表Ⅰ.4.1。其中较常用的是泡沫灭火器,灭火器钢瓶内装有硫酸铝和碳酸氢钠,用时将它倒转,瓶内即开始反应而喷出含有二氧化碳的泡沫,可以阻止燃烧。但是,如果燃烧物附近有能与水反应的物质或贵重仪器时均不能使用,这点应特别注意。

表Ⅰ.4.1　常用灭火器简介

类　型	药 液 成 分	适用灭火类型
酸碱灭火器	H_2SO_4　$NaHCO_3$	非油类及电器失火的一般火灾
泡沫灭火器	$Al_2(SO_4)_3$　$NaHCO_3$	适用于油类失火
二氧化碳灭火器	液体 CO_2	适用于电器、金属钠、钾等失火
干粉灭火器①	粉末主要成分为 $NaHCO_3$ 等盐类物质,以及适量润滑剂、防潮剂	适用于扑救油类、可燃气体、电器设备、精密仪器、文件记录和遇水燃烧等物品的初起火灾
四氯化碳灭火器	液体 CCl_4	适用于电器失火②
1211 灭火器	CF_2ClBr	主要应用于油类有机溶剂、高压电气设备、精密仪器等失火

① 干粉灭火器装有二氧化碳作为喷射动力,喷出的灭火粉末覆盖在固体燃烧物上,能够构成阻碍燃烧的隔离层,且能通过受热而分解出不燃气体,可以稀释燃烧区域中的含氧量,因此灭火速度快。干粉灭火器综合了泡沫式灭火器、二氧化碳灭火器和四氯化碳灭火器的优点。

② 禁止使用四氯化碳灭火器扑救乙炔、二硫化碳的燃烧,否则会产生光气一类的有毒气体。此类灭火器很少使用。

(2) 爆炸

化学试剂发生爆炸的原因,都是由于这些物质在一定条件下发生迅速猛烈的反应,产生了大量热和气体,向四周迅速扩张而造成,并且容器破裂后的碎片飞散也会造成很大的破坏力。这些爆炸物可以是固体,也可以是液体或气体。

可燃物气体与空气混合,常常能遇火而爆炸。不同气体与空气混合发生爆炸的体积比例范围不同,这个比例范围越大越危险。表Ⅰ.4.2 列出了不同气体与空气混合发生爆炸的体积比例范围。

一些能够互相发生猛烈反应的物质(固体或液体)若被互相混合,在一定条件下也会爆炸,例如表Ⅰ.4.3 中所列的情况,实验中要注意防范。

表Ⅰ.4.2 可燃性气体在空气中爆炸的体积比例范围简表(20 ℃,1 atm①)

名 称	爆炸范围/体积百分比	名 称	爆炸范围/体积百分比
氢 气	4～74	乙醇蒸气	3.3～18.9
一氧化碳	12.5～74.2	乙 炔	2.5～80.0
氨	15.5～27.0	苯蒸气	1.4～6.8
硫化氢	4.3～45.5		

① 1 atm＝101.322 kPa。

表Ⅰ.4.3 部分无机物爆炸简表

互相作用的物质名称	引起爆炸的原因	互相作用的物质名称	引起爆炸的原因
金属铝粉—氧化剂	撞击	氢—空气或氧	火花
氨水—氯、碘	作用	磷酸—有机物	摩擦、撞击
亚硝酸铵	撞击,加热 70 ℃	亚硝酸盐—铵盐	加热
硝酸铵—有机物	加热	高锰酸钾—乙醇	浓硫酸
溴酸盐—有机物	摩擦、加热	高锰酸钾—浓硫酸	撞击
氢—氯	阳光、火花	红磷—氯酸钾	撞击
煤气—空气或氧	火花		

(3) 中毒

凡是可能使人体受害引起中毒的外来物质都称为毒物。但毒物是相对的,只有在一定条件下和达到一定量时才会引起中毒。侵入人体后引起死亡的毒物剂量称为致死剂量或致命剂量(LD),而有报道引起死亡的毒物最低剂量称为最小致死剂量(MLD)。

许多化学试剂是有毒的。它们中有些可对人体立即产生毒害,有些则在人体中经过一段时间之后才发生作用,有些甚至经过相当长的时间才出现中毒症状。例如:吸入较多量的氯、溴等蒸气时,很快就会中毒,而在汞蒸气浓度相对较低时,要经过长时间的积累,才会中毒。因此,需要随时加以重视。

毒物有气态、液态和固态,它们在环境中的最高容许浓度,以及使人致死的最低剂量、中毒症状都各不相同。表Ⅰ.4.4 给出了部分毒物的简单介绍。

表Ⅰ.4.4 部分毒物简表

毒物名称	致死量/最高容许浓度 LD①/MAC②	急性中毒主要症状
氰化钠	LD 1～2 $mg \cdot kg^{-1}$	呼吸加深,血压升高,继而呼吸困难,痉挛,最后麻痹、呼吸停止
氰化钾	LD 2 $mg \cdot kg^{-1}$	同氰化钠,但对皮肤、黏膜的刺激作用更强

（续表）

毒物名称	致死量/最高容许浓度 LD①/MAC②	急性中毒主要症状
三氧化二砷	MLD③ 0.76 $mg \cdot kg^{-1}$	腹部疼痛，恶心、呕吐，头痛，呼吸麻痹，休克，血压下降，心脏衰竭
可溶性钡盐	$BaCl_2$ LD 0.8～0.9 g $BaCO_3$ MLD 17 $mg \cdot kg^{-1}$	血压显著升高，心搏无节律、心前区疼痛，呕吐、腹部剧痛，肌肉震颤，呼吸困难
可溶性汞盐	$HgCl_2$ LD 1 g	急性中毒后腹部剧痛，可出现短时精神兴奋，很快转成呼吸困难，心脏衰竭，脱水、休克、死亡
汞蒸气	MAC 0.01 $mg \cdot m^{-3}$	汞蒸气 ＞ 1.0 $mg \cdot m^{-3}$ 即急性中毒，呕吐，腹痛，全身酸痛，症状与汞盐中毒相近
氮的氧化物	NO_2 MAC 5 $mg \cdot m^{-3}$	缓发性的头痛、昏眩，皮肤青紫，血压下降，惊厥，损害深部呼吸器官，咳嗽，肺水肿，窒息
氟	MAC 1 $mg \cdot m^{-3}$	刺激眼、鼻、呼吸道，丧失嗅觉，引起肺部中毒、胸闷，400～430 $mg \cdot m^{-3}$ 可引起肺水肿、窒息致死
氯	MAC 1 $mg \cdot m^{-3}$	刺激眼、鼻、喉，损害呼吸道，严重时损伤肺部，呼吸困难，窒息，＞ 300 $mg \cdot m^{-3}$ 即可能造成致命性损害
溴（蒸气）	MAC 0.7 $mg \cdot m^{-3}$	刺激呼吸道，＞ 6.6 $mg \cdot m^{-3}$ 即有强刺激，接触过久可能引起肺水肿，达 11～13 $mg \cdot m^{-3}$ 引起严重窒息
氯化氢	MAC 15 $mg \cdot m^{-3}$	腐蚀皮肤，喉部紧缩、呼吸困难，昏迷，引起化学性肺炎和肺水肿、出血
硫化氢	MAC 10 $mg \cdot m^{-3}$	氧循环受扰，高浓度时引起昏迷、窒息、肺水肿和心肌损害，甚至麻痹呼吸中枢、立即造成“电击样”死亡
二氧化硫	MAC 15 $mg \cdot m^{-3}$	刺激眼、鼻、喉、肺，麻痹呼吸中枢，达 5240 $mg \cdot m^{-3}$ 引起喉痉挛，迅速死亡。慢性中毒则引起支气管炎、肺气肿等
一氧化碳	MAC 30 $mg \cdot m^{-3}$	组织缺氧、昏眩、头痛，呼吸困难，失去知觉甚至死亡
四氯化碳	MAC 25 $mg \cdot m^{-3}$	刺激黏膜，头晕、乏力，昏迷，麻醉中枢神经，损害肝、肾和神经系统，可疑致癌
苯	MAC 40 $mg \cdot m^{-3}$	主要为神经系统麻醉症状，兴奋、抽搐，而后昏迷、痉挛，最后因呼吸中枢麻痹而死亡。长期慢性中毒主要为造血系统损害，可引起白细胞减少，严重时发生再生障碍性贫血甚至白血病，致癌
甲醛	MAC 3 $mg \cdot m^{-3}$	强烈刺激呼吸道黏膜、肺部及眼睛、皮肤，有灼烧或刺痛感，呼吸困难，毒害中枢神经系统，选择性损害视丘和视网膜。可疑致癌

① LD——致死剂量，$mg \cdot kg^{-1}$（每千克体重给予化学物的毫克量）。
② MAC——最高容许浓度，$mg \cdot m^{-3}$（每立方米空气中含有化学物的毫克量）。
③ MLD——最小致死剂量，$mg \cdot kg^{-1}$（每千克体重给予化学物的毫克量）。

（4）烧伤

一般烧伤是由于皮肤接触过高的温度造成的，但在化学实验室中，烧伤还常常是由于化学药品的强烈作用而引起，并且这种“化学”烧伤往往更难治疗。例如，浓硫酸能强烈吸收皮肤的水分,并发热致使皮肤烫伤,造成严重后果;浓硝酸、浓碱液(特别是热的)能破坏皮肤的有机组织,造成烧伤溃烂;浓氢氟酸、液体溴、白磷等对皮肤的损害更加严重,接触氢氟酸后皮肤发黑并剧痛,白磷沾在皮肤上会由于磷的自燃造成严重灼伤。

为了防止发生烧伤,在操作时必须十分小心,应该戴防护眼镜和橡皮手套。加热浓的酸碱溶液时,切勿俯视以防溅在脸上。加热试管中的液体时,勿将试管口对着自己或别人。一旦发生事故,必须及时采取急救措施。

第二部分 Part 2

化学实验基础知识

一　常用玻璃与瓷质仪器

玻璃具有良好的化学稳定性，因而在化学实验室中大量使用玻璃仪器。玻璃按性质不同可分为软质和硬质两类。软质玻璃的透明度好，但硬度、耐热性和耐腐蚀性较差，常用来制造量筒、吸管、试剂瓶等不需要加热的仪器。硬质玻璃的耐热性、耐腐蚀和耐冲击性较好，可以加热至高温，常用来制造烧杯、烧瓶、试管等反应容器，但使用时也勿使温度变化过于剧烈。表Ⅱ.1.1列出了普通化学实验中常用玻璃与瓷质仪器。

表Ⅱ.1.1　常用玻璃与瓷质仪器

仪器	说明
 烧杯 Beaker	以容积(mL)大小表示不同的规格。主要用作配制溶液、进行反应、蒸发和浓缩溶液等的反应容器。一般置于石棉网上加热。使用时，反应液体不得超过烧杯容量的1/2或2/3
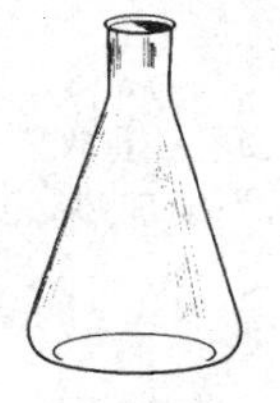 锥形瓶 conical flask	以容积(mL)大小表示，有无塞和具塞两类。用作反应容器，加热时可避免液体大量蒸发。锥形瓶旋摇方便，适用于滴定操作。反应液体不得超过其容量的2/3
 搅棒 glass rod/stirring rod	用于搅拌溶液和协助倾出溶液。其长度应在斜插于烧杯中时比烧杯长出4～6 cm，或伸出总长度的1/3。玻璃搅棒两端的截面应烧熔光滑，以防划伤烧杯或手

（续表）

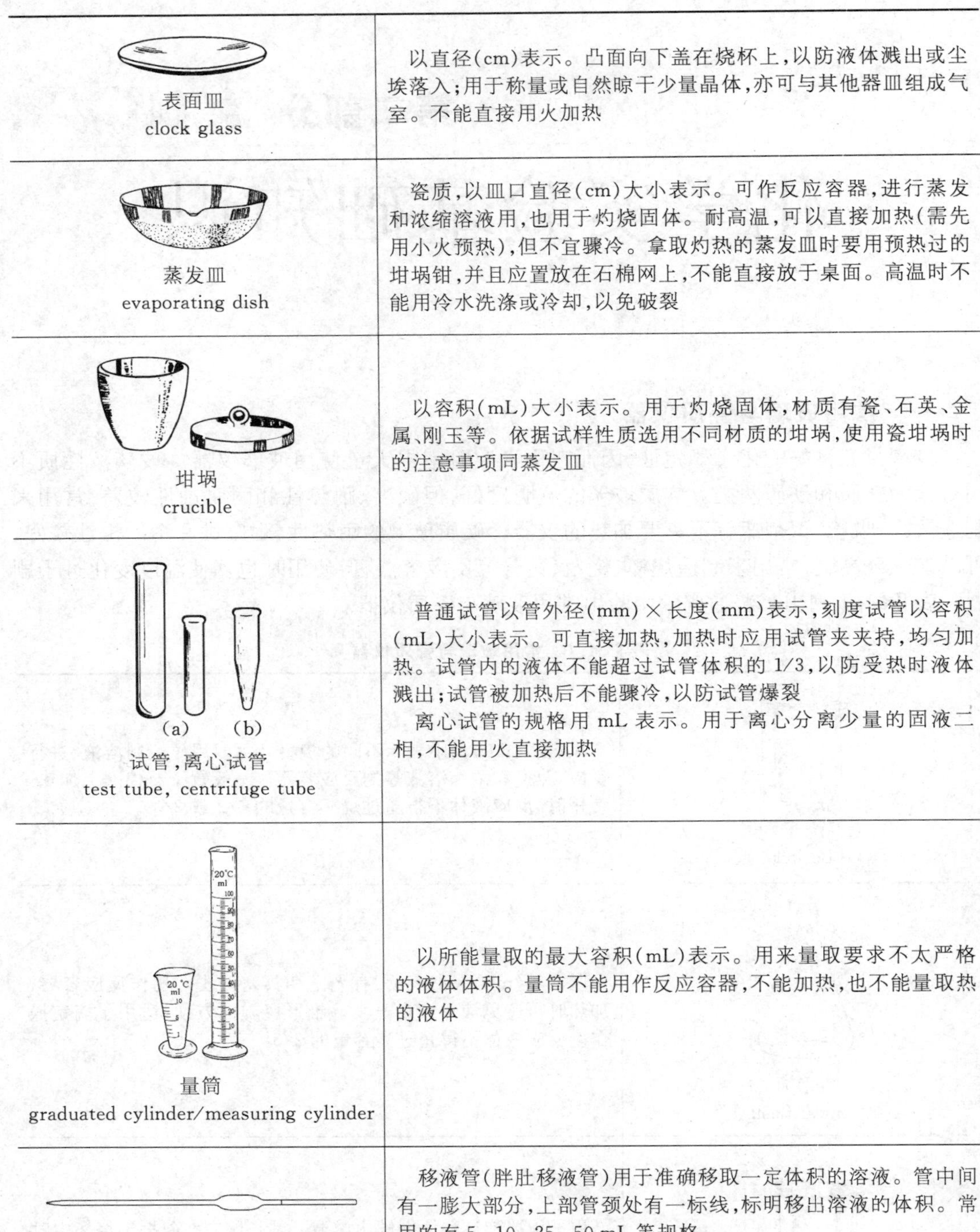

表面皿 clock glass	以直径（cm）表示。凸面向下盖在烧杯上，以防液体溅出或尘埃落入；用于称量或自然晾干少量晶体，亦可与其他器皿组成气室。不能直接用火加热
蒸发皿 evaporating dish	瓷质，以皿口直径（cm）大小表示。可作反应容器，进行蒸发和浓缩溶液用，也用于灼烧固体。耐高温，可以直接加热（需先用小火预热），但不宜骤冷。拿取灼热的蒸发皿时要用预热过的坩埚钳，并且应置放在石棉网上，不能直接放于桌面。高温时不能用冷水洗涤或冷却，以免破裂
坩埚 crucible	以容积（mL）大小表示。用于灼烧固体，材质有瓷、石英、金属、刚玉等。依据试样性质选用不同材质的坩埚，使用瓷坩埚时的注意事项同蒸发皿
(a)　(b) 试管，离心试管 test tube, centrifuge tube	普通试管以管外径（mm）×长度（mm）表示，刻度试管以容积（mL）大小表示。可直接加热，加热时应用试管夹夹持，均匀加热。试管内的液体不能超过试管体积的 1/3，以防受热时液体溅出；试管被加热后不能骤冷，以防试管爆裂 离心试管的规格用 mL 表示。用于离心分离少量的固液二相，不能用火直接加热
量筒 graduated cylinder/measuring cylinder	以所能量取的最大容积（mL）表示。用来量取要求不太严格的液体体积。量筒不能用作反应容器，不能加热，也不能量取热的液体
移液管，吸量管 pipet, volumetric pipet	移液管（胖肚移液管）用于准确移取一定体积的溶液。管中间有一膨大部分，上部管颈处有一标线，标明移出溶液的体积。常用的有 5、10、25、50 mL 等规格 吸量管标有不同体积分度，用于准确移取不同体积的溶液，有 1、2、5、10 mL 等规格。移液的准确度不如胖肚移液管。管口上有“快吹”字样者，使用全量程时应待溶液流完后快吹快离开 移液管与吸量管均不可加热

（续表）

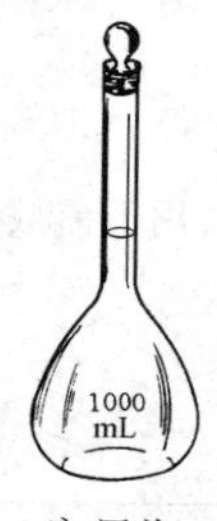 容量瓶 volumetric flask	以容积(mL)表示，有无色和棕色两种，用于配制准确浓度的溶液。不能用任何方式加热，也不可量取热的液体。瓶颈有标线，瓶口上的磨口塞配套使用，不能互换。有时也使用塑料平头塞
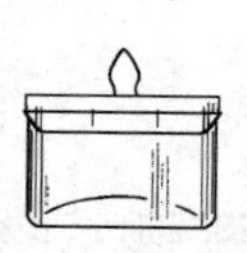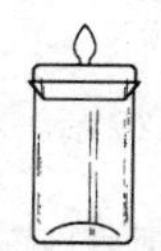 称量瓶 weighing bottle	以外径(mm)×高度(mm)表示，有高型和扁型两类，用于精确称量试样或基准物质。称量瓶的质量较轻，可以直接在天平上称量，并且具有磨口塞，可以防止瓶中的试样吸收空气中的水分。称量时应盖紧玻璃磨口塞，不能直接用手拿取
 长颈漏斗 funnel tube	以口径(cm)表示，用于过滤。不能用火加热。贴妥滤纸过滤时，漏斗颈下端尖处必须紧贴接收容器的器壁
 布氏漏斗，吸滤瓶 buchner funnel, suction flask	两者配合使用于减压过滤(抽气过滤)。漏斗所配橡皮塞要塞入吸滤瓶达 1/3，且要塞紧密以免漏气。不能用火加热
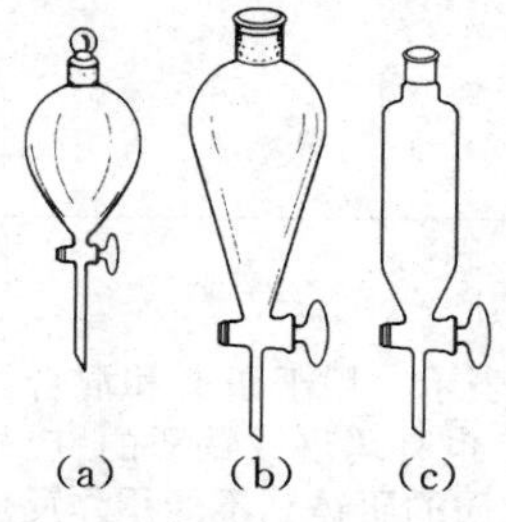 (a)　(b)　(c) 分液漏斗 separatory funnel/tap funnel	以容积(mL)表示大小。有梨形、筒形、球形等几种，用于萃取、分离或滴加液体。不能加热，玻璃活塞不能互换

(续表)

 滴瓶 dropping bottle /dropping glass	以容积(mL)表示,有无色与棕色两种,用于盛放和滴加液体,不能用于加热或盛装热的液体
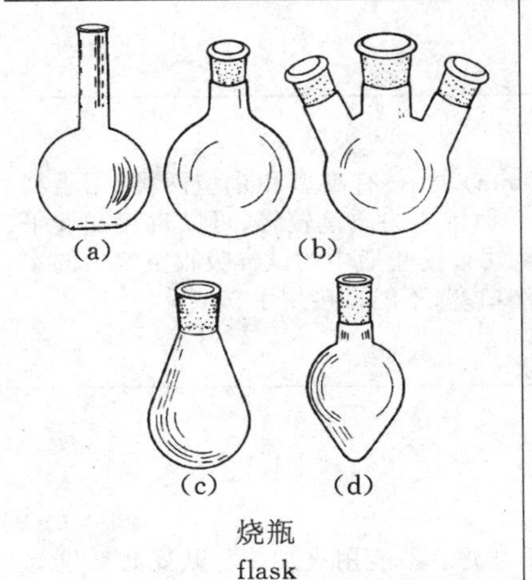 烧瓶 flask	有圆形、茄形、梨形、锥形、平底、圆底、广口、细口、长颈、短颈、单颈、三颈等各种不同类型,适用于各种合成反应和蒸馏。使用时盛放液体的量不能超过烧瓶容量的 2/3,也不宜太少
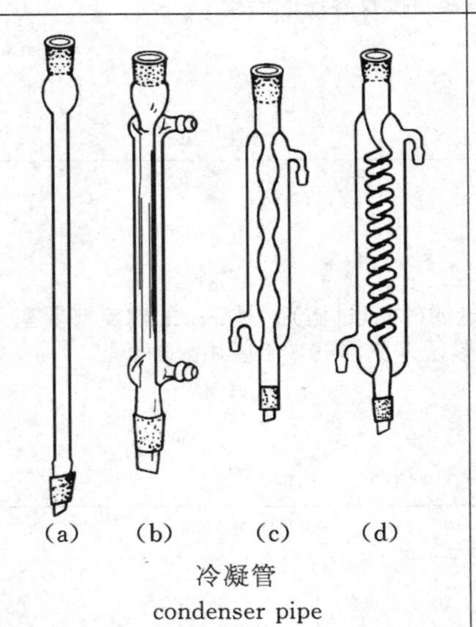 冷凝管 condenser pipe	有球形、直形、蛇形和空气冷凝管等类型,用于冷凝和回流。回流时要直立使用,两端支管口分别套上橡皮管,下端支管进水,上端支管出水
 研钵 mortar box	玻璃或瓷质,以钵口直径(cm)表示。用于研磨和混合固体物质,置入量不要超过容积的 1/3。也有玛瑙或铁质的,应根据固体物质的性质和硬度选用不同材质的研钵。不能用作反应容器

（续表）

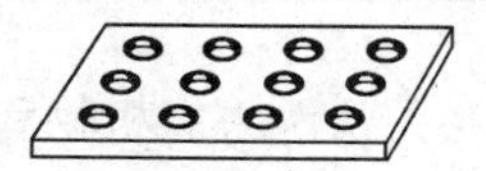 点滴板 dropping board/dropping vessel	瓷质，用于定性实验中的点滴反应，观察沉淀生成和颜色变化等。不能加热
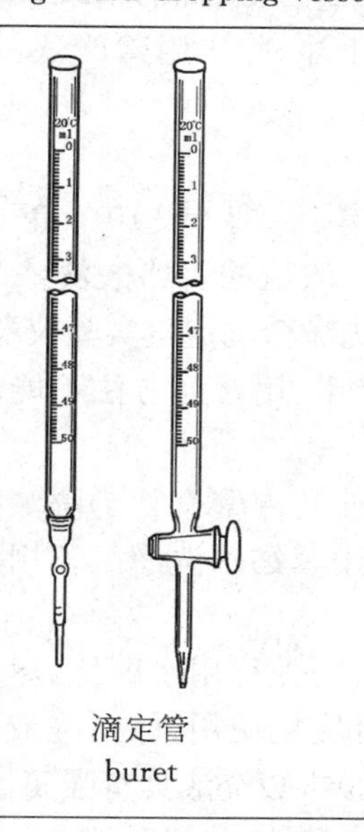 滴定管 buret	滴定管用于准确滴定或量取可变量体积的液体，使用时以滴定管夹夹持、固定在滴定管架上 滴定管有酸式滴定管及碱式滴定管两种，以容积(mL)表示；管的颜色有无色和棕色两种。酸式滴定管下段具有玻璃活塞，用于装酸液，不宜装入碱液。碱式滴定管下端接有一段内嵌玻璃珠的橡皮管，不宜装氧化性溶液。若是配以聚四氟乙烯活塞的滴定管，则酸、碱溶液和氧化性溶液均可使用。见光易分解的溶液宜装在棕色滴定管内使用
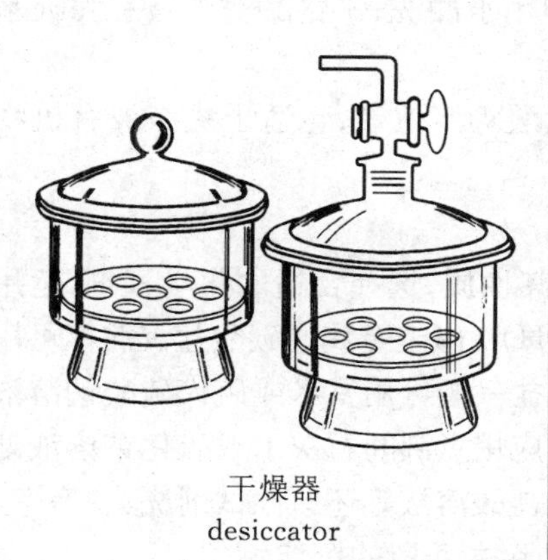 干燥器 desiccator	用来干燥样品或保存干燥样品，以口径(cm)大小表示。器内放置一块有圆孔的瓷板将其分成上、下两室。上室放置待干燥物品，下室放置干燥剂。干燥剂一般为变色硅胶，当硅胶的蓝色变成红色(钴盐水合物变色)时，即应将硅胶重新烘干。干燥剂宜装到下室的一半，太多则易玷污干燥物品。注意：干燥器内并非绝对干燥 干燥器的沿口和盖沿均为磨砂平面，涂敷一薄层凡士林以增加其密闭性。开启或关闭干燥器时，用左手向右抵住干燥器身，右手握盖子圆把手向左平移。取下的盖子应盖里朝上、盖沿向外放于实验台上，防止其滚落在地。搬移干燥器时，务必用双手拿着干燥器和盖子的沿口。禁止用单手捧其下部，以防盖子滑落打碎 灼热的物体放入干燥器前，应先在空气中冷却 30～60 s。放入干燥器后，为防止干燥器内空气膨胀将盖子顶落，应反复将盖子推开一道细缝，让热空气逸出，直至不再有热空气排出时再盖严盖子

二　仪器洗涤和干燥

（一）仪器的洗涤

为保证实验结果正确，所用实验仪器必须干净。洗净的仪器不应附着不溶物或油污，器壁应被水完全湿润，即内壁仅有一层薄而均匀的水膜，没有水的条纹或水珠附挂。若有水珠残挂，应该重新洗涤直至干净为止。洗净的仪器不能用布或纸擦拭。

仪器器壁上附着的污物一般有可溶性物质、尘土、不溶性物质、有机物和油污等几种。洗涤仪器时，应根据实验的要求、污物的性质和仪器被污染的程度等，选用适当的方法加以洗涤。

1. 用水刷洗

用水和毛刷刷洗，可除去可溶物、尘土和其他不溶物。但此法无法洗去有机物和油污。

2. 用洗涤剂刷洗

先用水将仪器湿润，再加入适量洗涤剂(热的肥皂液以及去污粉、洗洁精或洗衣粉等合成洗涤剂)，选用大小合适的毛刷反复刷洗，再用自来水冲洗干净，除去附着的残留洗涤剂。此法可洗去有机物和油污。

3. 用铬酸洗液洗

铬酸洗液由重铬酸钾和浓硫酸配制而成，配制的方法是：称取 5～10 g 重铬酸钾于 10 mL水中，加热溶解，冷却后在不断搅拌下缓缓加入 90 mL 浓硫酸。铬酸洗液呈深红棕色，具有强氧化性，对有机物和油污的去污能力强，主要用于洗涤精确定量实验仪器(如滴定管、移液管、容量瓶以及反应瓶等)、形状特殊的仪器或玷污严重、用普通方法不能洗净的仪器。但由于六价铬有毒、严重污染环境，所以应尽量避免使用。

洗涤时，向仪器中加入少量洗液，倾斜仪器并慢慢转动，使其内壁全部为洗液润湿。稍等片刻，将洗液倒回原贮瓶中，用自来水将仪器冲洗干净，再用蒸馏水洗净。若用洗液将仪器浸泡一段时间或用热洗液洗涤，去污效果更好。

以铬酸洗液洗涤时应注意以下几个问题：①使用洗液前，应先行用水刷洗，尽量除去仪器内的水和污垢，以免洗液被稀释而影响洗涤效果；②洗液可反复使用，但当洗液由原来的深红棕色变为绿色时，则表明已失去去污能力，应另作处理；③铬酸洗液具有强腐蚀性，使用时应注意安全，如不慎洒在皮肤、衣物或实验台上，应立即用水冲洗；④铬酸洗液具有强吸水性，不用时注意盖紧瓶盖。

另外，氢氧化钾-乙醇溶液、硝酸-乙醇溶液、碱性高锰酸钾溶液等，也适于洗涤被有机物玷污的器皿。

4. 沉淀垢迹的其他化学处理

洗涤牢固粘附于容器内壁上的不溶性垢迹时，可根据其性质，选择合适的化学试剂，运用针对性的化学处理方法洗涤。例如，粘附在器壁上的 $Fe(OH)_3$、碱土金属的碳酸盐沉淀等可用盐酸除去；沉积在器壁上的银和铜可用硝酸除去；难溶性银盐一般可用氨水或硫代硫酸钠溶液除去；硫化物沉淀则需用热的浓硝酸在通风橱中处理；硫磺应用煮沸的石灰水或硫化钠溶液处理；高锰酸钾残留的 MnO_2 沉淀可用酸性亚铁溶液或草酸-盐酸溶液等还原性试剂洗除；等等。

应该注意的是：必须在实验结束后，及时洗涤仪器，以除去残留的沉淀垢迹。

5. 超声波清洗

可以使用超声波清洗器或较大型的超声波清洗槽等设备，利用超声波在液体中传播时引起的强烈振动，及其产生的空化作用(由于液体中形成的空穴或称空化泡，而局部产生高温、高压、放电或激震波等作用)所具有的冲击力，使物件表面的污垢剥落，达到清洗目的。若在液体中添加适当的洗涤剂，可进一步加强洗涤效果。

以上各种方法洗涤后，经用自来水冲洗干净的仪器上往往还留有 Ca^{2+}、Mg^{2+}、Cl^- 等离子。如果实验中不允许这些离子存在，应该再用蒸馏水把它们洗去。使用蒸馏水淋洗的目的只是为了洗去附在仪器壁上的自来水，所以应该尽量少用，遵循少量(每次用量少)、多次(一般为三次)的原则。

另外，一些容量仪器的洗涤方法如下。

(1) 滴定管

滴定管可直接用自来水冲洗。若有油污，可用滴定管刷蘸洗洁精或合成洗涤剂刷洗(小心勿使刷子的铁丝部分刮伤管壁)，或用超声波清洗。

若需用铬酸洗液等洗涤液洗涤时，向管内加入 5～10 mL 铬酸洗液，将滴定管横置略平，两手平端转动，使洗液布满全部内壁，还可视情况放置一段时间。操作时将滴定管上口靠在洗液瓶口，以防洗液洒出。碱式滴定管用铬酸洗液洗涤时，可拔去下端橡皮管，套上橡皮滴头堵塞下口进行洗涤；也可将管子倒置，管口插入铬酸洗液中，管尖连接抽气泵，挤宽玻璃珠处的橡皮管吸入洗液，浸泡后，再放出洗液。洗液用后应及时倒回原贮瓶。有时，用氢氧化钾-乙醇溶液洗涤的效果更好。

用洗涤剂清洗后，用自来水充分洗净，再用少量蒸馏水淋洗三次。每次洗后都应打开活塞，尽量除去管内残留水，以提高洗涤效果。而碱式滴定管更应注意玻璃珠下方“死角”处的清洗，可在挤宽橡皮管放出溶液时不断改变挤的方位，使玻璃珠周围都能洗到。洗净的滴定管暂时不用时，可在管内装满蒸馏水备用。

(2) 移液管与吸量管

移液管和吸量管都要洗涤至整个内壁和外壁下部不挂水珠。若发现挂有水珠，就要用洗涤剂洗，如：用移液管刷子蘸取洗洁精或其他合成洗涤剂轻轻刷洗，或用超声波清洗；若需要使用铬酸洗液等洗涤液时，可在尽量除去残留水后，置于高型玻璃筒或大量筒内浸泡，或者用吸球吸取洗涤液至移液管球部约 1/4 处，移去吸球，右手食指揿紧管口，连同洗液一并移出。放平管身，左手托住管子中部，右手松开食指，转动管子，让管子内壁各处都被洗液润洗到。从移液管上口将洗液倒回原贮瓶，用自来水充分洗净，再用蒸馏水洗三次。

(3) 容量瓶

容量瓶可以先用自来水冲洗，发现挂有水珠，就要用洗涤液洗。将洗涤液倒入少许后，转动使容量瓶内壁各处都被浸润，待一段时间后再将洗涤液倒出。有时也可用特制的容量瓶刷子轻轻刷洗。然后用自来水充分洗净，再用蒸馏水洗三次。

(二) 仪器的干燥

实验用的仪器有时还要求干燥，但洗净的仪器不能用布或纸擦干。干燥仪器可采用下列方法。

(1) 晾干

不是急等使用的仪器，洗净后自然晾干。

(2) 烤干

烧杯和蒸发皿可放在石棉网上用小火烤干。试管可直接用小火烤干，烤时应注意将试管口略微向下倾斜，并不时移动试管使受热均匀，最后将管口朝上加热片刻，以将水汽赶尽。

(3) 烘干

将洗净的仪器置于电热干燥箱(烘箱)内烘干，温度应控制在 100 ℃以下。仪器放入烘箱前，应尽量把水倒净。

(4) 吹干

洗净的仪器可用吹风机(冷风或热风)直接吹干，若先用酒精、丙酮等淋洗一遍，则干得更快。

(5) 有机溶剂干燥

带有刻度的容量仪器(如移液管、容量瓶等)不能用高温加热的方法干燥,否则将会影响仪器的精度。可用易挥发的有机溶剂(如乙醇或乙醇与丙酮体积比为 1∶1 的混合液)荡洗,使器壁上的水与之混合,然后倾尽、晾干。

三　煤气灯、温度计与天平

(一) 煤气灯

煤气灯是化学实验室中最常用的加热器具,有多种样式,但其构造原理是一致的,由图Ⅱ.3.1可见,煤气灯由灯管和灯座组成。灯座侧面有煤气入口,接上橡皮管可把煤气导入灯内,灯座侧面或底部有一螺旋形针阀,用以调节煤气进入量。灯管下部的几个圆孔则是空气入口,旋转灯管可完全关闭或不同程度地开放空气入口,借以调节空气的进入量。

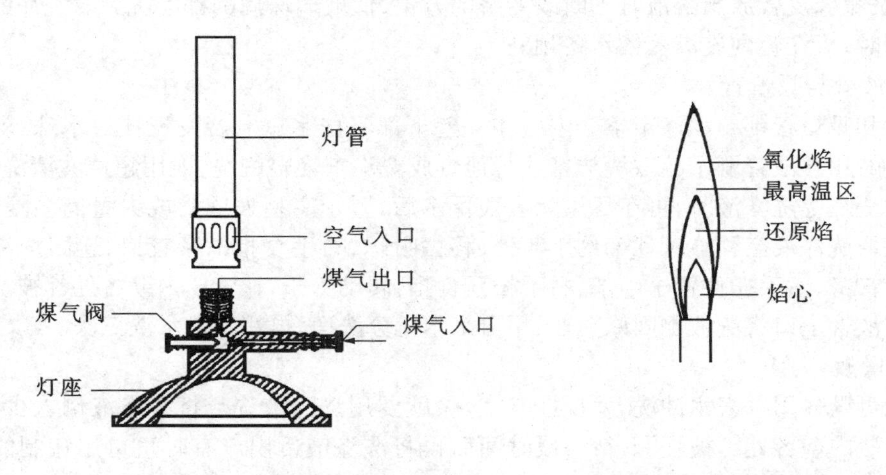

图Ⅱ.3.1　煤气灯的构造　　图Ⅱ.3.2　煤气灯的正常火焰

当空气入口完全关闭时,点燃煤气灯后产生的火焰为黄色,此时因助燃气不足而使煤气燃烧不完全,火焰温度不高;逐渐加大空气的进入量,当助燃气与燃气比例适当时,煤气充分燃烧,其火焰为正常火焰,如图Ⅱ.3.2 所示,可分为三层:内层为焰心,由未燃烧的煤气和空气组成,温度低,约为 573 K 左右;中层为还原焰,呈淡蓝色,煤气不完全燃烧并分解为含碳的产物,具有还原性,温度较高;外层为氧化焰,呈淡紫色,煤气完全燃烧,过剩的空气使这部分火焰具有氧化性,温度约为 1173 K。还原焰顶端上部的氧化焰温度最高,可达 1773 K。

当空气或煤气的进入量调节不当时,会产生不正常火焰。如:煤气和空气进入量都很大,火焰产生于灯管上空,称为“临空火焰”,当引燃用的火柴熄灭时,它也马上熄灭。当煤气进入量很小而空气进入量很大时,火焰跳动甚至缩在灯管内燃烧,呈现出绿色,并发出特殊的嘶嘶声,这种火焰称为“侵入火焰”,也称“回焰”,必须立即关闭煤气并冷却灯管。

点燃煤气灯的正确方法是:先关闭空气入口,将煤气调节阀开到适当位置,划燃火柴后打开煤气开关,将火柴或点火器移近管口点燃,然后调节空气进入量,并按实验需要调节火焰大小和强弱。

使用煤气灯时应注意以下几点：

① 煤气中含有有毒气体CO，如果它在空气中的浓度达到30%，12～15 min内可致人死亡，故使用时要严防煤气散逸室内，使用完毕应立即关闭煤气开关。煤气中的硫醇具有特殊的臭味，有利于及时发现煤气泄漏，从而避免事故的发生。

② 点燃煤气灯时如出现"临空火焰"或"侵入火焰"，应立即关闭煤气，重新按正确方法点燃并调节煤气和空气的进入量。"侵入火焰"会将灯管烧得很烫，切勿立即用手去碰，以免烫伤。可用湿抹布包裹灯管或待其冷却后再行调节空气进入量。

③ 实验中如不慎将试剂药品洒在煤气灯上或灯管内，应立即关闭煤气，将煤气灯拆开，并用水擦洗干净，以免煤气灯被锈蚀。

（二）温度计

温度计的种类很多，有液体-玻璃温度计、热电偶温度计、电阻温度计、气体温度计、石英频率温度计、辐射温度计等等，它们都是利用物质的某些与温度密切相关的物理性质如体积、长度、电阻、温差电势、压力、频率、辐射波等而设计制作的。

普通化学实验室中，常用于测量温度的是水银温度计和酒精温度计，均为液体-玻璃温度计（简称液体温度计），其液体体积随温度变化而均匀变化。这些温度计一般用玻璃制成，由下端带玻璃球泡的均匀毛细管（内装感温液体）与显示部分（标尺）组成一个整体，如水银温度计，下端有一个水银球泡与一根内径均匀的厚壁毛细管相连通，管外标有温度刻度。分度值为1 ℃或2 ℃的温度计一般可估计到0.1 ℃或0.2 ℃；分度值为0.1 ℃的温度计可估计到0.01 ℃。每支温度计都有一定的测温范围，通常以其最高刻度表示，如150 ℃、250 ℃、360 ℃等。任何温度计都不允许测量超过它最高刻度的温度。

由于玻璃的膨胀系数很小，毛细管又是均匀的，而且水银的体积膨胀系数在很大温度范围内变化很小，其体积变化可显示为毛细管内的长度改变，十分简单方便，所以应用最为广泛。酒精温度计则由于变化的线性较差，温度测量的精度不高，但是价廉、安全。考虑到液体温度计达到热平衡比较慢，还要注意测量时的滞后现象。

水银温度计的水银球壁很薄，容易破碎，使用时要轻拿轻放，不能作搅拌棒使用。测量正在加热的液体的温度时，最好将温度计悬挂起来。测量时水银球泡应完全浸没在被测液体中，注意勿使水银球泡接触容器的底部或容器壁。刚测量过高温物体的温度计不能立即遇冷，以免水银球泡炸裂。

温度计被损坏导致水银洒落时，要立即将水银收集起来，并在洒落处覆盖上硫磺粉或铁盐，以防止汞挥发后使人中毒。

（三）托盘天平

托盘天平又称台秤、药物天平，用于精确度要求不高的称量，最大负载量为200 g的天平能准确称量至0.1 g。

在称量前，先将游码放在标尺刻度为零处，并检查台秤的指针是否停在零点（指针刻度中间的位置），如不在中间，可调节托盘下面的螺丝。称量时左盘放称量物，右盘放砝码。5 g（有的台秤为10 g）以上的砝码在砝码盒内取用，5 g以下的砝码则通过移动游码来添加。当台秤两边平衡即指针停在中间位置，达到停点与零点一致时，砝码所示重量就是称量物的重量。

称量时应注意以下几点:

① 不能用于称量热的物品。

② 称量物不能直接放在托盘上,而应放在已称得质量的表面皿或称量纸上称量(称量要求精度不高时,允许在左右称盘各放一张质量相仿的称量纸,以方便直接称量)。具有吸湿性或具有腐蚀性的药品,如 NaOH、KSCN 等,必须放在玻璃容器内称量。

③ 称量完毕,应将砝码放回砝码盒,使台秤恢复原状。注意保持台秤整洁,如有药品或其他污物洒在台秤上,应立即清除。

(四) 分析天平

精确称量时常用的分析天平原先均为杠杆式天平,包括半自动电光天平、全自动电光天平等。近年来逐渐多用自动化的电子天平,其依据的则是电磁力平衡原理。这两类分析天平分别介绍如下。

1. 半自动电光天平

杠杆式的分析天平种类很多,如阻尼天平、半自动电光天平(半机械加码电光天平)、全自动电光天平(全机械加码电光天平)、单盘天平(全机械加码单盘电光天平)等。虽然它们的构造和使用有所差异,但基本原理相同,都是根据杠杆原理制成的,称量达到平衡时,被称物体的重量就等于配衡砝码的重量。

这类天平的精度级别按天平的分度值与最大载荷量之比值,划分为 10 个等级,见表Ⅱ.3.1。其中使用较多的是半自动电光天平(半机械加码电光天平),如 TG-328B 型分析天平(见图Ⅱ.3.3),其分度值为 0.1 mg,最大载荷为 200 g,属于三级天平。这里以 TG-328B 型分析天平为例,说明分析天平的构造和使用。

表Ⅱ.3.1 天平的精度级别

精度级别	分度值与最大载荷量之比	精度级别	分度值与最大载荷量之比
1	1×10^{-7}	6	5×10^{-6}
2	2×10^{-7}	7	1×10^{-5}
3	5×10^{-7}	8	2×10^{-5}
4	1×10^{-6}	9	5×10^{-5}
5	2×10^{-6}	10	1×10^{-4}

(1) 分析天平的构造

天平的主要部件是起到杠杆作用的横梁。横梁上有三个三棱形的玛瑙刀,中间的刀口向下架在天平支柱的玛瑙平板(刀承)上,称为支点刀或中刀,是天平横梁的支点。另外两个刀口向上,等距离地分别安装在横梁的两端,称作承重刀。在这两个刀口上悬有两个吊耳(又称蹬),天平称盘就挂在吊耳上。玛瑙刀口的角度和锋刃的完整程度直接影响天平的性能,故应特别注意保护刀口。开关天平时,转动升降旋钮要轻缓。在不使用天平时以及加减砝码或重物时,必须把天平梁托起,使玛瑙刀和刀承分开。

在天平两个秤盘的上方装有空气阻尼器。它由圆筒形套盒组成,外盒与内盒之间间隙均匀,没有摩擦。当天平开启时,由于两盒内的空气阻力作用,使天平横梁能较快地达到平衡。

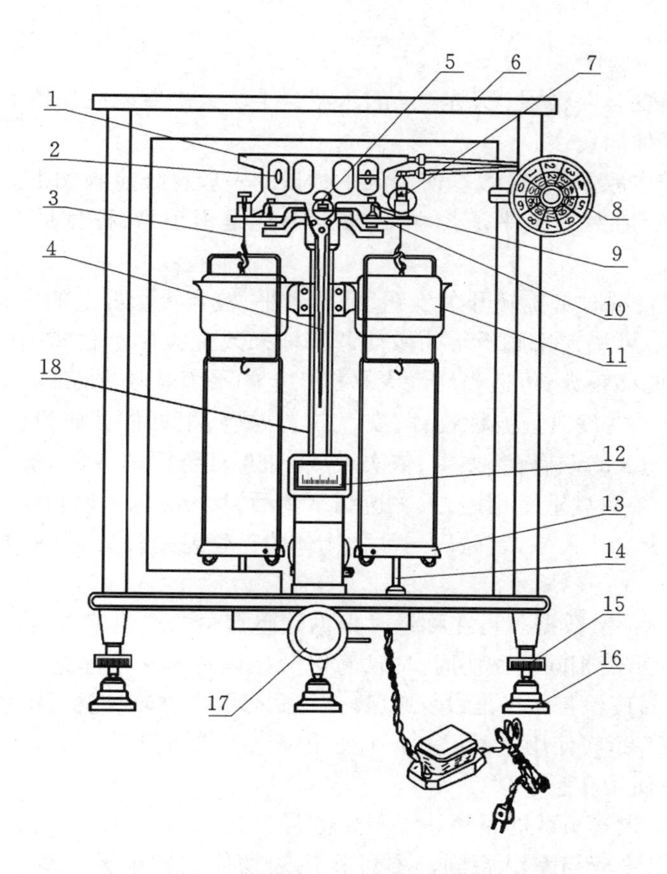

图Ⅱ.3.3　TG-328B 型半自动电光分析天平

1. 横梁　2. 平衡螺丝　3. 吊耳　4. 指针　5. 支点刀　6. 框罩　7. 圈码　8. 指数盘　9. 支点销　10. 托叶　11. 阻尼器　12. 投影屏　13. 称盘　14. 盘托　15. 螺旋脚　16. 垫脚　17. 开关旋钮　18. 立柱

分析天平安装在玻璃框罩内，以防止尘埃的侵入、温度的改变和天平附近空气流动等影响。天平框罩下有三只脚，前面两只脚装有可调螺丝，可上下调节以使天平处于水平位置。天平立柱上部的背后装有水准器。天平处于水平位置时，水准器的气泡恰在圆圈中央。天平框罩的前门平时并不开启，两旁的边门可移动开启，供取放砝码及称量物用。称量时，被称量物体置于天平左盘中央，砝码置于天平右盘中央。

每台天平都有一盒配套的砝码。1 g 以上的砝码用铜合金或不锈钢制成。标示质量相同的两个砝码中有一个标有 * 号，以便互相区别。砝码盒内备有一把镊子，供取砝码专用。砝码除了放在盒中或置于天平盘上之外，不得放在其他任何地方。

半自动电光天平 1 g 以下的砝码称为圈码，由机械加码装置通过转动指数盘进行加减。10 mg 以下的质量则由指针下端的微分标尺显示，再利用光学投影装置放大并反射到投影屏上，从投影屏上准确读取。微分标尺上的一大格相当于 1 mg，其中每一小格相当于 0.1 mg。

若是全自动电光天平，则再增加两组机械加码装置，1 g 以上的砝码也都挂在上面，全部实行机械加码，且加减砝码是在天平的左边，被称物则置于天平右盘。

(2) 分析天平的操作

分析天平必须安装在稳固、不易震动的水泥台上。天平室内应保持清洁干燥，避免阳光直接照射或腐蚀气体的侵袭。

分析天平的操作应仔细、轻缓。使用天平称量的一般操作步骤如下。

1) 称量前的检查：检查天平是否水平，圈码悬挂是否正常，秤盘是否清洁等，以确定可否正常使用。

2) 零点的调整：顺时针旋转开关旋钮，开启天平，检查投影屏上的中线与标尺零线是否重合。若偏移较小，可用天平底板下的微动调节杆来改变投影屏位置，作相对调节，使中线与零线重合；如果偏移较大，可适当转动天平横梁上的平衡螺丝进行调节。

3) 称量时，天平左盘放置被称物体，右盘放置砝码，根据估计质量(或预先在台秤上粗称)进行试称。先加大的砝码，若太重，依次换放小的，直至相差不到 1 g。关上天平边门，由指数盘加减圈码。待两盘重量相近，天平达到平衡后，10 mg 以下质量从投影屏上读出。

注意：试称时应半开天平，若砝码与被称物体的重量差别较大、天平指针发生明显偏斜，立即关闭天平。

4) 记录并复核称量数据。可在称量时根据砝码盒中的空位读数，再于砝码放回原位时核对一遍。使用标示值相同的砝码时，应注意区分砝码有无 * 号标记。

5) 称量完毕后，应检查天平是否复原(物体与砝码取出、横梁托稳、指数盘回复零位、边门关闭)。最后检查零点，将使用情况记入天平使用登记簿，罩上天平罩。

(3) 分析天平使用注意事项

1) 绝对不可使天平负载的重量超过限定的最大载荷。

2) 称量物的温度应与室温相同。不可将热的物体放置于天平盘上，应使其冷却至室温，再行称量。

3) 无论把物体和砝码放到盘上或自盘上取下，都必须预先关闭天平，使天平横梁完全托住。

4) 开关天平时，转动升降旋钮要小心缓慢，不得使天平受到震动。

5) 砝码必须毫无例外地用砝码镊子夹取，不得用手拿取。加圈码时应缓慢转动指数盘，防止圈码跳落或互撞。

6) 砝码盒仅在取出或放回砝码时才开启，并立即盖好，以免尘埃玷污。砝码应置于盒中固定的位置，或放在天平盘上，不得随意放在其他地方。

7) 注意保持天平内外洁净、干燥。不慎洒落物品时应立即报告教师并清扫干净。

8) 每次测定应该使用同一架天平和同一套砝码，以消除因天平性能不同和砝码不同而引起的误差。

2. 电子天平

(1) 电子天平的构造

电子天平是最新一代的天平，它实现了物体质量称量的自动化、电子化和数字化。电子天平在称量时不再使用砝码重力，而是利用电子装置完成电磁力补偿的调节，使物体在重力场中实现力的平衡；或通过电磁力矩的调节，使物体在重力场中实现力矩的平衡。具体原理如下。

根据电流的力效应原理，假设通过线圈电流的方向和磁场方向如图Ⅱ.3.4 所示，则磁场中通过电流 I 的线圈所产生的电磁力 F 的方向向上。在特定的条件(磁体的磁感应强度、线圈的直径和匝数等)下，电磁力与流过线圈的电流强度成正比：$F = KI$。

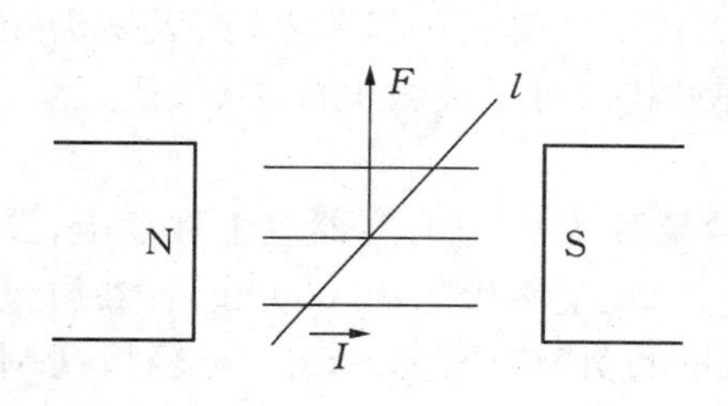

图Ⅱ.3.4　电流力效应原理示意图

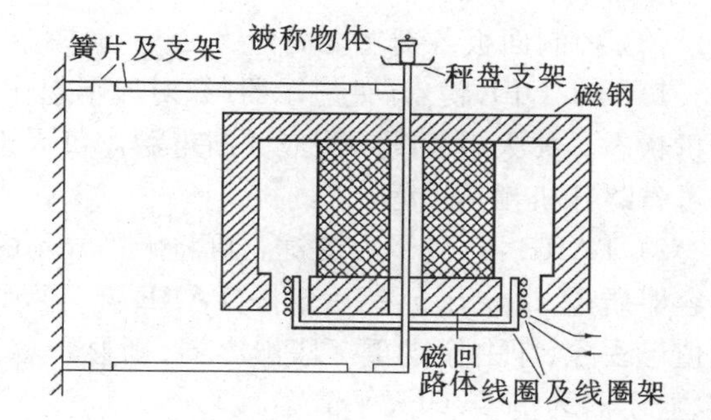

图Ⅱ.3.5　电子天平的电磁力平衡示意图

从图Ⅱ.3.5的电磁力平衡示意图可见，在电子天平中，秤盘通过支架与线圈相连接，秤盘上被称物体的质量 m 所形成的重力 mg 通过连杆支架作用于线圈，其方向向下。当磁场线圈内有电流通过时，线圈所产生的方向向上的电磁力 F 与之相对抗。电子天平采用了电流控制电路等测量与补偿装置的设计环节，相应改变电流 I 的大小，使所产生的电磁力与被称量物体的重力相平衡，让秤盘支架的位置在弹性簧片的作用下复原，达到 $F = KI = mg$。

常见电子天平的结构，由载荷接受与传递装置、测量与补偿装置等部件组成，可分成顶部承载式和底部承载式两类，目前常用的多数是顶部承载式，如图Ⅱ.3.6所示的BS110S型电子天平。从天平的校准方法来分，则有内校式和外校式两种。前者是标准砝码预装在天平内，启动校准键后，可自动加码进行校正，后者则需人工拿取标准砝码放置到秤盘上进行校正。

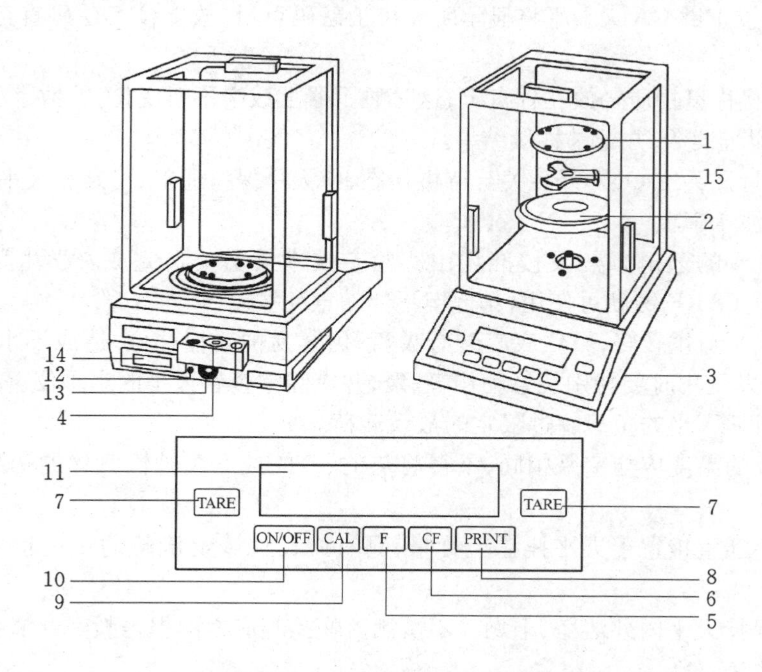

图Ⅱ.3.6　BS110S型电子天平

1. 秤盘　2. 屏蔽环　3. 地脚螺丝　4. 水平仪　5. 功能键　6. CF清除键　7. 清零去皮键　8. 输出打印键　9. 调校键　10. 开关键　11. 显示器　12. 去联锁开关　13. 电源接口　14. 数据接口　15. 秤盘支架

(2) 控制面板各键功能简介

1) ON/OFF 键:开关显示器(只对显示起作用)。按下该键关闭显示器时,天平仍处于待机状态。如天平长期不用应关断电源。每天连续使用时,可不关断电源,只关闭显示,从而可省略开机预热过程。

2) TARE 键:清零去皮键。可将天平显示的数值清除为 0。如:容器置于秤盘上,显示出容器质量 x. xxxx g,然后轻按 TARE 键,显示清零,出现全零状态:0. 0000 g,容器质量显示值已去除,即去除皮重。取出容器,则显示容器质量的负值－x. xxxx g。再轻按 TARE 键,显示器为全零,即天平清零。

3) CAL 调校键:用于校准天平。

4) F 功能键:通过该键可实现量制单位转换、积分时间调整、灵敏度调整等。

5) CF 键:清除上述 F 功能键状态。

6) PRT 键:外接打印、输出数据。

(3) 称量操作

1) 调水平:查看天平背面的水平仪,如不水平,要调整地脚螺栓高度,使水平仪内空气气泡位于圆环中央。

2) 预热:天平在初次接通电源或长时间断电之后,至少需要开机预热 30 min,方可进行称量。

3) 开机:轻按 ON/OFF 键,等出现 0. 0000 g 称量模式后,即可称量。

4) 校正:闲置时间较长、位置移动或环境变化后,为保证称量精确,一般都应进行校准。具体方法是按校正键 CAL,天平将显示所需校正砝码重量,放上校正砝码直至出现 g,校正结束。

5) 称量:将称量物质轻放在秤盘上,这时显示器上数字不断变化,待数字稳定并出现质量单位 g 后,即可读数,并记录称量结果。

6) 关机:将开关键 ON/OFF 关至待机状态,使天平保持通电,可延长天平使用寿命。

(4) 使用注意事项

1) 电子天平的通电预热及校准均由实验室技术人员负责完成。学生称量时只需按 ON/OFF 键和 TARE 键就可使用,其他键不要随意乱按。

2) 电子天平自重较轻,虽然底座装有吸盘,仍容易被碰撞移位,造成不水平,从而影响称量结果。所以使用时要特别注意动作轻、缓,并应经常查看天平的水平仪。

3) 绝不可使天平的负载超过限定的最大载荷。

4) 称量物的温度应与室温相同,不得将热的、冷的或有腐蚀性气体的药品放在天平中称量。

5) 药品不能直接置于天平托盘上称量,具有腐蚀性或易潮解的试剂也不能放在纸上称量。

6) 注意保持天平内外洁净、干燥。不慎洒落物品时应立即报告教师并清扫干净。

3. 称量方法

用分析天平进行准确称量时,常用的称量方法有如下几种。

(1) 直接称量法

将被称物直接置于天平秤盘上,称出其重量。该法适用于称量洁净干燥的器皿、不易潮解或挥发的整块固体样品，如金属条块等。

(2) 固定重量称量法

要求称取样品必须符合某一规定重量时使用，也称加量法，见图Ⅱ.3.7所示。可先准确称量一个洁净干燥的器皿或称量纸，再在器皿中或称量纸上加试样至接近规定的重量，然后小心缓慢地添加试样，直至恰好与规定的重量一致。

这种称量方法常常需要多次加减样品，操作速度慢，故要求试样在空气中稳定，不易吸湿，且颗粒细小。

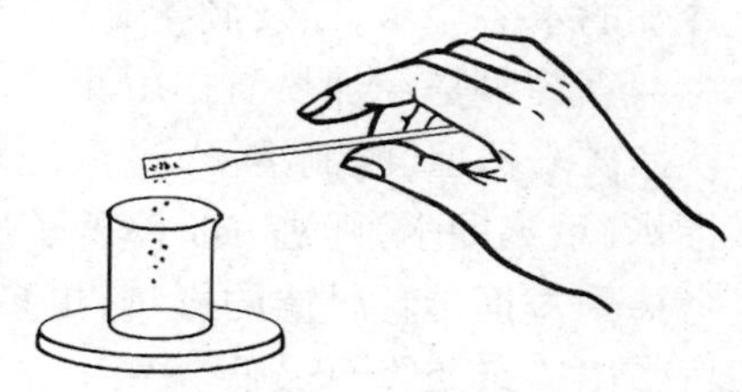

图Ⅱ.3.7　固定重量称量法

(3) 差减称量法

也称减量法。将适量样品装入干燥洁净的容器（如称量瓶等）中，准确称量后，倒出适量的样品于接收容器，然后再次准确称量，两次称量数值之差，即为所称得样品的重量。该法应用范围较广，可用于称量易吸水、易氧化、易吸收 CO_2 等的试样（颗粒、粉末或液体）。

称量瓶是以差减法称取固体样品时最常用的容器。操作时，将试样装入、盖好，用干净结实的纸条（可竖裁下练习簿一页纸的1/3，折三折，把裁纸时毛的一边包在里面，弯曲捋顺），套住称量瓶的瓶身中部，收紧后，放到天平上，放松并拿开纸条，称得重量 W_1。再用纸条套取称量瓶，另用一小纸片包住称量瓶瓶盖尖部，在盛接试样的容器上方打开瓶盖，慢慢倾斜称量瓶，并用瓶盖轻敲称量瓶口上部，使试样缓缓地落入接收容器，见图Ⅱ.3.8所示。注意：称量瓶切不可碰到接收容器口！

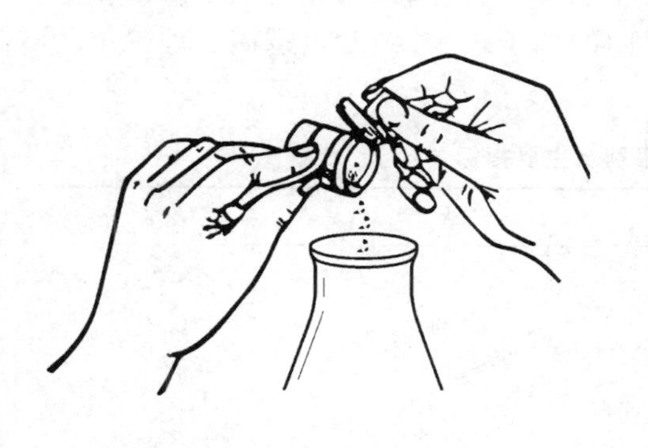

图Ⅱ.3.8　差减法倒样操作

倒样后，根据倒出试样的体积，估计已接近所需重量时，边敲边慢慢竖起称量瓶，注意使附在瓶口上的试样尽量落入接收容器或回到称量瓶中。盖好瓶盖后，方可离开接收容器上方，再放回天平，称得重量 W_2。$(W_1 - W_2)$ 即为差减法称取所得的试样量。

若第一次倒出的试样未达到所要求的称量范围，可根据已倒出量及其体积，估计需加称的量，再次取出称量瓶倒样。应该争取最多倒样三次就落入称量范围。因为多次倒取试样，不但使称量速度缓慢，而且使引进误差的几率增大，对称量不利。如果倒出试样过多，就只能作废，洗净接收容器后再重称。

采用此差减称量法可以连续称取若干份试样。

四　化学试剂与实验室用水

(一) 实验室用水

实验中根据实际工作的需要，合理选用适当纯度的水。实验室常用的水除自来水外，还有纯度要求较高的如蒸馏水、电渗析水、去离子水等。

自来水虽然经过处理，但仍然含有较多杂质，如 Na^+、K^+、Ca^{2+}、Mg^{2+}、Fe^{3+}、Al^{3+}、Cl^-、SO_4^{2-}、CO_3^{2-} 等离子，以及一些有机物和微生物等。自来水在实验室中主要用于初步洗涤玻璃器皿等实验用具，用于某些对水的纯度要求不高的有机、无机制备实验，作为加热、冷却的水浴用水，以及制备高纯度水等等。

蒸馏水是经加热汽化后冷凝得到的，所含不挥发的杂质离子比自来水大为减少，可用于洗净实验器皿、配制溶液、进行化学分析和一般的无机制备等，是实验室最常用的。二次蒸馏水(重蒸馏水)则进一步降低了不挥发的杂质含量，可用于纯度要求较高的仪器分析实验。考虑到蒸馏装置材质的影响，更多采用的是石英蒸馏器。特别是石英亚沸蒸馏器，可将水蒸气带出的杂质降至最低。

去离子水是用离子交换法制备的纯水。利用阴、阳离子交换树脂上的活性基团(OH^- 或 H^+ 等)与水中其他阴、阳离子交换的能力，可以去除水中的杂质，制得高纯度的水。该法制备水量大，除去离子的能力强，但不能除去非离子型杂质，所以去离子水中常含有微量有机物，而且还会有微量树脂溶于水中。为获得高质量的去离子水，需注意选择水源，并先经过砂滤等处理。

电渗析水是在外电场作用下，利用阴、阳离子交换膜对水中阴、阳离子的选择性透过，从而使溶质和溶剂分离，达到净化水的目的。此法除去杂质的效率比较低，也不能除去非离子型杂质。

关于实验室用水规格的国家标准 GB 6682-86 中，规定了三级用水的有关技术指标(见表Ⅱ.4.1)、制备方法和检验方法。在表征水的纯度的各项指标中，最常用的质量综合指标是水的电阻率或电导率。水的电阻率越高，表示水中的离子越少，纯度也越高。理论上的"绝对水"最大电阻率为 $18.3 \times 10^6\ \Omega \cdot cm$(25 ℃)。

表Ⅱ.4.1　实验室用水的级别及主要指标

指　　标	一级水	二级水	三级水
pH 值范围(25 ℃)	—	—	5.0～7.5
电阻率(25 ℃)/$M\Omega \cdot cm$	≥10	≥1	≥0.2
电导率(25 ℃)/$\mu S \cdot cm^{-1}$	≤0.1	≤1.0	≤5.0
吸光度(254 nm, 1 cm 光程)	≤0.001	≤0.01	—
二氧化硅/$mg \cdot L^{-1}$	≤0.02	≤0.05	—

三级水适用于一般的实验室工作(包括化学分析)，可采用蒸馏、离子交换及电渗析方法制备。二级水可采用蒸馏或去离子后再蒸馏等方法制备。一级水则可采取将二级水用石英蒸馏器进一步蒸馏等方法制备。

有时，在实际工作中有特殊的要求，还需检验水质的其他有关指标，如铁、钙、氯等离子及二氧化碳、不挥发物、细菌等。

(二) 化学试剂

常用的化学试剂根据其纯度不同可分为优级纯(GR，用绿色瓶签)、分析纯(AR，用红色瓶签)、化学纯(CP，用蓝色瓶签)和实验试剂(LR，用棕色等瓶签)等几种规格。此外，还有各种特殊要求的试剂，如基准试剂、色谱纯试剂、光谱纯试剂、生化试剂等。基准试剂的纯度很高，其组成完全符合化学式所示，常用作分析工作中的标准，可以直接配制标准溶液。而其他试剂的纯度则是为了满足不同领域工作的需求。在普通化学实验中，一般使用化学纯或分析纯试剂。

通常，固体试剂装在广口瓶内，液体试剂或配制的溶液则放在易于倒取的细口瓶或带有滴管的滴瓶中，其中见光易分解的试剂(如硝酸等)应存于棕色瓶内。盛碱液的瓶子不能用玻璃塞，而应用橡皮塞，有时还将碱性强的试剂或溶液存放在塑料瓶中。每个试剂瓶都应贴上标签，标明试剂的名称、浓度和配制日期，还可在标签上涂薄薄的一层蜡以保护其免受腐蚀。

取用试剂时，应先看清试剂的名称和规格是否符合，以免用错试剂。

实验室中的试剂一般都按照一定的次序存放，有较固定的位置，取用试剂后应立即将试剂瓶放回原处，不要随意变动。

1. 固体试剂的取用

1) 要用清洁、干燥的药匙取试剂。用过的药匙必须洗净和擦干后才能再次使用，以免玷污试剂。

2) 取用试剂时，扁平的瓶盖要倒置在实验台上。若不是扁平的瓶盖，可用食指和中指将瓶盖夹住(或放在清洁表面皿上)以免污染。试剂取用后应立即盖紧瓶盖，注意避免盖错。

3) 取用试剂时要按需取用，不要超过指定的用量。多取的试剂不能倒回原瓶，可放在指定容器中供他人使用。

4) 取用一定质量的固体试剂时，把固体放在称量纸上称量，而具有腐蚀性或易潮解的固体试剂应放在表面皿上或玻璃容器内称量。

5) 可用药匙向试管中加入固体试剂，也可将取出的药品放在对折的纸片上，伸进试管约 2/3 处加入。加入块状固体时，应将试管倾斜，以使固体沿管壁慢慢滑下。若固体的颗粒较大，应先在清洁干燥的研钵中研碎。

6) 有毒药品要在教师指导下取用。

2. 液体试剂的取用

1) 从滴瓶中取用试剂时，应先提起滴管至液面以上，再用手指按捏胶头排去滴管内的空气，然后将滴管伸入液体中，放松胶头吸入试剂。将试剂滴入容器时，必须用无名指和中指夹住滴管悬空在靠近容器管口上方，用大拇指和食指微捏胶头，滴管必须保持垂直，不得触及容器壁，以免玷污。装有试剂的滴管不得横置或将管口向上倾斜，以免液体流入滴管的橡胶头中。滴管只能专用，用完放回原瓶，注意不要放错。严禁用自己的滴管到滴瓶中取用试剂。

2) 取用细口瓶中的液体试剂时，可先将瓶塞倒置在桌面上，手握试剂瓶上贴有标签的一面，如两面均贴有标签则手握空白的一面，逐渐倾斜瓶子，使瓶口紧靠承接容器的边缘或沿着洁净的玻璃棒将液体慢慢注入容器中。

3) 需准确量取液体试剂时，可根据情况分别选用量筒、移液管或滴定管。多取的液体不得倒入原瓶，可倒入指定的容器中。

4) 在试管里进行某些性质实验时，取用试剂不需要准确定量，略作估计即可。一般以滴管滴加 20～25 滴为 1 mL，以小试管容量(10 mL)的 1/3 为 3 mL。

五　普通化学实验基本操作

(一) 玻璃管(棒)的简单加工

1. 截断玻管(玻棒)

将玻管或玻棒搁在桌边上,用左手握管,以大拇指压在需截断处,用右手握砂轮片或三角锉刀,顺左手大拇指所指处用力锉一下,不要来回多次地锉。锉出来的刻痕应该与玻管(玻棒)轴向垂直,这样可以使玻管(玻棒)折断后的截面平整。锉好后,两手握管(棒),割痕朝外,两个拇指放在割痕背面,轻轻用力前压,同时用食指和拇指将玻管(玻棒)两端向外轻拉,藉以折断玻管(玻棒)。如欲割去一小段玻管(玻棒),应该用布包好后折断,以免伤手。

2. 玻管及玻棒的熔光

玻管和玻棒的割断口很锋利,必须将其熔光后方可使用。把玻管或玻棒斜插在煤气灯的氧化焰中来回转动,直到玻璃烧至发红、割口烧熔光滑。熔烧时间不可太久,以免产生变形或熔封。刚烧好的玻管(玻棒)应该放在石棉板或石棉网上冷却,不得直接放在桌面上,也不可用手摸,还要避免与水接触以免加热处炸裂。

3. 拉细玻管

将玻管先用小火加热,然后放在氧化焰内高温区加热。加热时,左手的拇指及食指均匀地转动玻管,其余三个指头夹住玻管,并用右手适当配合之。玻管受热后慢慢变软,此时仍保持匀速转动,不能时快时慢,偏左偏右,以免玻管扭曲。当玻管足够软化时,离开火焰,拉成所需要的粗细。拉时要先慢后快,待玻管变硬后,方可松手。

4. 弯曲玻管

先在煤气灯管上接一个鱼尾灯头,然后按拉玻管的相同操作方法,将玻管欲弯曲的部分加热,转动时还要略加左右移动(尤其未接鱼尾灯头时),以加大受热面积。当玻管被加热至发出红黄色的火焰并足够软化时,离开火焰,稍待 1～2 s,使温度均匀,然后很快地以一个动作弯成所需的角度(注意:不能在火焰中弯)。待玻管变硬后,置于石棉网(板)上冷却。

(二) 液体的量取

1. 量筒与量杯

量筒与量杯是实验室中最普通的玻璃量器。量筒的容量有 10 mL、25 mL、50 mL、100 mL、250 mL、500 mL 等,常用的 10 mL、25 mL、100 mL 量筒的容量允差分别为±0.2 mL、±0.5 mL 和±1.0 mL;量杯的容量有 10 mL、20 mL、50 mL、100 mL、250 mL、500 mL 等,常用的 10 mL、20 mL 量杯的容量允差分别为±0.4 mL 和±0.5 mL,量取液体时的精度不如量筒,但倒液更为方便。

量取液体时,应使量筒垂直,视线与量筒内液体弯月面下缘的最低点保持水平,以避免造成较大的误差。

2. 移液管与吸量管

用移液管或吸量管将溶液由一个容器移至另一个容器时,量取体积的准确度比量筒高得多,如 25 mL 移液管的容量允差为±0.030 mL(A 级)和 0.060 mL(B 级),10 mL 吸量管的容量允差为±0.050 mL(A 级)和 0.100 mL(B 级)。

在移液管和吸量管上标明的温度下，吸取溶液并调节溶液弯月面下缘与管子标线相切，再按规定的方式放出溶液，则放出溶液的体积与管上标明的体积相同。不过，实际移液时温度未必与标明温度相同，溶液体积就会稍有差异，移取非水溶剂时，体积也会稍有差异。必要时可作校正。

使用移液管和吸量管移取溶液时，右手持管子标线以上部位，左手控制吸球，由管子上端吸取。管尖插入被吸溶液的深度要适当，一般为液面下 1～2 cm。吸液时液面下降，管尖应随之下降，避免吸空。

移液必须注意：①转移出的溶液浓度不变；②转移的溶液体积符合要求。为此，首先须用被吸溶液润洗管子三次，以保证溶液浓度不变。取一个清洁干净的小烧杯，倒入少量被吸溶液。尽量除去移液管内残存蒸馏水后，插入小烧杯，吸液至移液管球部约 1/4 处，移出，放平，转动润洗管子内壁。洗遍内壁后，由管子下端弃去溶液（不能再从管子上口倒出），烧杯中剩余溶液也弃去。另倒入少量被吸溶液，第二次吸液润洗。如此润洗三次后，倒入较多溶液于烧杯中，正式移液。如果被吸溶液不须贮存再用，也可将移液管直接插入装液容器中移取溶液。

移液时，当液面上升至标线以上后，移去吸球，立即用右手食指揿紧管口（图Ⅱ.5.1），左手持盛放被吸溶液的容器，右手提高移液管，使管尖离开液面，贴容器口内壁转两圈，尽量除去管尖外壁沾附的溶液。然后，倾斜容器成 45°，竖直移液管，管尖紧靠容器口内壁，调整容器和移液管高度，使管上标线与视线水平。微松右手食指，或者用右手其余手指左右捻动管身，让液面缓缓下降，直至弯月面与标线相切，立即揿紧食指，使溶液不再流出。左手移开盛液容器，拿取接收容器并倾斜，将移液管插入，管尖靠于接收容器口内壁，管身仍保持垂直，松开右手食指放液（图Ⅱ.5.2）。放完后，继续停靠等待 15 s，管尖离开容器，完成移液。此时管尖内尚残留的少量溶液，不能吹入接收容器中。

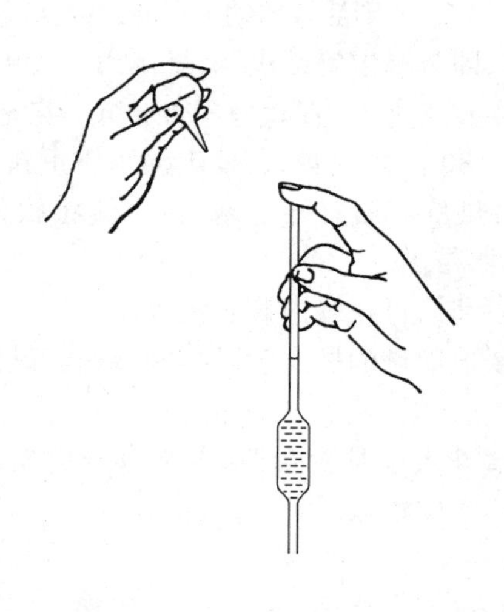

图Ⅱ.5.1　吸取溶液过标线

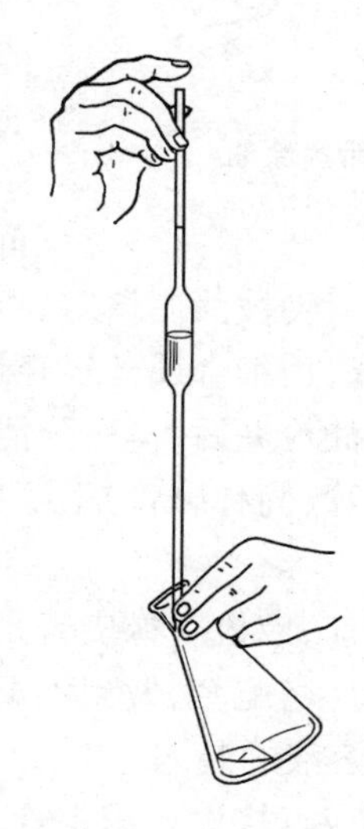

图Ⅱ.5.2　放出溶液

而在用于量取不同体积溶液的吸量管中，有的吸量管上标有“吹”、“快吹”字样，使用它的全量程时，应在放完溶液后，立即将残留的液滴吹入接收容器并马上移开管子。这一做法是与单一体积的胖肚移液管使用时不同的。另外，几次平行试验中，应尽量使用同一支吸量管的同一段。

移液时，为了保证移液体积的准确，应当特别注意避免不当操作，如：移出溶液时管尖有气泡，或放出溶液时标线以下的管内壁挂有水珠，致使移出溶液体积小于规定体积；又如，移出溶液时管尖悬挂液滴，或管尖外壁挂液较多，并于放液时流入接收容器中，导致移出溶液体积大于规定体积。

3. 滴定管

滴定管是用来向被测体系中准确加入滴定剂的，管壁上标有准确的体积标度。50 mL 滴定管的最大容量允差为±0.05 mL(A 级)。

滴定管有酸式滴定管及碱式滴定管两种。常用的滴定管容积为 50 mL，此外，还有 25 mL、10 mL 及 10 mL 以下的半微量和微量滴定管。

(1) 滴定管的准备

酸式滴定管(简称酸管)是最常用的，其下段具有玻璃活塞，不宜装入碱液。若是配以聚四氟乙烯活塞的滴定管，则酸、碱溶液均可使用。

使用前，应先检查酸管的活塞与活塞套是否密合配套，若不密合配套，将严重漏液，不能使用。而对于密合配套的酸管，为使其活塞转动灵活且不漏液，还需要在活塞部分涂润滑油脂(凡士林或真空活塞油脂)，然后检漏。操作如下。

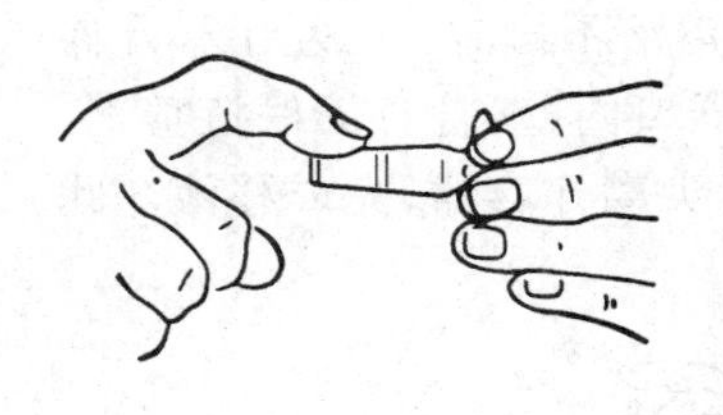

图Ⅱ.5.3 活塞涂油

取出活塞，用吸水纸吸干，同时将活塞套内也吸干，并注意防止管内的水进入活塞套(为此，可将酸管平放)。随后，将少许润滑油脂涂在活塞两端的曲面上(图Ⅱ.5.3)，但活塞孔一圈切勿涂油！然后将活塞插入活塞套中，向同一方向旋转，直至活塞除活塞孔一圈外全部呈透明状。油脂不可涂得太多，否则易堵塞活塞孔；但若涂得太少，则活塞转动不灵活，甚至会漏液。

随后检漏，即将滴定管装满水，排出出口管内的气泡，关闭活塞，夹在滴定管夹上，直立静置 2 min。若无水滴漏下，再将活塞旋转 180°静置检查，若发现漏水应重新涂油。

如果滴定管尖被油脂堵塞，可插入热水温热片刻后打开活塞，让水流将软化的油脂冲出，或打开活塞，用细金属丝轻轻通几下，将油脂带出。

酸管经涂油检漏后，再充分清洗。暂时不用时，可在管内装满蒸馏水。

碱式滴定管(简称碱管)下端接有一段内嵌玻璃珠的橡皮管以控制流速。碱管不宜装氧化性溶液。

使用碱管前，应检查橡皮管是否老化，玻璃珠大小是否合适，否则应予更换。必须使玻璃珠与橡皮管严密配套，做到不漏液，方可进行滴定操作。

(2) 操作溶液的装入

操作溶液应直接倒入滴定管，不要用其他容器(如烧杯、漏斗等)作传递。将试剂瓶中的溶液摇匀，左手前三指持滴定管上端无刻度处，稍倾斜管身或让管子自然垂直，右手拿试剂瓶倾倒(标签向上)，让溶液缓缓流入滴定管。

先用少量溶液润洗滴定管内壁三次(每次约 5～10 mL)，注意每次均使全部内壁都洗到，以保证溶液装入后浓度不变。对于酸管，要打开活塞，冲洗出口管，并尽量放净残液。至于碱管，应注意玻璃珠下方“死角”的洗涤。

润洗后，倒入操作溶液至“0”标线以上。接着，检查并排除出口管中可能存在的空气，否则，在滴定过程中气泡冲出，将严重影响溶液体积的计量。对于酸管，控制活塞迅速打开，让溶液冲下，赶出气泡。对于碱管，则弯曲下端橡皮管，使出口管管尖向上翘，并挤宽玻璃珠一侧的橡皮管，让溶液喷出，带出气泡(图Ⅱ.5.4)。赶尽气泡后，边放出溶液，边顺直橡皮管。注意不要挤压橡皮管使之再次产生气泡。

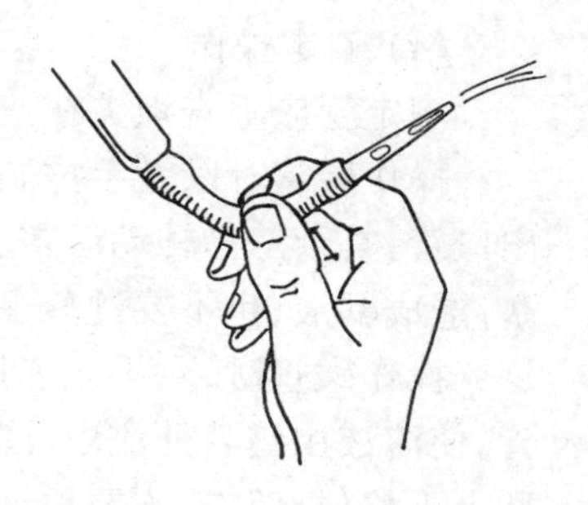

图Ⅱ.5.4　碱管赶气泡

(3) 滴定管读数

读取滴定管中的溶液液面所在位置时，应遵守下列原则：

1) 装入或放出溶液后，必须等 1～2 min，待附着于管壁的溶液充分流下后再读数。如果放出溶液速度较慢(如近终点时，每次只加一滴或半滴溶液)，只需等 30～60 s 便可读数。

2) 每次读数前要仔细检查滴定管内壁与管尖。只有在内壁不挂水珠、管尖无气泡的前提下，读数方为有效。如果读取终读数时，管尖还挂有液滴，则此液滴已计入滴定体积之内了，应该使之进入被滴溶液中(若滴入之后过量，则须重做)。

3) 读数时，滴定管应夹在滴定管架子上；也可以取下，用手的前三指持管子上端无刻度处进行读数，但均应注意使滴定管保持垂直。

4) 读数时，视线应与液面水平(如图Ⅱ.5.5 中的正确位置)，否则将使所读体积偏大或偏小。滴定管内装无色或浅色溶液时，应读取弯月形液面下缘最低点对应的体积数，至于深色溶液，看不清弯月面下缘时，可读液面两侧的最高点。对于乳白板蓝线衬背的滴定管，应该读液面处蓝线形成的上下两个尖端相交点所对应的体积数。

滴定前、后读取初读数和终读数，应采用同一方法。

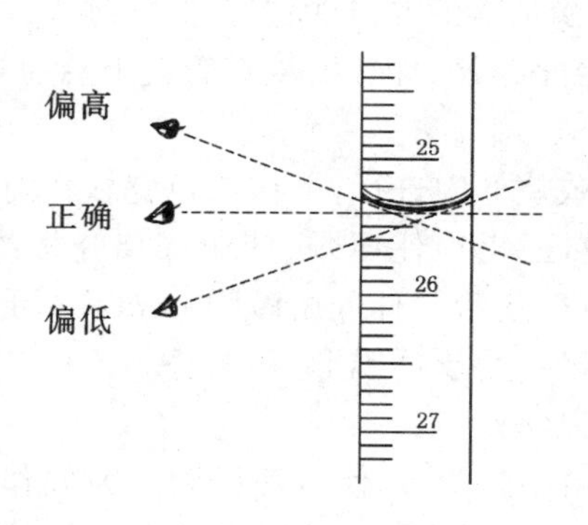

图Ⅱ.5.5　读数视线位置

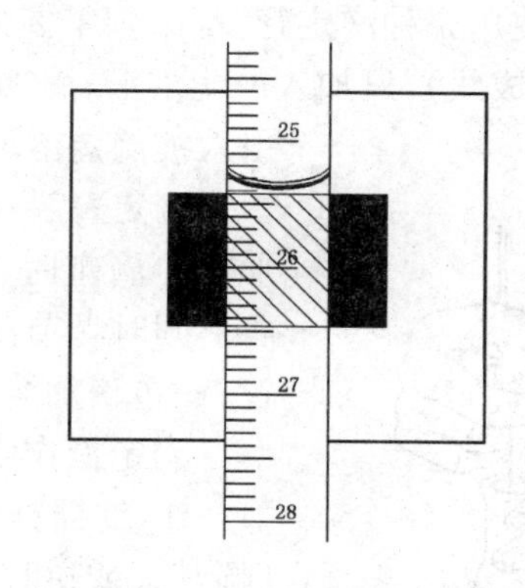

图Ⅱ.5.6　使用读数卡读数

5) 读数必须读至小数点后第二位，即估计到 0.01 mL。注意：估计读数时，不应忽视刻度线本身所占据的宽度。

6) 为了便于读数，可采用一张中部有黑色长方块的白色读数卡。读数时，将读数卡紧贴滴定管背面，使黑方块上缘在弯月面下约 1 mm 处(见图Ⅱ.5.6)。此时，黑色反映到弯月面上，清晰易辨，读数即以黑色弯月面下缘最低点为准。读取深色溶液液面两侧最高点时，则应该衬以白色卡片为背景。

7) 初读数应调节在"0"标线或其附近的某一标线处。

(4) 滴定操作

滴定管应垂直地夹在滴定管架上进行滴定。

操作酸管时以左手控制活塞(如图Ⅱ.5.7)。左手无名指及小指向手心弯曲，轻轻贴着出口管，其余三指转动活塞。转动时不要用力向外推，掌心不能碰顶活塞小端，防止推松活塞、造成漏液；也不要过分往里扣，以免活塞无法灵活转动。

操作碱管时，左手无名指及小指夹住玻璃出口管，拇指和食指于玻璃珠的一侧挤宽橡皮管，使溶液由缝隙处流出(图Ⅱ.5.8)。为避免漏液或气泡回入，应当注意：第一，不能使玻璃珠上下移位；第二，不要捏玻璃珠下部橡皮管；第三，停止滴定时，应先松开拇指与食指，然后才松开无名指及小指。

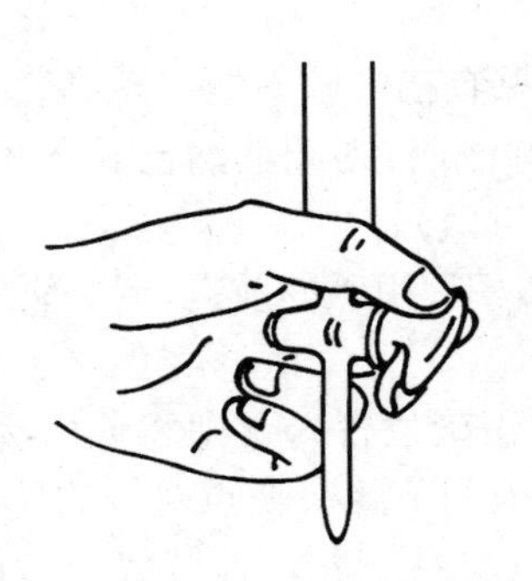

图Ⅱ.5.7　酸管的操作

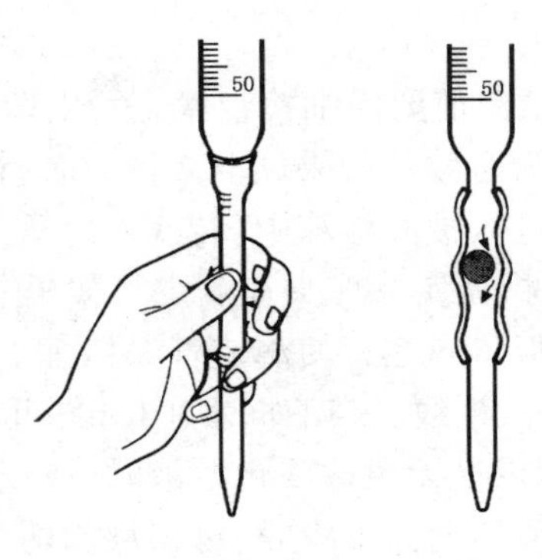

图Ⅱ.5.8　碱管放液示意图

无论使用哪种滴定管，都必须掌握如下三种滴加溶液的方法："连珠式"地连续滴加溶液(液流不能成线)；只加入一滴溶液；滴加半滴甚至小半滴，即让溶液在管尖上悬而未落，然后引入被滴定溶液中。

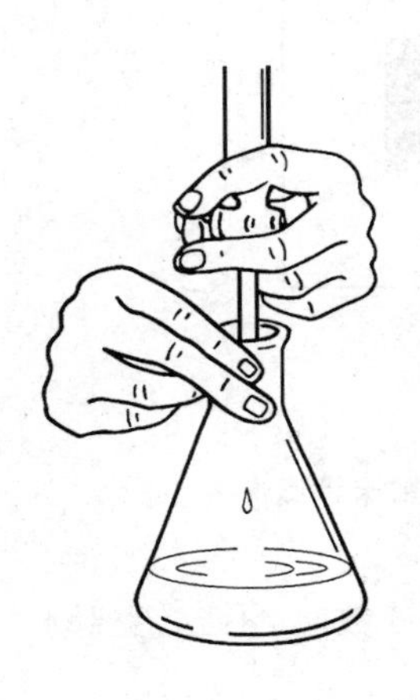

图Ⅱ.5.9　在锥形瓶中滴定

滴定一般在锥形瓶或烧杯中进行，下衬白色瓷板作背景。在锥形瓶中滴定时，用右手前三指捏住瓶颈，使瓶底离瓷板约 2 cm 左右。同时调节滴定管高度，使管尖伸入瓶口约 1 cm。左手操作滴定管，一边滴加溶液，一边以右手旋摇锥形瓶(图Ⅱ.5.9)。

滴定操作中应注意以下几点：

① 旋摇锥形瓶时，微动腕关节，使溶液沿同一方向作圆周运动(顺时针或逆时针方向均可)，但不要前后晃动，以免溶液溅出。摇动时瓶口不能碰到滴定管尖。

② 滴定过程中，左手不能离开活塞，任其自流。

③ 滴定时，注意观察液滴落处溶液颜色的变化，以判断是否将近终点。

④ 在滴定过程的不同阶段，应采用相应的滴定速度。开始时速度稍快，即所谓"连珠式"滴加；接近终点时，液滴落点的颜色变化

消失渐慢，滴定也应减慢为加一滴、摇几下后再加；最后只能半滴甚至小半滴地加入，直至溶液出现明显的颜色突变为终点。加半滴时，微开活塞，使液滴悬挂在管尖，再关闭活塞，以锥形瓶颈内壁接触液滴引下，并用少许蒸馏水吹洗瓶壁。

用碱管滴加半滴时，还需注意避免管尖产生气泡。做法是：挤出溶液悬挂于管尖后，应先松开拇指及食指，然后再以瓶壁碰靠液滴，引入瓶内，最后放开无名指及小指，并用少许蒸馏水吹洗瓶壁。

在烧杯中滴定时，滴定管下端处于烧杯中心左后方处，但不要离杯壁过近。管尖伸入烧杯内约 1 cm。右手持玻棒搅拌，左手操纵滴定管加液（图Ⅱ.5.10）。玻棒搅拌应作圆形搅动，勿刮碰烧杯底、壁和滴定管尖。滴加半滴溶液时，用玻棒接触管尖所悬液滴，引入溶液中搅拌。引接时，注意玻棒不要接触管尖。

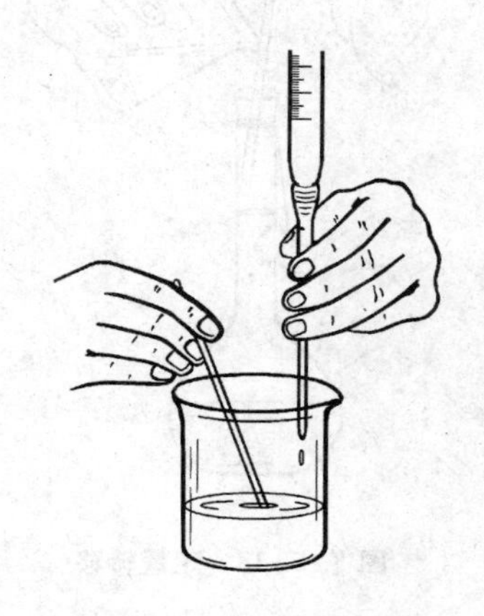

图Ⅱ.5.10　在烧杯中滴定

滴定结束后，滴定管内剩余的溶液应弃去，不要倒回原瓶，以免玷污瓶内操作溶液。随即洗净滴定管，装满蒸馏水，以备再用。

4. 容量瓶

准确地配制或稀释一定浓度的溶液时，常常要用到容量瓶，且常常与移液管配合使用。

大多数容量瓶上标有“E”或“In”字样，表明是“量入”体积，即：于瓶上标明的温度下装溶液至标线时，瓶内溶液体积等于瓶上标明的容积。这与移液管和滴定管上常标有“A”或“Ex”字样表示“量出”体积，是有区别的。

使用容量瓶前应先检查是否漏水，标线位置是否离瓶口太近，漏水或标线太近瓶口则不宜使用。加水至标线附近，盖好瓶塞，一手拿瓶颈标线以上部位，食指按住瓶塞，另一手指尖扶住瓶底边缘（图Ⅱ.5.11）。检漏时，倒立 2 min，观察是否有水漏出。拔出瓶塞，转 180°后盖好，再倒立检漏。对于具塑料塞的容量瓶，则检查一次即可。

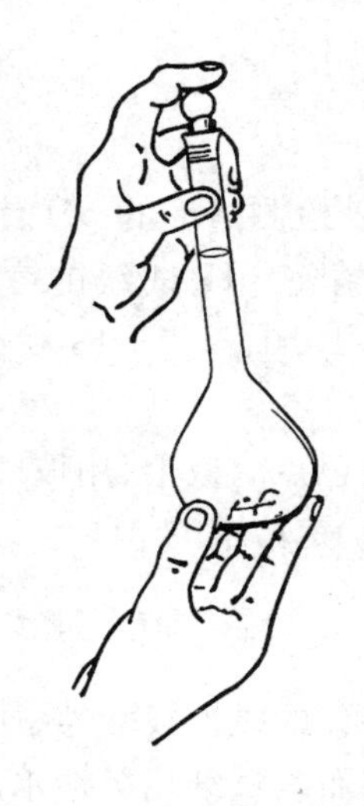

图Ⅱ.5.11　检漏和混匀溶液的操作

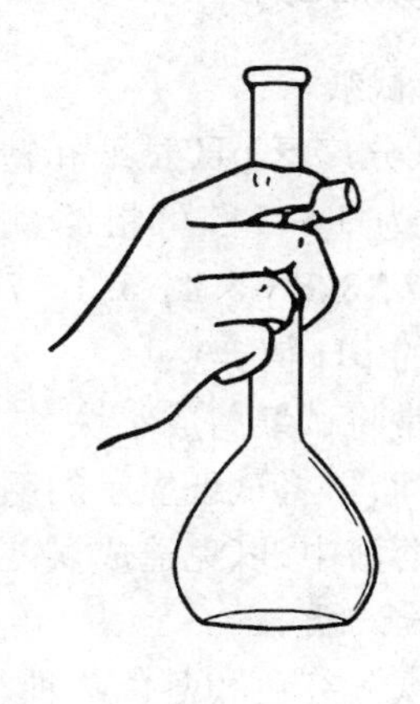

图Ⅱ.5.12　夹住瓶塞操作

在使用容量瓶过程中，不可将扁头的磨口玻璃塞放在桌上，以免玷污或互相搞错。操作时，可用食指及中指(或中指及无名指)夹住瓶塞的扁头(图Ⅱ.5.12)，操作结束即随手盖上，也可用细绳将瓶塞系在瓶颈上，操作时让瓶塞悬挂着(图Ⅱ.5.13)，并注意避免瓶塞被玷污。对于具平顶塑料盖子的容量瓶，操作时可将盖子取下，倒置于桌面上，操作结束立即盖好。

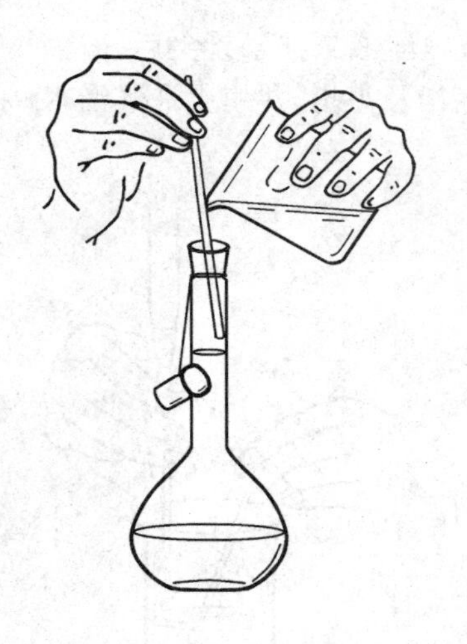

图Ⅱ.5.13 定量转移

用容量瓶配制溶液时，通常是准确称出溶质于小烧杯中，加水或其他溶剂溶解后，将溶液定量转移至容量瓶中。定量转移时，左手拿烧杯，右手持玻棒悬空伸入容量瓶，玻棒下端抵住瓶颈内壁，烧杯嘴则紧靠玻棒，缓缓倒出溶液，使之沿玻棒及瓶颈内壁流入容量瓶(图Ⅱ.5.13)。谨防溶液流至容量瓶之外，造成损失！倒完烧杯内溶液后，将烧杯连同玻棒稍向上提高，至烧杯竖直后，再将杯嘴离开玻棒。小心地收回玻棒放入烧杯，但不能再靠在杯嘴处。用洗瓶吹洗玻棒和烧杯全部内壁，将洗涤液转入容量瓶。如此重复多次，完成定量转移。随后，加水入容量瓶。加至约 3/4 时，勿加盖，持瓶颈标线以上部分，旋摇容量瓶，使瓶内溶液初步混合。继续加水至接近标线处，静置 1～2 min后，用滴管逐滴加水至弯月面下缘最低点与标线相切为止。盖上瓶塞，手持容量瓶倒转(容积小于 100 mL 的容量瓶，不必用手扶瓶底)，振荡后顺转正立，再倒转振荡，反复多次。然后打开瓶塞，使瓶塞周围缝隙中的溶液流下，重新盖好瓶塞，再反复倒转振荡，使溶液全部混匀。

若用容量瓶稀释溶液，则可用移液管吸取一定量溶液，移入容量瓶后，吹洗瓶口内壁，再如上操作，稀释至标线，摇匀。

如果需要保存容量瓶内配好的溶液，应当转移至试剂瓶，不要长期贮于容量瓶中。

容量瓶使用之后应立即洗净。若长时间不用，还应洗净擦干磨口处，于瓶塞侧面衬一纸片盖好。

(三) 试纸的使用

(1) pH 试纸

pH 试纸分广泛 pH 试纸和精密 pH 试纸两类，用以检测溶液的 pH 值。广泛 pH 试纸的变色范围为 1～14，可粗略测出溶液的 pH 值。精密 pH 试纸的变色范围较小，如 pH 2.7～4.7，3.8～5.4，5.4～7.0，6.9～8.4，8.2～10.0，9.5～13.0 等，因此可较精确地测出溶液的 pH 值。

使用时常将试纸剪成小块，放在洁净的表面皿或白色点滴板上，用玻璃棒蘸取待测溶液点在试纸中间，再将试纸显示的颜色与标准色阶比较，确定溶液的 pH 值。注意不能将试纸浸泡在待测溶液中，以免造成误差或污染溶液。

(2) 石蕊试纸

石蕊试纸分红色和蓝色两种，可用以判别溶液和气体的碱性或酸性，使用方法与 pH 试纸相同。用于检查挥发性物质及气体的酸碱性时，先将石蕊试纸用蒸馏水润湿，悬空放在气体出口处，观察其颜色的变化。

(3) 碘化钾-淀粉试纸

用以定性检验氧化性气体,如 Cl_2、Br_2 等。试纸曾在碘化钾-淀粉溶液中浸泡后晾干,使用时先以蒸馏水润湿,当氧化性气体与试纸接触后,I^- 被氧化为 I_2,I_2 再与淀粉作用呈现蓝紫色。如果气体过量或气体的氧化性过强,还可将 I_2 进一步氧化为 IO_3^-,试纸又变为无色,此时切勿认为试纸没有变色。

(4) 醋酸铅试纸

用以定性检验 H_2S 气体。试纸曾在醋酸铅溶液中浸泡过,使用方法与 pH 试纸相同。若有 H_2S 气体产生,则会与试纸上的醋酸铅反应,生成黑色的 PbS 沉淀而使试纸显黑色。

各种试纸都要密封保存,用镊子取用。试纸不可长时间暴露在实验室的空气中,以免污染、失效。

(四) 加热、冷却、蒸发与浓缩

1. *加热*

实验室中常用于加热液体或固体试剂的仪器有试管、烧杯、烧瓶、锥形瓶、蒸发皿、坩埚等,这些仪器能承受一定的温度,但不能骤冷骤热,因此在加热前应将仪器外面的水擦干,并注意加热后不能立即与冷或潮湿的物体接触。加热液体时,所盛液体的量一般不宜超过试管容量的 1/3、蒸发皿容量的 2/3、烧杯容量的 1/2～2/3。

(1) 直接加热

试管中的液体一般可在火焰上直接加热,加热时,试管夹应夹在试管的中上部,试管应稍微倾斜,管口向上,但注意不可朝向自己和别人,以免溶液沸腾时冲出管外而发生烫伤。加热时应使液体各部分受热均匀,先加热液体的中上部,再慢慢往下移动,不能只集中加热某一部分,以免液体受热不均匀而冲出试管或试管受热不均匀而炸裂。

加热试管中的固体时,必须使试管口稍向下倾斜,以免凝结在试管壁上的水珠流到灼热的管底而使试管炸裂。

用烧杯、烧瓶加热时,不可用火直接加热,一定要置于石棉网上,使其受热均匀。烧杯在加热时还要注意搅动,尤其在溶液中存有固体时要充分搅拌,以防止爆沸或崩溅。

高温加热固体试剂时,可将试剂放在坩埚中用氧化焰灼烧,不要让还原焰接触坩埚底部,以免在坩埚底部结上黑炭,导致坩埚破裂。加热时,坩埚置于泥三角上,先用小火烘烤坩埚,使之受热均匀,然后再用大火灼烧。夹取灼烧过的坩埚时应使用干净的坩埚钳,夹取前应先将坩埚钳的尖端放在火焰旁预热片刻,以免温差太大而使坩埚破裂。坩埚钳用后应将钳尖向上平放于桌上。灼热的坩埚不可直接置于桌面。

当对灼烧的温度要求不很高时,也可在瓷蒸发皿内进行。

(2) 间接加热

物质需均匀受热时,可根据受热温度的不同,选用水浴(温度不超过 373 K)、砂浴或油浴(温度高于 373 K)进行间接加热。低沸点、易燃的物质必须用水浴加热。加热时,水浴锅的盛水量不要超过其容量 2/3,加热过程中还应注意补充水,以保持 2/3 容量的水。也可用烧杯代替水浴锅。

2. *冷却方法*

物体加热后需冷却时,可以置于空气中慢慢冷却、置于水浴中加速冷却,也可以:

1) 流水冷却:将需冷却的物品直接用流动的自来水冷却。需快速冷却到室温的溶液,可用此法。

2) 冰水冷却:将需冷却的物品置放在冰水浴中。

3) 冰盐浴冷却:冰盐浴由盐和冰(或冰水)调制,可冷至 273 K 以下。所能达到的温度由冰盐的比例和盐的品种决定,干冰(或液氮)和有机溶剂混合时,其温度更低。为了保持冰盐浴的效率,可选择绝热较好的容器,如杜瓦瓶等。

3. 蒸发与浓缩

当溶液很稀而且所制备产物的溶解度又较大时,为了能从中析出晶体,必须通过加热使溶剂蒸发、溶液浓缩,蒸发到一定程度后,经冷却就可析出溶质的晶体。

蒸发一般在蒸发皿或烧杯中进行。蒸发皿的面积较大,有利于快速浓缩。蒸发皿中液体的量不要超过其容量的 2/3。若物质对热稳定,可以将蒸发皿置于石棉网上,用煤气灯直接加热(应先均匀预热),否则就应用水浴间接加热。蒸发应缓慢进行,不要加热至沸腾。蒸发过程中,应不断用搅棒拨下由于溶液体积缩小而留于液面边缘以上的固体。

如果对象是有机溶剂体系,蒸发可以在烧瓶中进行,烧瓶口连接冷凝管和接收器,让加热蒸发出的溶剂被接收。可参见图Ⅱ.5.16 的蒸馏装置。

溶剂蒸发的程度视情况而不同。当物质的溶解度随温度变化较小时,必须蒸发到溶液表面出现晶膜,方可停止加热,甚至有时蒸发至呈稀糊状后才冷却。而当物质的溶解度随温度变化较大时,则不必蒸发到液面出现晶膜就可冷却。但是,任何情况下都不得蒸至干涸。

(五) 结晶与重结晶

1. 结晶

晶体析出的过程称为结晶。晶体颗粒的大小取决于溶质的溶解度等特性,以及结晶时的条件。如果希望得到较大颗粒的晶体,则不宜蒸发至过饱和,而应使溶液中结晶的晶核少,晶体慢慢长大;若溶液的饱和程度高,结晶的晶核较多,就会快速形成众多而细小的晶体。

若形成的过饱和溶液不析出结晶,可用玻璃棒摩擦容器壁,使溶质分子呈定向排列而形成结晶,或搅拌溶液、加入晶种,促使晶体迅速形成。不过,搅拌以及迅速冷却时,得到的是细小的晶体。小晶体表面积大,表面吸附杂质多,过滤时洗涤的损失也较多。如果将溶液在室温或保温条件下静置,让其缓慢冷却,将有利于得到较为粗大完整而纯净的晶体。

对于一些有机化合物,当饱和溶液的温度比其实际熔点(有些有机化合物的熔点受杂质的影响很大而可能比纯物质的熔点低很多)高时,往往会生成油状物。油状物中包含了较多的杂质及一部分母液,难以结晶。虽然将此油状物长时间静置或足够冷却后也可固化,但固体将含有较多的杂质。遇此情况时,可重新加热溶解,控制温度在被结晶物质的熔点以下,然后快速冷却,剧烈搅拌,使溶质均匀分散后迅速固化。

2. 重结晶

第一次结晶所得晶体的纯度如不符合要求,可以进行重结晶。其方法是在加热的情况下将晶体溶于尽可能少的溶剂中,形成饱和溶液,再趁热过滤,除去其中不溶性物质。然后将滤液冷却,重新析出晶体,过滤,并以适当的溶剂洗涤,即得纯净的晶体。若其纯度仍不符合要求,可再作一次或多次重结晶。

重结晶的一般过程如下。

(1) 热溶解

取待重结晶的物质，加入比需要量略多的溶剂。考虑到溶解时的需要、溶剂的挥发损失、重结晶物质不致过早析出而影响过滤，特别是考虑到重结晶提纯的效果，必须使用过量的溶剂。但是加入的溶剂又不能过量太多，以免影响重结晶的回收率。所以溶剂用量的多少，要根据物质溶解情况，权衡各方面的得失来决定。

加热溶液时，应观察物质溶解的情况。若不完全溶解，可再酌量加入溶剂，直至该物质全部溶解。注意判断是否有不溶性杂质存在，以免加入过多的溶剂；也要防止因溶剂挥发过多，而把待重结晶物质视作不溶性杂质。

若使用有机溶剂进行重结晶，应根据溶剂的沸点，选择适当的加热方法，还应在反应瓶上装置回流冷凝管。

如果粗制的有机化合物产品含有色杂质，可待其溶解，稍冷后加入适量的活性炭(勿在沸腾时加入活性炭，以免造成溶液爆沸)，微沸 5～10 min，使杂质被充分吸附，然后趁热过滤。

(2) 热过滤

有时，为了避免过滤时溶液冷却而结晶析出，造成损失和操作困难，还可以采用趁热过滤的方法。在热过滤时选用短颈漏斗，将其烘热或用热水浴加热后使用，也常常与热水漏斗配合使用，可参见五节的(六)固液分离。

(3) 结晶

结晶的过程如前一小节所述，此处不再赘述。

(六) 固液分离

1. 倾滗法

当沉淀结晶颗粒较大或相对密度较大时，可静置，待沉降分层后，将上部的澄清液缓慢倾入另一容器中，即能达到分离目的。如果沉淀需要洗涤，可往沉淀中加入少量蒸馏水或其他洗涤液，用玻棒充分搅拌后，静置沉降，再倾去上层清液，如此重复 2～3 次即可。

2. 过滤法

这是固液分离时最常用的操作方法，可分为常压过滤和减压过滤。

(1) 常压过滤

先取一张正方形滤纸，其边长约为漏斗直径的 2 倍，对折 2 次，放入漏斗中，将超出漏斗高度的滤纸压出一痕迹；取出滤纸，在低于漏斗沿 5 mm 处将滤纸剪成扇形；从三层滤纸一边撕开外部两层的一小角，展开滤纸使之呈圆锥形。然后将滤纸放入漏斗中，按住滤纸三层处推到底，用少量蒸馏水润湿，轻压滤纸边缘，使其紧贴于漏斗内壁，然后加满水，漏斗颈应该被水全部充满，形成水柱。

将漏斗安放在漏斗架上，漏斗颈的尖端应紧靠接收容器(如烧杯)的内壁，以使滤液顺容器壁流下而不致溅出来。

采用倾滗法，先将上层清液沿玻棒在三层滤纸一侧缓缓流入漏斗，然后将沉淀转移到滤纸上。注意漏斗内液面的高度应始终低于滤纸边缘 1 cm。用少量洗涤液洗涤烧杯壁及玻棒，洗涤液也转入漏斗中，最后再以少量洗涤液洗涤漏斗中的沉淀。洗涤次数及洗涤液的用量可根据需要而不同。

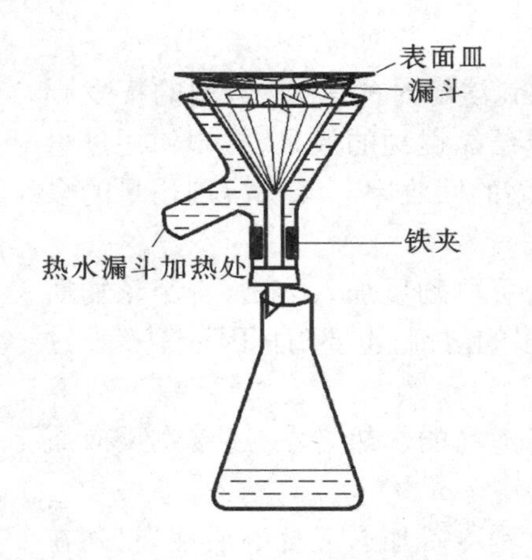

图Ⅱ.5.14　用热水漏斗进行热过滤

在滤除有机化合物中的固体杂质时，有时不采用滤纸，而是在漏斗中填少量脱脂棉，以阻挡杂质进入滤液。

有些溶液在遇温度降低时容易析出晶体，就应进行热过滤。趁热过滤时，一般选用短颈漏斗，烘热或用热水浴加热后使用，还常把玻璃漏斗放置在铜质的热水漏斗内，以维持一定的温度。使用热水漏斗时，先在漏斗夹套内加入水，用铁夹固定在铁架上(见图Ⅱ.5.14)。将水预先烧热，再将待滤的溶液趁热迅速过滤。

过滤前，先用少量溶剂湿润滤纸，以免干滤纸吸收溶液中的溶剂而使晶体析出、堵塞滤纸孔。使用热水漏斗时，以水作溶剂进行重结晶可边加热边过滤，但在使用有机溶剂时，必须灭火过滤。热水漏斗中的水温不应高于所用溶剂的沸点。过高的温度将导致溶剂大量挥发，晶体析出，堵塞漏斗颈。

过滤完后，用少许热溶剂淋洗滤纸。

过滤有机化合物溶液时，漏斗内常常使用与溶液接触面更大的折叠滤纸，其折叠方法见图Ⅱ.5.15。

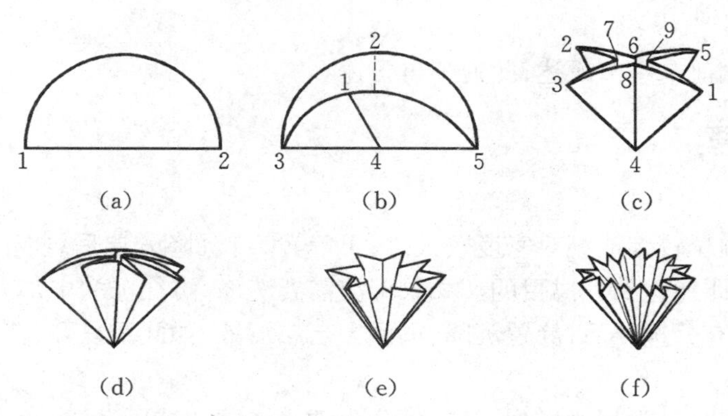

图Ⅱ.5.15　有机化合物过滤时的一种滤纸折叠方法

折叠过程为：

(a)先把滤纸对折；(b)展开，并把两端1和2对齐，向同一方向对折；(c)再把每一等分中间向内折，使滤纸均分成8等分；(d)将其中凸出的一边如1～4向里折，将每一等分又平分为二；(e)将其他三边5～4、2～4、3～4同样向里折，使滤纸平分成均匀的16等分；(f)再以同法，把每一等分又一分为二，得到32等分的折叠滤纸，展开后即可。过滤时，将滤纸翻转，整理好放入漏斗中。滤纸的上沿应略低于漏斗。

(2) 减压过滤(抽气过滤，抽滤)

为了获得比较干燥的结晶和沉淀，常用减压过滤法，其特点是过滤速度快，但不宜用于过滤胶状或颗粒很细的沉淀，因为此类沉淀可能穿过滤纸，或者造成滤纸堵塞，使溶液不易透过。应用低沸点溶剂复结晶时，也不宜用减压过滤。

减压过滤的装置由水泵(或真空泵)、安全瓶、吸滤瓶和布氏漏斗组成。连接装置时注意布氏漏斗的斜口应对准吸滤瓶的抽气支管,另外,安全瓶的长玻璃管用来接水泵,短管用于接吸滤瓶。

剪出一张直径稍小于布氏漏斗底部孔板的圆形滤纸,铺于布氏漏斗中,使之恰好盖住漏斗的全部瓷孔。用蒸馏水或相应的溶剂润湿滤纸,再开启水泵抽气,使滤纸紧贴漏斗,不留空隙。

在抽气减压状态下,用倾滗法先将上层清液沿着玻璃棒注入漏斗中,加入液体的量不要超过漏斗容量的 2/3。然后将沉淀转入漏斗。若转移不完全,可用滤过的母液荡洗、再转移。当沉淀颗粒较大而溶液体积不大时,为转移方便,也可将溶液搅起,趁沉淀尚未沉降,连同溶液一并快速倾入漏斗。待抽滤至无液滴滴下时,先将连接吸滤瓶抽气支管的橡皮管拔下,再倒出滤液或取出沉淀。注意:切不可先关水泵,否则水将倒吸至吸滤瓶或安全瓶中。

在布氏漏斗内洗涤沉淀时,应先停止抽气,滴加少量蒸馏水或相应的洗涤溶液,湿润晶体表面,然后再抽气过滤,使之干燥。

抽滤干燥后,取下漏斗倒扣在表面皿上,用吸球在漏斗颈口吹气,即可使滤纸连同沉淀一起脱出。将滤液从吸滤瓶的上口倒出时,吸滤瓶的支管必须向上。

还应注意的是:

① 吸滤瓶中的滤液不可满至接近抽气支管;

② 吸滤过程中不得突然关闭水泵,而应先拔去橡皮管,停止抽气,再关闭水泵或真空泵;

③ 如果过滤的固液体系具有强氧化性、强酸性、强碱性,则不能用滤纸过滤,可用石棉纤维等代替。也可采用玻璃砂芯漏斗过滤强酸性或强氧化性的物质,但不能用其过滤强碱性溶液。

3. 离心分离

欲将试管中的少量溶液和沉淀分离时,可于静置分层后,用毛细吸管吸出溶液。捏紧毛细吸管橡皮头轻轻伸进试管,使吸管尖端插入液面以下但并不触及沉淀,然后慢慢放松橡皮头,尽量吸出上层清液。如试管中的沉淀需洗涤,可加入少量溶剂,用细搅棒将沉淀搅起,再静置、吸出上层清液。重复数次,至达到要求为止。

溶液中的少量沉淀还可通过离心沉降的方法分离。离心分离是将装有待分离溶液的离心试管放入电动离心机内高速旋转,在离心力作用下,沉淀聚集于试管底部,然后同上所述,用毛细吸管吸出上层清液,并且洗涤沉淀后,再进行离心分离,如此洗涤 2～3 次即可。

使用电动离心机分离沉淀时应注意以下几点:

① 必须使用离心试管,不可用普通试管代替;

② 离心试管内盛放溶液的量不能超过其容积的 2/3;

③ 离心机的转动必须保持平衡,若仅离心一个样品,则应在其对称的位置放一个盛有等体积水的离心试管;

④ 不能将开关直接拨到较高转速的位置上,而应该逐档加速,慢开慢关;运转时如发生反常的震动或响声,应立即停机,查明原因;

⑤ 关闭开关后,应待其自然减速,不可以外力强制其停下,以免损坏离心机或造成伤害;

⑥ 离心的时间和转速由沉淀的性质决定,晶形的紧密沉淀一般设定离心机转速为 1000 r/min,离心 1～2 min 即可;而无定形的小颗粒、疏松沉淀以 2000 r/min 为宜,离心时间应长一些。

(七) 蒸馏

在有机化合物的合成与分离中,根据物质的沸点进行蒸馏是一项基本操作。下面介绍其中的常压蒸馏与水蒸气蒸馏。

1. 常压蒸馏

常用的常压蒸馏装置如图Ⅱ.5.16。

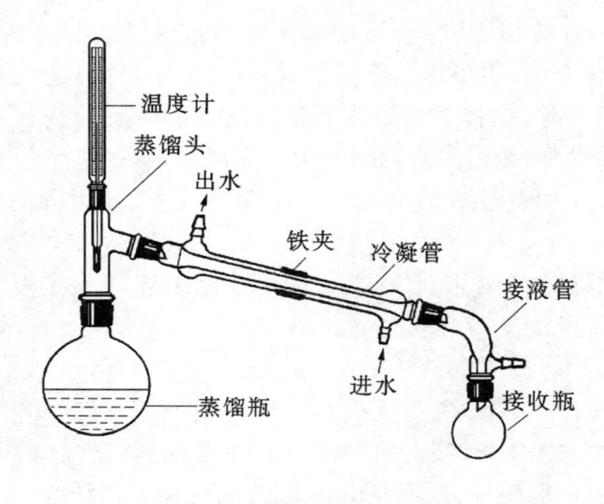

图Ⅱ.5.16　常压蒸馏装置

常压蒸馏的操作步骤如下。

(1) 蒸馏装置的安装

根据被蒸馏液体的体积选择大小合适的蒸馏瓶,液体的体积不能超过蒸馏瓶容积的 2/3,以免沸腾时液体冲出来;但也不能少于 1/3,否则瓶子容积过大、损失较多。

安装的顺序是:一般先从热源开始,由下而上,由左而右。将蒸馏瓶用铁夹垂直固定在热源上方铁架上。根据被蒸馏液体的沸点选用合适的冷凝管,并用铁夹固定在另一个铁架上。调整冷凝管位置,使与蒸馏头支管同轴相连,冷凝管铁夹不能夹得太紧或太松,以夹住后尚能转动为宜。然后再接上接液管和接收器。整套装置从正面或侧面看都必须在同一平面内。最后,在冷凝管两端支口分别接上橡皮管,下端支管进水,上端支管引入下水道排水。

(2) 加料

安装好装置后,将反应物加入蒸馏瓶内,也可借助于长颈漏斗加入。然后投入几粒沸石,装上温度计。温度计水银球的上端应与蒸馏头支口的下端在同一水平上,以保证在蒸馏时整个水银球能完全被液体蒸气浸润。水银球高了,所测得的沸点偏低;太低了,则测得沸点偏高。

(3) 加热

先接通冷凝水,调节冷凝水的流速,然后开始加热。加热中可观察到蒸馏瓶内的液体开始沸腾,蒸气逐渐上升,温度计的读数也略有上升。当蒸气上升到温度计水银球部位时,温度计读数快速上升。适当调节热源,以控制蒸馏速度,一般使接液管下端流出液滴的速度在每秒 1～2 滴为宜。

(4) 观察沸点和收集馏液

在到达沸点以前蒸馏接收到的液体组分称为前馏分。随着前馏分的蒸出,温度逐渐上升,当温度到达沸点并趋于稳定,此时蒸出的就是较纯的物质,应立即更换洁净、干燥并已称重的接收器。记录这部分液体开始馏出至收集到最后一滴时的温度,即是该馏分的沸程。当一种馏分蒸完后,温度会突然下降或急剧上升,此时应立即停止加热。在任何情况下,都不能将液体蒸得太干,以免蒸馏瓶炸裂或发生其他意外事故。

(5) 拆除装置

蒸馏完毕，应先停止加热，稍后再关闭冷凝水。拆除仪器次序与装配时相反，注意先取下接收瓶，妥善放置以免产物损失，然后依次拆下接液管、冷凝管和蒸馏瓶。温度计需待冷却后再洗涤，以免炸裂。

2. 水蒸气蒸馏

常用的水蒸气蒸馏装置如图Ⅱ.5.17 所示，由水蒸气发生器和蒸馏装置两部分通过 T 形管相连接而成。

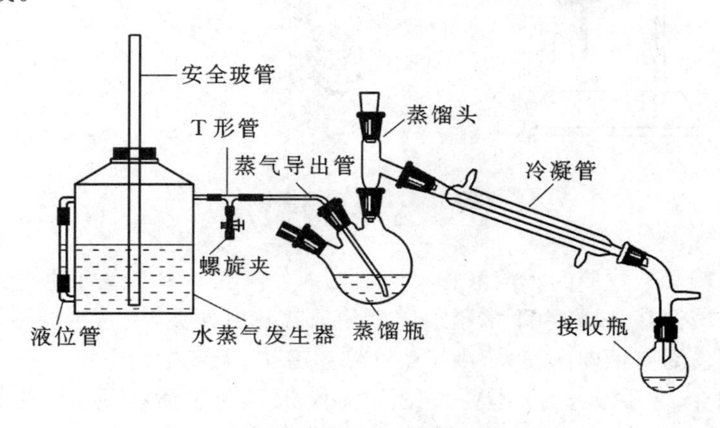

图Ⅱ.5.17　水蒸气蒸馏装置

由液位管可以观察水蒸气发生器内的水位，通常盛水量以发生器容积的 3/4 为宜，如果太满，沸腾时水蒸气会把水冲至烧瓶。安全玻管插到发生器的底部，以调节内压。如果安全玻管中的水位升得过高或水从玻管上口喷出，即应检查整个系统是否阻塞。若有阻塞，应先打开 T 形管下的螺旋夹，再排除系统中的阻塞。

用三颈瓶作蒸馏瓶时，先将欲分离的混合物置于三颈瓶中，按图搭好装置，蒸气导出管与 T 形管的一端相连。打开螺旋夹，加热水蒸气发生器，至水沸腾后，将螺旋夹夹紧，水蒸气即通入三颈瓶，整个体系的蒸气压为水的蒸气压和其他组分蒸气压之和。当体系蒸气压与外界大气压相等时，溶液开始沸腾，即为混合物的沸点。该沸点低于溶液中任何一组分的沸点，使得待蒸馏物质能够与水一起蒸出。

注意：水蒸气蒸馏须中断或停止时，一定要先打开螺旋夹，使通向大气，然后再停止加热水蒸气发生器，否则瓶中的液体会倒吸入发生器中。

（八）萃取

1. 萃取

实验室中常用的萃取仪器是分液漏斗。在操作前，先要检查它的活塞和顶塞是否与各自塞座的磨口匹配，若不匹配，操作时将会漏液。

取下活塞，擦干活塞与活塞套，在活塞孔的两边各涂上薄薄一圈润滑脂（切勿涂得太多而使润滑脂进入活塞孔中，以免玷污萃取液）。插入活塞套并旋转数圈，使润滑脂均匀。然后放在已固定于铁架上的铁圈中，关闭活塞。

萃取操作可参见图Ⅱ.5.18。

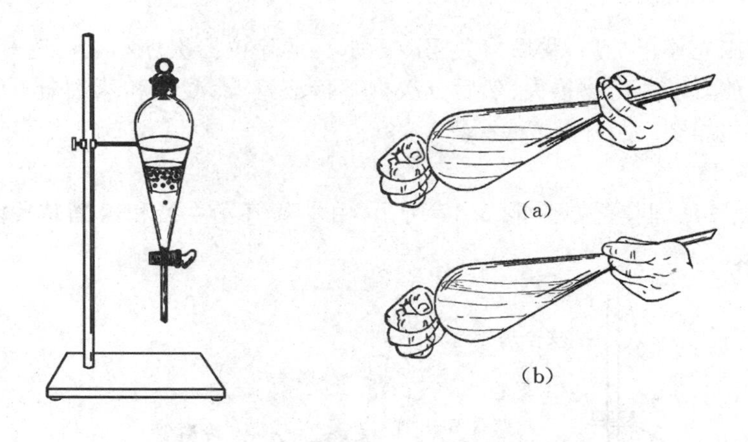

图Ⅱ.5.18 萃取操作

分别将含有待萃取物质的水溶液和萃取液倒入分液漏斗中。盖好顶塞,再旋转一下,以免漏液。取下分液漏斗,以右手手掌紧顶住漏斗顶塞并抓住漏斗,左手握住漏斗活塞部分,大拇指和食指握住活塞柄向内使力,中指垫在塞座旁边,无名指和小指在漏斗塞座另一边与中指一起夹住漏斗,左手掌悬空,不要顶住活塞小端,以免把活塞顶出。振摇时,将漏斗倾斜,使活塞部分向上。先轻轻振摇,随即用左手拇指和食指旋开活塞,放气,否则塞子有可能被顶出而造成漏液。剧烈振摇并放气后,将漏斗放回铁圈中静置分层。

待两相分层清晰后,打开顶塞,在分液漏斗下放置一容量合适的接收容器,缓缓旋转活塞,将下层液体放出。开始时可稍快些,待分层液面接近活塞时,应放慢速度。上层液体必须由漏斗上口倒出,切不可从活塞放出,以免被残留在漏斗颈中的下层液体玷污。

2. *有机物的干燥*

萃取后的有机相常常需要干燥,液体有机物在蒸馏提纯前也需要干燥,因为存在水分会大大增加蒸馏时的前馏分,造成不必要的损失。

在干燥液体有机物前,要尽可能先把水分分离干净,不应有肉眼看得见的水滴。然后将液体置于干燥锥形瓶中,加入少量干燥剂,边加边摇,直至澄清。用塞子将锥形瓶塞紧,放置,待水分除尽后,再过滤除去干燥剂,获得干燥的有机物液体。

六 半微量定性分析

常见阴、阳离子的分离与鉴定实验,称为定性分析。它以离子的特征化学反应为依据,所运用的各种化学操作一般在试管中进行,为半微量定性分析。

半微量定性分析的取样量较少,一般作鉴别反应时,被鉴定元素的总量在 0.2 mg 左右,而体积只有 0.1 mL 左右。因此,若不严格遵守操作规则进行实验,很容易丢失而无法得出准确结果。

定性分析包括分离和鉴别两个部分,其主要操作如下。

1. *准备*

拉制与离心试管相匹配的玻璃棒,准备好热水浴。

2. *沉淀的生成*

在试液中加入沉淀剂以使一些离子生成难溶盐而与其余组分分离。欲使沉淀完全,应注意以下几点：①严格按照规定的沉淀条件操作，如控制溶液的酸碱性、温度、试剂加入的次序以及防止生成胶状沉淀等，否则可能沉淀不完全或根本不产生沉淀；②加入的沉淀剂应稍微过量，以使沉淀完全，但应避免过多地加入而产生盐效应或生成配合物，使沉淀重新溶解；③沉淀反应可在离心试管中进行，试剂应逐滴加入，同时振摇离心管或用玻棒充分搅拌，以加速沉淀，使反应均匀并能促使沉淀微粒凝聚；④应检查沉淀是否完全，可在离心分离后的澄清溶液中再加一滴沉淀剂，若溶液不显混浊表明沉淀完全，否则需继续加入沉淀剂，直至沉淀完全。

3. 沉淀的分离

将离心试管置于离心机中，沉淀微粒在离心力的作用下聚集在离心管尖端，而溶液则完全澄清。

按五节的(六)中固液离心分离的操作，用毛细吸管吸取上层清液，转入另一离心试管中。注意：若分离出的溶液中有沉淀，须重新离心。

4. 沉淀的洗涤

为了完全除去沉淀上吸附的母液，必须洗涤沉淀。洗涤方法同五节的(六)所述，加入洗涤液，用搅棒将沉淀搅起，再行离心。应注意洗涤次数不宜太多，一般 2～3 次即可，每次洗涤液用量约为 0.3～0.4 mL，离心管壁上的沉淀可用玻棒刮下，与聚集在离心管底部的沉淀一起洗涤。

5. 沉淀的溶解及转移

沉淀可能由一种或多种离子的难溶盐组成，为了检验沉淀中的离子或进一步分离，常常将沉淀完全溶解或部分溶解。溶解沉淀时应注意以下几点：①逐滴加入试剂，同时不断搅拌；②在沉淀溶解比较缓慢时，不要急于加入过多的试剂，而应搅拌一段时间或将离心试管置于水浴中加热；③定性分析实验的溶液量少，不能由一个容器直接倾倒到另一个容器，而应用毛细吸管转移溶液。

如果需直接取出沉淀做检出反应，一般先配制成混悬液，然后用吸管吸取转移。如果检出反应要求不能有过多的水分，可在移取混悬液后再进行离心分离。

6. 溶液的蒸发

为鉴定含量较低的离子，鉴定前应先将溶液浓缩。注意在溶液近干时即停止加热，让残液靠余热自行蒸干，以避免固体溅出，同时防止物质分解(注意和灼烧的区别)。

7. 点滴反应

吸取 1～2 滴溶液进行鉴定反应，可在洁净的瓷点滴板上或离心管中进行。为使反应均匀，反应时应用搅棒搅动或振摇。

8. 气体的检出

个别离子如 NH_4^+ 可以与一些试剂反应生成气体，并用湿润的试纸检出。试纸可沾在湿润的玻棒一端，置于反应容器口进行试验；也可用气室法试验：两块表面皿合放，下皿凹处滴有试液，上皿凹处则沾有湿润的试纸。注意试纸不得受到试管壁、管口的其他物质的污染。

9. 焰色反应

有些物质在无色火焰中灼烧时能使火焰呈现特殊的颜色，称为焰色反应，可用于鉴定某些金属离子。操作方法如下。

1) 在小试管中放入少量分析纯浓盐酸，然后用铂丝蘸取浓盐酸，在煤气灯的氧化焰中灼烧，如此反复多次直至火焰为无色。

2）将试液滴在点滴板上，然后用铂丝蘸取试液在氧化焰中灼烧，观察火焰的颜色。应注意每种离子的焰色和焰色持续时间的不同。

3）铂丝不能放在还原焰中灼烧，因为在还原焰中金属铂丝易变脆而断裂。

10. 空白试验与对照试验

在鉴定离子时，若试剂不纯，会导致错误结论。为避免这种错误，应对试剂进行检查。检查方法是以纯水代替试液，而其他试剂及用量均与鉴定反应相同，此法称为空白试验。观察空白试验结果，并与正常结果相比较，可以判定试剂是否适合于鉴定反应的要求。

对照试验则是指：将试液与已知含有被鉴定离子的溶液同时进行检验，对分析结果进行对照比较，以便更清楚地确证试液中是否存在被鉴定离子。

空白试验与对照试验十分重要，在定性分析和定量分析时会经常用到。

七　pH 计、电导率仪、分光光度计和气相色谱仪的使用

（一）pH 计的使用

用 pH 计（酸度计）测定溶液 pH 值的方法是电位测定法。测定所用指示电极（如玻璃电极）的电极电势随 pH 值变化而变化，参比电极（如甘汞电极）的电极电势则为一特定值，不随 pH 值变化。两支电极一起插入被测溶液中，共同组成一个原电池，该电池的电动势将随着被测溶液的 pH 值不同而变化。pH 计本身是一个输入阻抗极高的电位计，它可以测量上述原电池的电动势，并将电动势转换成 pH 值而直接表示出来。

pH 计的型号种类很多，但其结构与操作是基本相同的。

1. 指示电极与参比电极

玻璃电极（见图Ⅱ.7.1）：它的下端有一个壁厚仅 0.05～0.1 mm 的玻璃球泡，由特殊玻

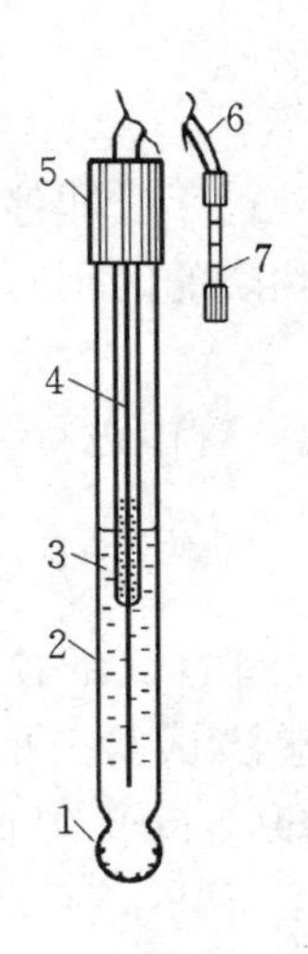

图Ⅱ.7.1　玻璃电极（231 型）

1. 玻璃膜　2. 厚玻璃外壳　3. 缓冲溶液
4. 银-氯化银电极　5. 绝缘套　6. 电极引线
7. 电极插头

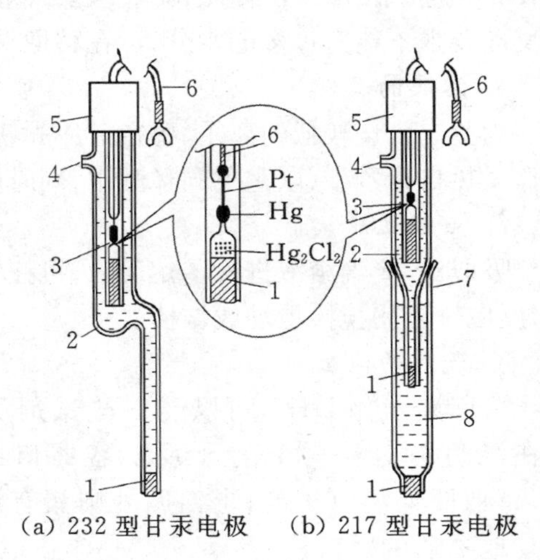

图Ⅱ.7.2　甘汞电极

1. 多孔性物质　2. 饱和氯化钾溶液　3. 内部电极
4. 加液口　5. 绝缘套　6. 电极引线
7. 可卸盐桥磨口套管　8. 可卸盐桥液接溶液

璃制成，内装 0.1 mol·L^{-1} 盐酸溶液，并插入一支银-氯化银电极作为内参比电极。玻璃电极对氢离子有敏感响应，当它插入被测溶液时，电极电势随被测溶液中氢离子浓度的不同而变化，所以玻璃电极能指示出被测溶液 pH 值的大小。玻璃电极的电极电势在 25 ℃时可表示为：

$$E_{玻} = E'_{玻} - 0.0591\text{pH}$$

甘汞电极：通常使用的饱和甘汞电极(见图Ⅱ.7.2)由金属汞、甘汞和氯化钾(一般为饱和氯化钾)溶液组成。电极反应为：

$$Hg_2Cl_2 + 2e \longrightarrow 2Hg + 2Cl^-$$

它的电极电势与溶液的酸碱度无关，在温度一定时是恒定的，例如，25 ℃时饱和甘汞电极的电极电势为 0.242 V。

由被测溶液与两支电极组成的原电池电动势 ε 为：

$$\varepsilon = E_{甘汞} - E_{玻} = 0.242 - E'_{玻} + 0.0591\text{pH}$$

所以　$$\text{pH} = (\varepsilon + E'_{玻} - 0.242)/0.0591$$

如果 $E'_{玻}$ 值已知，就可以通过测定，求出溶液的 pH 值。但由于制造上的原因，不同的玻璃电极，其 $E'_{玻}$ 值不同。为了消除这种差别，在 pH 测定技术中采用“定位”操作，即用已知 pH 值的标准缓冲溶液和两支电极组成原电池，利用酸度计上装置的定位调节器，把 pH 值读数直接调节定位在该标准缓冲溶液所具有的 pH 值上，这样，在以后测量未知溶液时，仪器所指示的读数就是被测溶液的 pH 值。

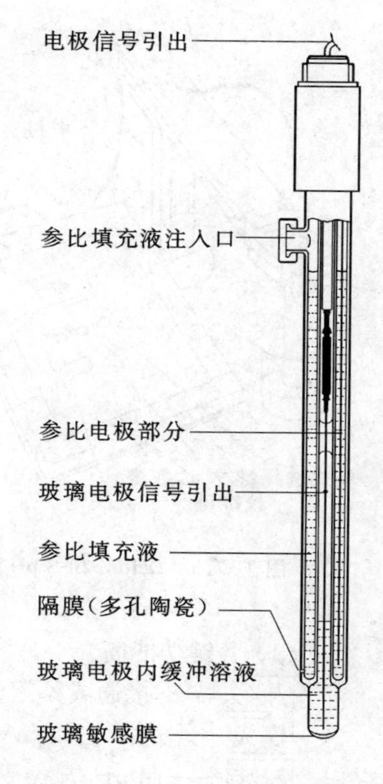

图Ⅱ.7.3　pH 复合电极

为了测试方便，还可将玻璃电极和参比电极组合成一个电极，称作复合电极，其结构如图Ⅱ.7.3。复合电极的使用已日见普及，但它要求所配用的 pH 计具有相应接口。

2. pHS-2C 型酸度计测定溶液 pH 值的操作

pHS-2C 型酸度计见图Ⅱ.7.4，测量时配用 231 型玻璃电极和 232 型饱和甘汞电极。

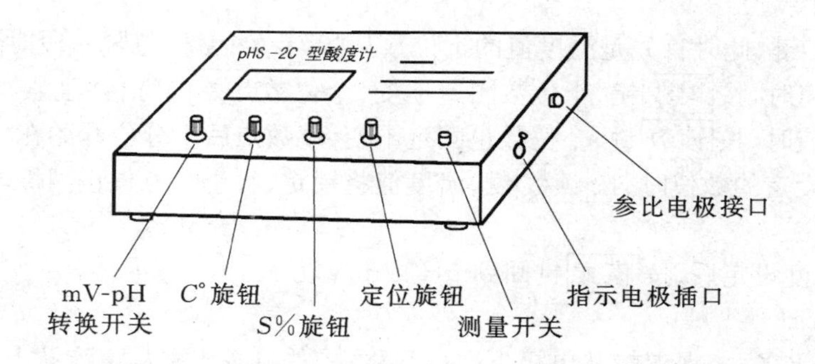

图Ⅱ.7.4　pHS-2C 型酸度计

1) 接通电源，将转换开关转到 pH 档即显示数值 0.00。

2) 把温度旋钮调至被测溶液的温度挡，斜率旋钮调在与电极斜率相应的位置上，把指示电极和参比电极分别插入右边的相应接口中。

3) 将电极用水淋洗并用吸水纸吸干后，浸入标准缓冲溶液中，轻轻摇动烧杯，再按下测量开关。待仪器显示屏上的数值稳定后，调节定位旋钮，显示标准缓冲溶液的准确值，例如：在 25 ℃时用 pH 6.86 的标准缓冲溶液定位，应调节至显示 6.86。

4) 将电极移出并洗净、吸干后，插入被测溶液中，轻轻搅动溶液，待显示值稳定后，读取显示数值即为被测溶液的 pH 值。

5) 测毕，按下测量开关使之弹出，关闭电源开关，洗净电极。将玻璃电极浸于纯水中，饱和甘汞电极套上保护套。

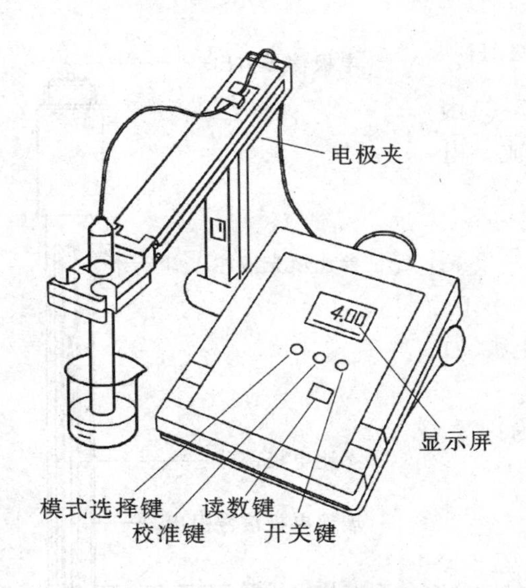

图Ⅱ.7.5　Delta 320-S pH 计

3. Delta 320-S pH 计测定溶液 pH 值的操作

Delta 320-S pH 计见图Ⅱ.7.5，测量时配用复合电极。

(1) 各键功能简介

[开/关]——接通或关闭显示器。通电状态下的关闭是将 pH 计设置在待机备用状态。

[模式]——选择 pH、mV 或温度方式。

[校准]——在 pH 方式下启动校准程序；在温度方式下启动温度输入程序。

[读数]——在 pH 和 mV 方式下启动样品测定过程。若再按一次该键则锁定当前值。在温度方式下，[读数]键作为输入温度值时各位数间的切换键。

(2) 测量温度的设定

测定时，仪器的温度设定值应与样品的温度一致。

仪器的温度设定方法如下。

1) 按[模式]键进入温度方式，显示屏上即有“℃”图样出现，并显示出最近一次的温度设定值，小数点闪烁。

2) 按[校准]键，此时首先是温度值的十位数从“0”开始闪烁，每隔一段时间加“1”。当达到欲设定的数值时，按[读数]键，十位数固定不变，个位数开始闪烁，并且累加。当个位数达到欲设定的数值时，按[读数]键，个位数也固定不变，小数点后十分位开始在“0”和“5”之间变化。当达到欲设定的数值时，按[读数]键，温度值将锁定，且小数点停止闪烁。此时新的温度测定值已被设定。

3) 完成温度设定后，按[模式]键回到 pH 或 mV 方式。

(3) 测定 pH 值

1) 电极的准备：将保湿帽从电极下端拧开移去，并将橡皮帽从填液孔上移开。

2) 校准 pH 电极：

选择与被测样品 pH 值接近的标准缓冲溶液作校准液。

按[开/关]键关闭显示器。先按住[模式]键，再按[开/关]键。松开[模式]键，显示屏显示 $b=3$，或当前的其他设定值 $b=1$、$b=2$（相对于不同的标准缓冲溶液组合）。若需重设，可用[校准]键改变并按[读数]键选择保留设置。

然后将电极浸入对应的标准缓冲溶液，轻轻摇动烧杯，按下[校准]键。当到达相应 pH 值时，按[读数]键，即完成校准。

3）清洗电极，并用吸水纸将水轻轻吸干。

4）将电极浸于待测溶液中，搅拌后静置，按[读数]键启动测定（小数点闪烁）。待显示屏数值趋向稳定，可按[读数]键将其锁定（小数点停闪）。要启动一个新的测定过程，则再按[读数]键。

5）测量完毕后，清洗电极，将其竖直存放在填充液瓶中或套上保湿帽。

4. 注意事项

1）玻璃电极在初次使用前，应先把球泡部分浸于蒸馏水中浸泡 24 h 以上，使电极充分活化。

2）小心使用电极尤其是玻璃电极，切勿使其敏感膜与硬物相接触，用吸水纸吸干时切勿擦拭，以免破裂、损伤或影响其响应。也不要用手触摸敏感膜。

3）由于玻璃电极内阻为 50～500 MΩ，输入系统的微小漏电将产生很大误差，所以电极插头必须保持清洁和干燥，不用时应将仪器所附的插销插入插口中，以防灰尘和潮气侵入。在环境湿度较大时，应把电极插头擦干。

4）使用玻璃电极和甘汞电极时，必须注意内电极与球泡之间及内电极和陶瓷芯之间不可有气泡存在。

5）复合电极和参比电极内的参比填充液不可干涸。饱和甘汞电极内部还应保留有少量氯化钾晶体，以保证氯化钾溶液是饱和的。测定时，氯化钾溶液应能浸没内部电极的小玻璃管，其液面应高于被测溶液的液面，以使电极内的氯化钾溶液借重力维持一定流速与被测溶液通路，防止被测溶液向甘汞电极内扩散。

6）甘汞电极及复合电极在使用时，要取下电极上的保湿套（帽）和橡皮塞（帽），妥善存放，不用时则要套上，不可同玻璃电极一样浸泡在蒸馏水中。

（二）电导率仪的使用

电导率仪的型号种类很多，但其结构与操作基本上是相同的，图Ⅱ.7.6 显示的是 DDS-307 型电导率仪，其测量范围为 $0\sim1\times10^{5}$ $\mu S\cdot cm^{-1}$。

电导率仪配用的电导电极为镀铂电极，即习惯所称的铂黑电极，在某一范围内也可使用铂片制作的光亮电极。一般可配用电导电极常数为 0.01、0.1、1.0、10 cm^{-1}的四种不同类型的电导电极。为获得较高的测量精度，应根据所测量的电导值范围，分别选择相应常数的电导电极，参见表Ⅱ.7.1。每一支电极还具有各自的具体电导电极常数，如 1.0 型的电极可能具有电极常数为 0.979 cm^{-1}。

DDS-307 型电导率仪的使用方法：

1）打开电源开关，预热 30 min。

2）校准：

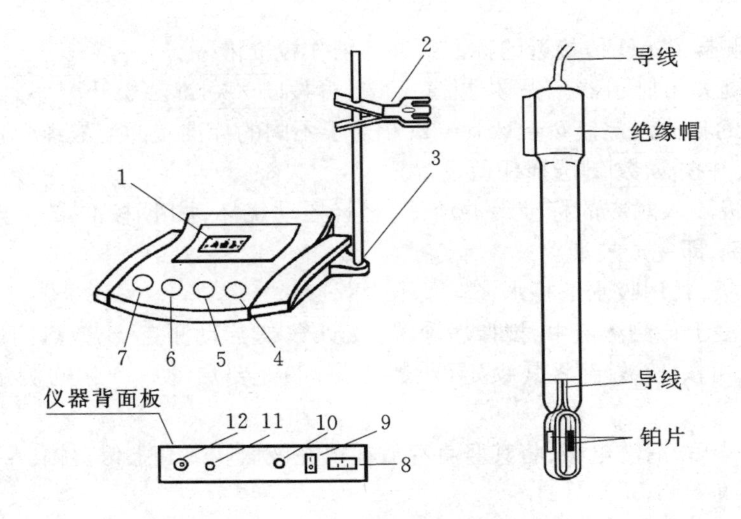

图Ⅱ.7.6 DDS-307 型电导率仪及电导电极

1. 显示屏 2. 电极夹 3. 电极杆插座 4. 温度补偿调节旋钮 5. 校准调节旋钮 6. 常数补偿调节旋钮 7. 量程选择开关旋钮 8. 电源插座 9. 电源开关 10. 保险丝管座 11. 输出插口 12. 电极插座

表Ⅱ.7.1 电导值测量范围及推荐使用的电导电极

测量范围/($\mu S\cdot cm^{-1}$)	推荐使用电极的电导常数/cm^{-1}
0～2	0.01, 0.1
0～200	0.1, 1.0
200～2000	1.0
2000～20000	1.0, 10
20000～100000	10

将量程选择开关 7 指向“检查”,常数补偿调节旋钮 6 指向刻度线“1”,温度补偿调节旋钮 4 指向刻度线“25”。适当调节校准调节旋钮 5,使仪器显示屏恰好显示 100.0 $\mu S\cdot cm^{-1}$。

3) 测量:

① 调节常数补偿调节旋钮 6,使仪器显示值与所用电极上标明的电极常数值一致。例如:

电极常数为 0.01025·cm^{-1}时,调节使仪器显示 102.5,即:测量值=显示值×0.01;

电极常数为 0.1025·cm^{-1}时,调节使仪器显示 102.5,即:测量值=显示值×0.1;

电极常数为 1.025·cm^{-1}时,调节使仪器显示 102.5,即:测量值=显示值×1;

电极常数为 10.25·cm^{-1}时,调节使仪器显示 102.5,即:测量值=显示值×10。

② 调节温度补偿调节旋钮 4,使其为待测溶液的实际温度值。这样,测量得到的将是经过温度补偿后折算为 25 ℃时的电导率值,否则,测量得到的将是该实际温度下未经补偿的原始电导率值。

③ 测量:

取预先在纯水中浸泡贮存的电极,连接于仪器背面的插座,并夹在电极杆的合适高度处。用水洗净电极,再用待测溶液润洗三次,然后插入待测溶液,使电极的铂黑片全部浸没于溶液中。将量程选择旋钮 7 调节至合适位置(参见表Ⅱ.7.1),即显示电导数值。连续测定三次，取平均值。

若显示屏数值熄灭，表明测量超出该量程范围，应切换量程选择旋钮 7 至合适档。DDS-307 型电导率仪量程选择旋钮的各量程范围分别为：

第Ⅰ档——0～20.0 $\mu S \cdot cm^{-1}$；

第Ⅱ档——20.0～200.0 $\mu S \cdot cm^{-1}$；

第Ⅲ档——200.0～2000 $\mu S \cdot cm^{-1}$；

第Ⅳ档——2000～20000 $\mu S \cdot cm^{-1}$。

各档所测得的结果均为：电导率值 = 显示值 × 电极常数值。

4）测量结束时，应先将量程选择开关旋钮 7 旋至"检查"档，再取下电导电极，洗净，仍浸于水中。

（三）分光光度计

各类分光光度计的结构均可由图Ⅱ.7.7 表示的几个主要部件组成。

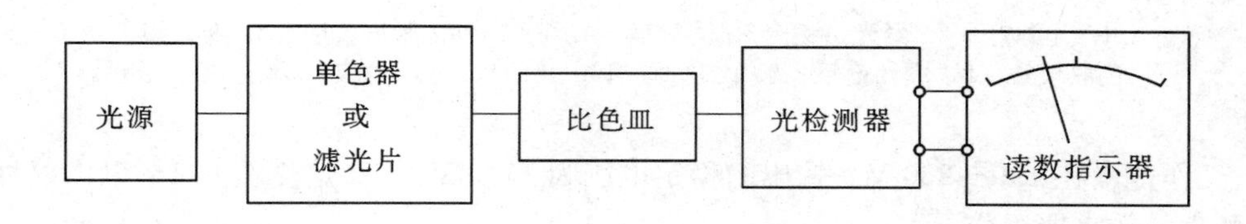

图Ⅱ.7.7 分光光度计结构图

光源提供连续辐射，经滤光片或单色器获得有限波长范围的单色光辐射，被比色皿（液槽）中的待测溶液部分吸收后，透过的光到达光检测器，使光信号转换成电信号，在读数指示器上指示出测量值。许多仪器还配有微处理机进行自动控制及测量、记录。

1. 721 型分光光度计

721 型分光光度计是一种固定狭缝、单光束仪器。它主要用于波长范围为 360～800 nm的光吸收测量。仪器的光学系统见图Ⅱ.7.8。

光源采用安装在可调节灯架上的钨丝灯，使辐射正确地射入单色器内。仪器使用多圈电位器调节灯电流，以改变光源强度，达到光量调节的目的。

仪器的单色器包括狭缝、棱镜（现已普遍改用光栅）、准直镜、凸轮及波长盘等几部分，采用立特罗光路结构。狭缝的宽度固定不变。棱镜固定在圆形活动板上，并通过杠杆与带有波长刻度盘的凸轮相连。转动波长刻度盘，棱镜相应地转动一个角度，即可选择波长。准直镜是一块圆形凹面反射镜。整个单色器密封于暗盒内。

单色器获得的单色光经透镜再一次聚光，进入比色皿，宽度约为 3 mm，使比色皿架不致挡光。比色皿架的定位装置能使比色皿正确地进入光路。

仪器使用 GD-7 型光电管，并与微电流放大器电路板一起安装在比色皿架后的暗盒内。光电管前设有一套光门部件，依靠光门板的重量自然下垂，随样品室盖的关闭与开启，光门通过杠杆作用相应地开启或关闭。光电管受光后所产生的光电流流过一组高值电阻，形成电压降。仪器内部安装了一组具有辅助稳压装置的晶体管稳压电源，使用 50 周 · s^{-1} 交

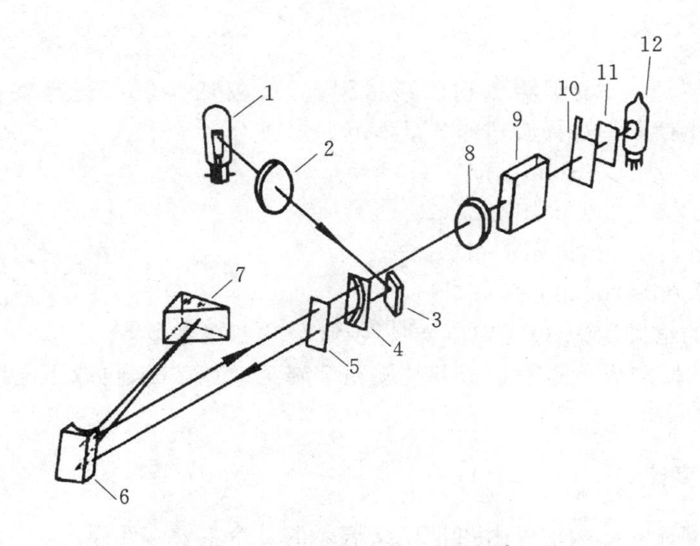

图Ⅱ.7.8　721 型分光光度计的光路系统

1. 光源灯　2. 聚光透镜　3. 反射镜　4. 狭缝　5. 保护玻璃　6. 准直镜
7. 色散棱镜　8. 聚光透镜　9. 比色皿　10. 光门板　11. 保护玻璃　12. 光电管

流电，工作范围在 190～230 V。输出的稳定电压为 11.5 V，其稳定度在 0.1%以内，供给光源灯和直流放大器工作。

仪器的外形结构见图Ⅱ.7.9。

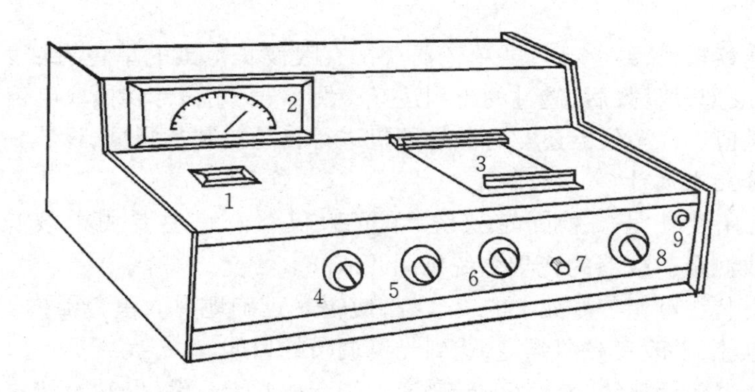

图Ⅱ.7.9　721 型分光光度计

1. 波长读数盘　2. 电表　3. 样品室盖　4. 波长调节旋钮　5. “0”透光率调节
6. “100%”透光率调节　7. 比色皿架拉杆　8. 灵敏度选择　9. 电源开关

721 型分光光度计使用方法：

1) 将仪器电源开关 9 接通，开启样品室盖 3。调节“0”旋钮 5，使电表指针处于透光率“0”位。预热 20 min，再调节波长调节旋钮 4，使波长读数盘 1 的刻线对准选用单色光的波长。选择合适的灵敏度档，再用调“0”旋钮复校电表透光率“0”位。

2) 合上样品室盖(即开启光门)，将参比溶液推入光路，顺时针旋转“100%”旋钮，使电表指针处于透光率“100%”处。

3）按上述方式重复调整透光率“0”及“100%”，直至不变，即可进行测量。

4）将待测溶液推入光路，读取吸光度 A。

使用注意事项：

1）连续测定时间太长时光电管会疲劳，造成吸光度读数漂移。此时应将仪器稍歇，再继续使用。

2）使用参比溶液调节透光率为100%时，应先将光量调节器调至最小，然后合上样品室盖（即开启光门），再慢慢开大光量。

3）仪器灵敏度挡的选择原则：当参比溶液进入光路时，应能用光量调节器调至透光率100%。各挡的灵敏度范围是：第一挡 ×1 倍；第二挡 ×10 倍；第三挡 ×100 倍；第四挡 ×200 倍；第五挡 ×400 倍。一般选择在 ×1 挡。

2. **S22PC 型分光光度计**

S22PC 分光光度计是一种简洁易用的分光光度法通用仪器，可在 340～1000 nm 波长范围内用于光吸收测量。

比起 721 型分光光度计，S22PC 分光光度计采用了卤素灯光源、非球面集光镜光源光路、衍射光栅 C-T 型单色器、LED 数字显示和微处理机系统，仪器具有自动调 0、调 100%及浓度直读等功能，还设有 RS-232C 串行接口，可配合打印机或 PC 机使用。

仪器的外形结构见图Ⅱ.7.10。

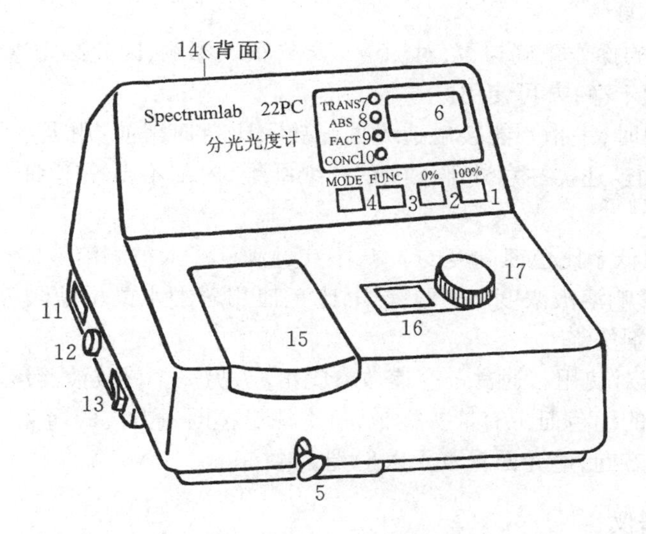

图Ⅱ.7.10　S22PC 分光光度计

1. 100% T 键　2. 0% T 键　3. FUNC 键（功能）　4. MODE 键（模式选择）　5. 比色皿架拉杆　6. 四位 LED 数字显示窗　7. TRANS（透光度）指示灯　8. ABS（吸光度）指示灯　9. FACT 指示灯　10. CONC 指示灯　11. 电源插座　12. 熔丝座　13. 仪器开关　14. RS232C 接口插座　15. 样品室　16. 波长指示窗　17. 波长调节旋钮

S22PC 分光光度计的使用方法：

1）打开仪器电源开关 13，开启样品室盖 15（即关闭光门），可见“TRANS”指示灯 7 亮，显示窗 6 有数字显示。预热 30 min。

2）调节波长旋钮 17，垂直观察波长指示窗 16 中的波长读数，直至标线对准所选波长。按“0% T”键 2，仪器即自动调节至透光率 $T=0$。

3）将装有参比溶液的比色皿插入比色皿架，拉动比色皿架拉杆 5，使之置于光路。盖上样品室盖，按“100% T”键，仪器即调节至 $T=100.0$（若未至 100，加按一次）。反复调节 0 和 100% 直至稳定。

4）参比溶液置于光路，调至 $T=100$ 后按“MODE”键 4，选择“ABS”功能（ABS 指示灯 8 亮），显示吸光度 $A=0.0$。再将待测溶液推入光路，读取吸光度 A。读后即打开样品室盖，并按“MODE”键回复至“TRANS”状态。

5）使用完毕后关闭电源。检查样品室内是否留有溶液，注意擦净。盖上样品室盖。洗净比色皿。

使用注意事项：

1）每次改变波长时，必须重新调节 $T=0$ 和 $T=100\%$。

2）拉动比色皿架拉杆以改换置入光路的比色皿时，拉杆要到位（到位时有定位感）。可前后轻推一下以保证定位正确。

3）测量读数时勿操之过急，要待跳动的显示数值稳定之后再作记录。

4）每次测定完毕，应立即打开样品室盖，按“MODE”键，使仪器处于显示“TRANS”状态。

3. 比色皿的使用

使用比色皿时的操作正确与否，对测量结果有很大影响，因此必须遵守下述规则：

1）比色皿必须干净，方可使用。

2）拿取比色皿时，手指不能接触透光面。放入比色皿架前，用吸水纸轻轻吸干外壁液滴，避免擦伤透光面。还需注意外部不能留有纸纤维，内部不得粘附细小气泡，以免影响透光率。

3）装入溶液应低于比色皿高度的 3/4，不宜过满。注入被测溶液前，比色皿要用被测溶液润洗几次，以免影响溶液浓度。实验完毕，比色皿用蒸馏水或稀盐酸等合适的溶剂洗净。切忌用碱或强氧化剂洗涤。

4）比色皿应配对使用。通常一个盛放参比溶液，另一个盛放被测溶液，同一组测量中，两者不要互换。有的比色皿带有箭头标记，每次测量按同一方向的箭头标记放入光路，并使比色皿紧靠光入射方向，透光面垂直于入射光。

（四）气相色谱仪

气相色谱仪一般可以分为气流系统、进样机构及色谱柱、温度控制系统、检测器和记录器等部分。图Ⅱ.7.11 示出了气相色谱流程图。

1. 102G 型气相色谱仪简介

102G 型气相色谱仪是实验室常用的分离分析仪器。102G 型气相色谱仪采用积木式结构，分为主机、温度控制器、热导池电源-微电流放大器、记录仪等几个部分，用专用接插件相连。仪器外形见图Ⅱ.7.12。

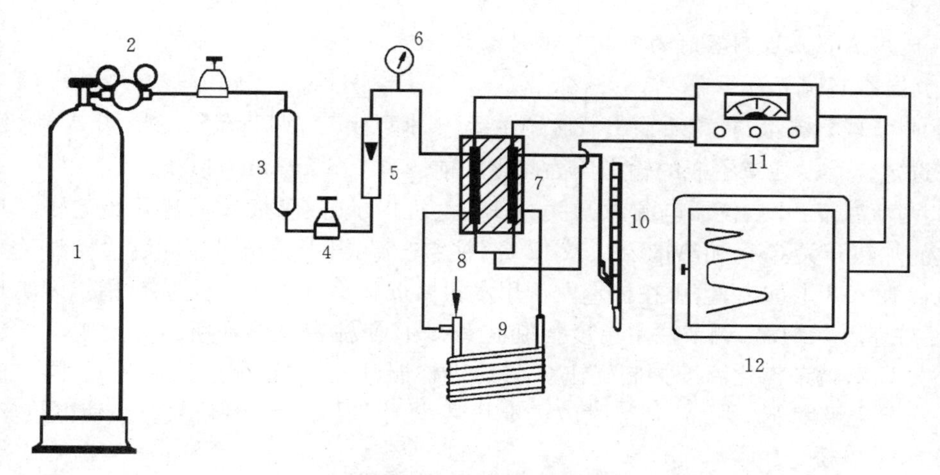

图Ⅱ.7.11　气相色谱流程图

1. 高压气瓶　2. 减压阀　3. 净化干燥管　4. 气流调节阀　5. 转子流量计　6. 压力表　7. 热导池检测器　8. 进样汽化器　9. 色谱柱　10. 皂膜流量计　11. 测量电桥　12. 记录仪

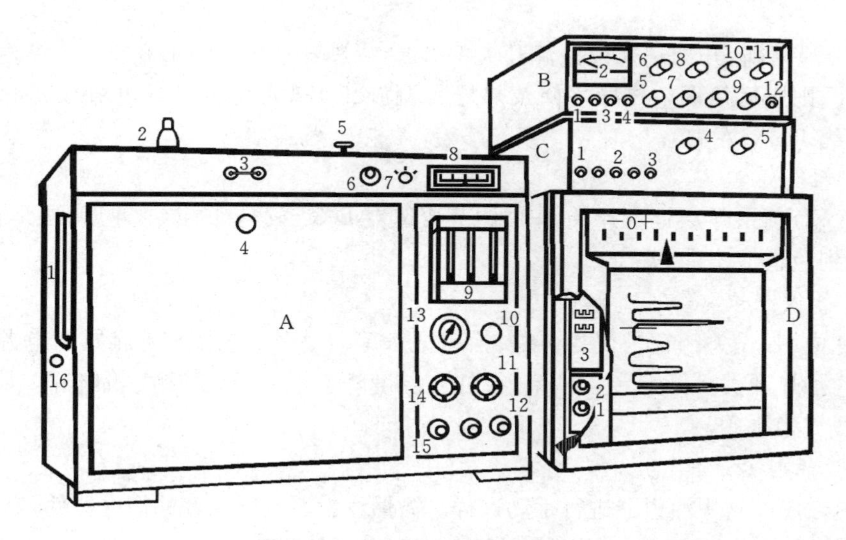

图Ⅱ.7.12　102G 型气相色谱仪

A——主机

1. 水银温度计　2. 离子室　3. 气体进样口　4. 色谱柱室　5. 进样器　6. 加热选择开关　7. 测温选择开关　8. 测温毫伏表　9. 流量计　10. 空气针形阀　11. 氢气稳压阀　12. 色谱柱室加热指示灯　13. 压力表　14. 载气稳压阀　15. 电源总开关　16. 气体出口

B——热导池电源-微电流放大器

1. 电源开关　2. 电流表　3. 点火引燃开关　4. 正负调节　5. 热导电流　6. 衰减调节　7. 氢焰、热导选择开关　8. 热导平衡调节　9. 基始电流补偿　10. 热导零调　11. 灵敏度调节　12. 零调

C——温度控制器

1. 色谱柱室加热开关　　2. 汽化加热开关　　3. 氢焰加热开关　　4. 色谱柱室温度控制　5. 汽化/氢焰温度控制

D——记录仪

1. 记录开关　2. 电源开关　3. 走纸变速器

2. 使用热导池检测器时的气相色谱仪操作

(1) 仪器的调节

1) 调节载气流量:将钢瓶输出气压调至 2～5 $kg\cdot cm^{-2}$,调节载气稳压阀 A-14,使柱前流量在选定值上。注意钢瓶的输出压力应比柱前压高 0.5 $kg\cdot cm^{-2}$以上。

2) 调节温度:开启仪器电源总开关 A-15,主机指示灯亮,鼓风马达开始运转。开启色谱柱室的加热开关 C-1,加热指示灯 A-12 亮,柱室升温,升温情况可用测温选择开关 A-7 在测温毫伏表 A-8 上读出,也可在柱室左侧用水银温度计 A-1 测得。当加热指示灯明暗交替时,表示柱室开始恒温,调节柱室温度控制旋钮 C-4,使柱室恒温在所需温度上。开启汽化加热开关 C-2,调节汽化温度控制旋钮 C-5,使进样器升温,并用测温选择开关,同上法一样控制在需要的温度上。注意:加热时应逐步升温,防止调压加热控制得过高,使电热丝烧毁。

3) 调节电桥

① 调节桥电流:柱室温度稳定半小时至数小时后,将氢焰热导选择开关 B-7 置于"热导"挡,开启电源开关 B-1,调节热导电流旋钮 B-5 至电流表 B-2 指示出适当值(一般 N_2 作载气时,电流为 110～I50 mA; H_2 作载气时,电流为 150～250 mA)。衰减调节旋钮 B-6 置于合适值。

② 调节池平衡:开启记录仪电源开关 D-2,调节热导平衡旋钮 B-8 至 5 mA 左右。若基线变化较大,则应反复调整热导平衡及热导零调旋钮 B-10,直至热导电流改变时对基线的影响最小(约 1 mV 左右)。

(2) 测量

待基线稳定后,开启记录开关 D-1,调节变速器 D-3 至适宜的走纸速度,按下记录笔,注入试样,得到色谱流出曲线。

(3) 关闭仪器

测量完成后,先关闭记录仪各开关,抬起记录笔。然后,先后关闭热导池电源开关及温度控制器的加热开关。开启色谱柱室,待柱室温度降至近室温,关闭主机电源。最后关闭钢瓶气源和载气稳压阀。

3. 微量注射器

气相色谱法中常用注射器进行手动进样。微量注射器是很精密的取样器件,容量精度高,误差小于±5%,气密性达 2 $kg\cdot cm^{-2}$。它是由玻璃和不锈钢材料制成,其结构见图Ⅱ.7.13。

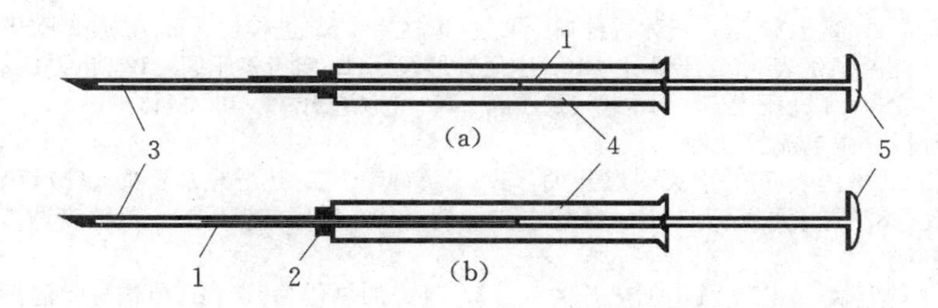

图Ⅱ.7.13 微量注射器结构

1. 不锈钢丝芯子 2. 硅橡胶垫圈 3. 针头 4. 玻璃管 5. 顶盖

图中(a)是有死角的固定针尖式注射器，10～100 μL 容量的注射器采用这一结构。它的针头有寄存容量，吸取溶液时，容量会比标定值增加 1.5 μL 左右。图中(b)是无死角的注射器，与针尖连接的针尖螺母可旋下，紧靠针尖部位垫有硅橡胶垫圈，以保证注射器的气密性。注射器芯子是使用直径 0.1～0.15 mm 的不锈钢丝，直接通到针尖，不会出现寄存容量，0.5～1 μL 的微量注射器采用这一结构。

使用微量注射器的注意事项：

1) 微量注射器是易碎易损器械，使用时应多加小心。不用时要洗净放入盒内，不要随意玩弄、来回空抽，特别是不要在尚未完全干燥的情况下来回拉动。否则，会严重磨损，影响气密性，降低进样准确度。

2) 微量注射器在使用前后须用丙酮等溶剂清洗。当试样中高沸点物质玷污注射器时，一般可用下述溶液依次清洗：5%氢氧化钠溶液、蒸馏水、丙酮、氯仿，最后用泵抽干。不宜使用强碱性溶液洗涤。

3) 对图中(a)所示的注射器，如遇针尖堵塞，宜用直径为 0.1 mm 的细钢丝小心疏通。

4) 若不慎将注射器芯子全部拉出，切勿匆忙塞回以致扭曲变形。应根据其结构仔细装配。

注射器进样的操作要点：

气相色谱进样操作是用注射器取定量试样，由针刺通过进样器的硅橡胶密封垫圈，注入试样。此法进样的优点是使用灵活，缺点是重复性较差，相对误差 2%～5%；硅橡胶密封垫圈在几十次进样后，容易漏气，需及时更换。

使用注射器取液体试样，应先用少量试样洗涤几次，或将针头插入试样反复抽排几次，再慢慢抽入试样，并稍多于需要量。如针管内有气泡，则将针头朝上，使气泡上升排出，再将过量的试样排出，用无棉的纤维纸，如擦镜纸，吸去针头外所沾试样。注意！切勿使针头内的试样流失。

取气体试样也应先洗涤注射器。取样时，应将注射器插入有一定压力的试样气体容器中。使注射器芯子慢慢自动顶出，直至所需体积，以保证取样正确。

取样后应立即进样。进样时，注射器应与进样口垂直，针头刺穿硅橡胶垫圈，插到底，紧接着迅速注入试样，完成后立即拔出注射器，整个动作应进行得稳当、连贯、迅速。针尖在进样器中的位置、插入速度、停留时间和拔出速度等都会影响进样的重复性，操作中应予注意。

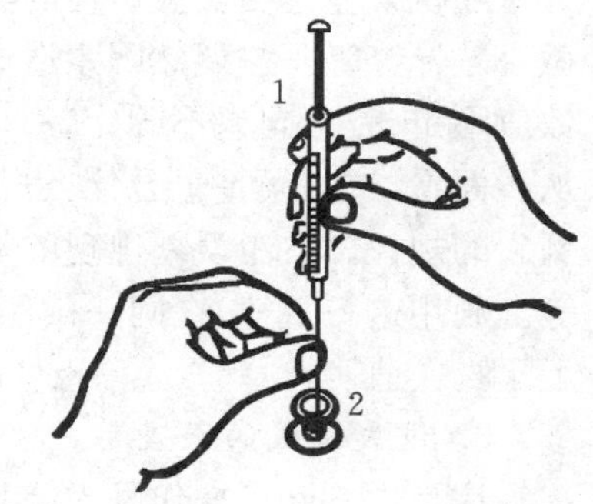

图Ⅱ.7.14　微量注射器进样

1. 微量注射器　2. 仪器进样口

微量注射器进样手势见图Ⅱ.7.14，一只手应扶住针头，帮助进针，以防针头弯曲。

医用注射器进气体试样时，应防止注射器芯子位移，可用拿注射器的右手食指卡在芯子与外管的交界处，以固定它们的相对位置，从而保证进样量的正确。

八　实验数据的处理

化学实验中经常需要对一些实验数据作精确测定，然后进行计算处理，得到分析结果。测定与计算的结果是否可靠，直接影响到结论的正确性。但是，在实验过程中，即使是分析系统非常完善、操作技术非常熟练,也难以得到与真实值完全一致的结果;在同一条件下用同一方法对同一实验进行多次测定,也不会得到完全相同的结果。这就是说,绝对准确是没有的,分析过程中的误差是客观存在的、不可避免的。我们应该根据实际情况,正确测定、记录和处理实验数据,减小误差,使实验结果达到一定的准确度。因此,掌握误差及有效数字的概念,学会用科学的方法分析和处理实验数据,是十分必要的。

(一) 误差的分类

分析结果与真实值之间的差值就是通常所称的误差。由各种原因造成的误差,按其性质可分为系统误差、随机误差以及过失造成的误差。

1. *系统误差*

是指在同样条件下,无限多次重复测定时,所得结果的平均值与真值之差。

系统误差包括了实验方法不尽完善造成的方法误差,仪器不准、试剂不纯造成的仪器和试剂误差,实验者本身的一些习惯性因素造成的操作误差,温度、湿度、气压等环境因素的定向变化所引起的误差。这类误差的性质特点是:①在多次测定中会重复出现;②具有单向性,即测定的结果或单向偏高,或单向偏低;③由于误差来源于某一个固定的原因,因此,数值是基本恒定的。

在工作中,通常采用不同的实验方法或不同的实验系统进行对照实验,或者改变实验条件、校准仪器、提高试剂纯度等,以确定系统误差的存在,并设法将其消除或减少。

2. *随机误差*

又称偶然误差,是指测量结果与同样条件下测量所得的平均值之差。

随机误差是由实验条件的随机波动(如环境温度、气压的微小变化)、实验者观察能力的微小差异等等一些偶然因素造成的。这类误差的性质是:由于来源于随机因素,因此,误差数值不定,且方向也不固定,有时为正误差,有时为负误差。这类误差是无法完全避免的。从表面看,这类误差也无什么规律,但若用统计的方法去研究,可以从多次测量的数据中找到它的规律,即:小误差出现的机会多,大误差出现的机会少,且正负误差出现的机会几乎均等。利用这一规律,在同一条件下增加平行实验的次数,所得测定结果的算术平均值将更接近于真实值。

3. *过失造成的误差*

这是由实验者操作马虎、粗枝大叶,不按操作规程办事等原因造成的。这类错误完全可以通过遵守规程、认真操作来加以避免。

(二) 误差的表示方法

1. *真实值、标准值、平均值和中位值*

(1) 真实值

是事物本身具有的客观存在的真实数值,但又不能直接测定出来,所以难以确知。如一个物质中某一组分的含量,应该是一个确切的真实数值,但又无法直接确定。实际工作中,往往只是以国际公认的"约定真值"、相对标准样品而测得的"相对真值"、权威机构认定的"标准值"来作为真实值,或者以可靠的方法进行多次平行实验,取其平均值来代表真实值。

(2) 标准值

用标准的或可靠的分析方法，由不同实验室、不同分析人员对试样反复测定多次，然后用统计的方法加以处理，所得出的尽可能准确的平均值。

(3) 平均值

指算术平均值，即测定值的总和除以测定总次数所得的商。

(4) 中位值

将一系列测定数据按大小顺序排列时处于中间位置的数值。若测定的次数是偶数，则取正中两个值的平均值。

2. *准确度和精密度*

(1) 准确度

准确度表示测定值与真实值接近的程度，反映测定的可靠性，常用误差 ε 来表示。ε 是指测定值与真实值之差：

$$\varepsilon = x - x_t$$

或

$$\varepsilon = \bar{x} - x_t$$

式中 x 为测定值，$\bar{x}$为测定值的算术平均值，x_t 为被测量的真实值。误差具有与测定值相同的量纲。

相对误差则表示误差 ε 与真实值之比，一般用百分率或千分率表示，无量纲。

$$\text{相对误差} = \frac{\varepsilon}{x_t} \times 100\%$$

误差 ε 和相对误差都有正值和负值，正值表示测定结果偏高，负值则反之。

(2) 精密度

精密度表示各次测定结果相互接近的程度，反映了测定数据的重复性，常用偏差 d_i 来表示。

$$d_i = x_i - \bar{x}$$

式中 x_i 为测定值，$\bar{x}$为测定值 x_i 的算术平均值。偏差具有与测定值相同的量纲。

与误差相类似，相对偏差表示偏差 d_i 与平均值之比，用百分率或千分率表示。

$$\text{相对偏差} = \frac{d_i}{\bar{x}} \times 100\%$$

偏差和相对偏差只能用来衡量测定值 x_i 对平均值的偏离程度。而一组测定值的精密度可以用平均偏差$\bar{d}$和相对平均偏差来衡量。

$$\bar{d} = \frac{|d_1| + |d_2| + \cdots + |d_n|}{n} = \frac{\sum_{i=1}^{n} |d_i|}{n}$$

$$\text{相对平均偏差} = \frac{\bar{d}}{\bar{x}} \times 100\%$$

式中 n 为测量次数。

平均偏差是平均值,代表了一组测定值中任何一个数据的偏差。每一个测定值的偏差是有正负的,但是平均偏差并没有正负。平均偏差小,表明这一组分析结果的精密度好。

在用统计方法处理数据时,常用标准偏差 s 来衡量一组测定值的精密度。与平均偏差相似,标准偏差代表一组测定值中任何一个数据的偏差。

$$标准偏差\ s=\sqrt{\frac{\sum_{i=1}^{n}(x_i-\overline{x})^2}{n-1}}=\sqrt{\frac{\sum_{i=1}^{n}d_i^2}{n-1}}$$

式中的 $n-1$ 称为自由度,表明 n 次测量中只有 $n-1$ 个独立变化的偏差。这是因为 n 个偏差之和等于零,所以只要知道 $n-1$ 个偏差就可以确定第 n 个偏差了。

标准偏差在平均值中所占的百分率或千分率称为相对标准偏差,

$$相对标准偏差=\frac{s}{\overline{x}}\times 100\%$$

利用标准偏差可以更好地反映测量结果的精密度。

准确度和精密度是两个不同的概念,它们表征了实验结果的可靠与否。实验最终的要求是测定准确。而要做到准确,首先要做到精密度好;没有好的精密度,也就谈不上准确。但是,精密度好的测量结果并不一定准确度好,这是由于可能存在系统误差。控制了随机误差,就可以使测定的精密度好,而只有同时校正了系统误差,才能得到准确的实验结果。

但是,准确度是指测量结果与真值之间的接近程度,而实际上真值却又难以得到,因此,人们转以用不确定度来表征测量结果。

根据定义,不确定度是用以表征被测量值的分散性的,因此它能够说明测量结果的可疑程度或者说能对不可靠程度作出定量的表述。它的表达可以是标准偏差,也可以是一个区间,即测定结果所可能出现的区间范围。关于不确定度的表示和计算,请参阅有关专著。

(三) 有效数字

1. 有效数字的概念

有效数字是以数字来表示有效数量,也是指在具体工作中实际能测量到的数字。它不仅表示数量的大小,也反映了测量的精确程度。有效数字的位数包括了测量所得的所有确定数字和一位不确定的数字。例如,将一试样用称量误差为0.0001 g的分析天平称量,称得质量为20.4267 g,这些数字都是有效数字,这六位有效数字包括了五位确定数字和一位不确定数字。如果用称量误差为0.1 g的台秤称量,则称得的质量为20.4 g,这样仅有三位有效数字,包括二位确定数字和一位不确定数字。所以有效数字是随实际测量情况而定,不是由计算结果决定的。

如果数字中有“0”时,则要具体分析。“0”有两种用途,一种是表示有效数字,另一种是决定小数点的位置,仅起定位作用。例如,20.4267 g 及 5.3200 g 中的“0”都是表示有效数字。0.0036 g 中的“0”只表示位数,不是有效数字,表明 36 中的 3 是在小数点后的第三位,它的有效数字仅有二位。在 0.00100 中,“1”左边的 3 个“0”不是有效数字,而右边的 2 个“0”是有效数字,这个数的有效数字是三位。

在化学计算中,如 3600、1000 以“0”结尾的正整数,它们的有效数字位数比较含糊。一般可以看成是四位有效数字,也可以看成是两位或三位有效数字,需按照实际测量的准确度来确定。如果是两位有效数字，则写成 3.6×10^3、1.0×10^3；如果是三位有效数字，则写成 3.60×10^3、1.00×10^3。

还有倍数或分数的情况，如 2 mol 铜的质量 $=63.54\times2$，式中的 2 是个自然数，不是测量所得，不应看作一位有效数字，而应认为是无限多位的有效数字。

对数的有效数字的位数仅取决于小数部分(尾数)的位数，而其整数部分(首数)为 10 的幂数，不是有效数字。比如某溶液 pH 值为 11.20，其有效数字为二位，所以 $[H^+]=6.3\times10^{-12}$ mol·L^{-1}。

2. 数字的修约规则和运算规则

1) 有效数字的最后一位数字是不确定值。如上述分析天平称得 20.4257 g，这个“7”是不确定数字，也即：这个数值可以是 20.4256 g，也可以是 20.4258 g，这个不确定值差别的大小是由仪器的精确度所决定。记录数据时，只应保留一位不确定值。

2) 运算和修约时，应合理取舍数字。有以“四舍五入”为原则弃去多余的数字，也有用“四舍六入五留双”的原则，前者是当尾数 $\leqslant 4$ 时，弃去；当尾数 $\geqslant 5$ 时，进位。后者是当尾数 $\leqslant 4$ 时，弃去；当尾数 $\geqslant 6$ 时，进位；逢尾数 $=5$ 时，如进位后得偶数，则进位，如弃去后得偶数，则弃去。

3) 几个数值相加或相减时，和或差的有效数字保留位数，取决于这些数值中小数点后位数最少的数字即绝对误差最大的数字。运算时，首先确定应保留的位数，先弃去不必要的数字，然后再做加减运算。例如，35.6208、2.52 及 30.519 相加时，三个数中 2.52 的小数点后仅有两位数，其位数最少，故应以它作标准，取舍后是 35.62、2.52、30.52 相加。也可以直接相加后，再将所得和的保留位数与 2.52 相对应，修约为 68.66。

4) 几个数字相乘或相除时，积或商的有效数字的保留位数，由其中有效数字位数最少的数值的相对误差所决定，而与小数点的位置无关。例如，$0.1545\times3.1=?$，假定它们的绝对误差分别为 0.0001 和 0.1，两个数值的相对误差分别是 ±0.06% 和 ±3.2%，第二个数值的有效数字仅两位，其相对误差最大，应以它为标准来确定其他数值的保留位数。具体计算时，也是先确定各数字的保留位数，然后再计算；或计算后，再将所得结果的保留位数与 3.1 相对应，修约为 0.48。

(四) 实验数据的处理

1. 实验数据的表示方法

化学实验数据的表示方法主要有列表法、图解法和数学方程式表示法。

(1) 列表法

这是表达实验数据的最常用方法。把实验数据列入简明合理的表格中，使得全部数据一目了然，便于进一步的处理、运算与检查。一张完整的表格应包含表的序号、名称、项目、说明及数据来源五项内容，因此，做表格时要注意以下几点。

1) 每张表格都应有序号、名称。

2) 每个变量占表中一行，一般先列自变量，后列因变量。每行的第一列应写出变量的名称和量纲。

3) 数据应按自变量递增或递减的次序排列，并注意有效数字的位数。

(2) 图解法

在直角坐标系或其他坐标系中,用曲线图描述所研究变量的关系,使实验测得的各数据间的关系更为直观,并可由曲线图求得变量的中间值,确定经验方程中的常数等。

1) 表示变量间的定量关系:以自变量作横坐标,因变量作纵坐标,所绘得的曲线表示出了二变量间的定量关系。在曲线所示范围内,对应于任意自变量的因变量数值均可方便地读出。

2) 求外推值:对于一些不能或不易直接测定的数据,在适当的条件下,可用作图外推的方法求得。所谓外推法,就是将测量数据间的函数关系外推至测量范围以外,以求得测量范围以外的函数值。但必须指出,只是在有充分理由确信外推结果可靠时,外推法才有实际价值,外推值与已有的正确经验不能相抵触。另外,被测变量间的函数关系应呈线性或可认为是线性关系,而且外推所至的区间距离测量区间不能太远。

3) 求直线的斜率和截距:对于函数式 $y = ax + b$, y 对 x 作图是一条直线,式中 a 是直线的斜率,b 是截距。如果二变量间的关系符合此式,便可用作图法求得 a 和 b。对于不符合线性关系的测量数据,只要经变换后所获新的变量函数符合线性关系,亦可用作图法求解。如反应速率常数 k 和活化能 E_a 的关系为一指数函数关系: $k = Ae^{-E_a/RT}$,若将等号两边取对数,则可使其线性化,以 $\lg k$ 对 $1/T$ 作图,由直线的斜率可求出活化能 E_a。

2. 作图技术的简单介绍

1) 一般以自变量作横轴,应变量作纵轴。

2) 坐标轴比例的选择原则为:①从图上读出的各种量的准确度和测量所得结果的准确度要一致,即坐标轴的最小分度与仪器的最小分度一致,要能反映全部有效数字;②方便易读,例如用一大格表示 1、2、5 这样的数量比较易读,而表示 3、7 等则不易读取。

3) 要充分利用图纸。可以根据作图的需要来确定原点,不必要把所有图的坐标原点均作为 0。

4) 把测量得到的数据画到图上,就是代表点,这些点要能反映正确的数值。若在同一图纸上画几条直(曲)线时,则每条线的代表点需要用不同的符号表示。

5) 在图纸上画好对应于测量数据的代表点后,根据代表点的分布情况,作出直线或曲线。这些直线或曲线描述了代表点的变化情况,不必要求它们通过全部代表点,而是能够使各代表点均匀地分布在线的两边邻近处,即:使所有代表点离开曲线距离的平方和为最小,也就是"最小二乘法"原理。作图时尽量选用透明的直尺和曲线板,这有利于看清这些点的分布情况。

6) 在所作的图上,应写明图的名称及测量条件,注明坐标轴代表的量的名称、单位和数值大小。

(五) 提高分析结果准确度的方法

1) 认真改进实验方法,严格控制实验条件,努力提高操作水平。

2) 增加平行测定次数,以减少随机误差。

3) 通过下述方法来消除系统误差:

① 用标准方法或可靠的分析方法进行对照实验;

② 进行空白实验,必要时对试剂进行提纯;

③ 对仪器和量器进行校准;

④ 用标准加入法来测定回收率。

4) 认真规范地操作、记录和计算,避免过失。

第三部分 Part 3

实验内容

实验一 天平称量

使用分析天平准确称量样品时，常用的称量方法有如下几种。

(1) 直接称量法

将被称物直接置于天平秤盘上称量。该法适用于称量不易潮解或挥发的整块固体样品，如金属条块等。

(2) 固定重量称量法

也称加量法，即在已称量的器皿中或称量纸上，小心地添加试样至规定质量。这种称量方法常常需要多次加减样品，操作速度慢，故要求试样在空气中稳定，不易吸湿，且颗粒细小。

(3) 差减称量法

将适量样品置于容器(如称量瓶)中，称量后，倒出接近欲称取量的样品于接收容器，再次称量。两次称量数值之差，即为所称得样品的质量。该法应用范围较广，可用于称量易吸水、易氧化、易吸收 CO_2 等的试样(颗粒、粉末或液体)。

本实验以电子天平进行这三种方法的称量练习。

一 实验用品

NaCl(固体)　　　　　$CuSO_4 \cdot 5H_2O$

BS110S 型电子天平或 BP221S 型电子天平

二 实验内容

1. 直接称量法称量

将一块不锈钢块置于电子天平秤盘上，准确称取其重量。

2. 固定重量称量法称量

先称得干燥洁净的器皿或称量纸的重量，也可将其置于秤盘上，再按清零键“TARE”，显示“0.0000 g”。然后，打开天平右门，用固定重量称量法缓缓添加 $CuSO_4 \cdot 5H_2O$ 试样。当达到指定的称样量 0.5000 g 时，停止加样，关上天平门，待显示平衡后即可记录所称试样的量。

3. *差减称量法称量*

将适量固体 NaCl 试样装入称量瓶，按照指定的称量范围 0.2～0.3 g，用差减法称取三份于锥形瓶中。超出称量范围则应重称。

实验二 复结晶法提纯硫酸铜

化学试剂中常含有各种不同的杂质,在实际使用时往往需要进行纯化。复结晶法是一种常用的提纯物质的方法。

复结晶法利用杂质和被提纯物的不同溶解度,先将晶体溶解在一定的溶剂中,用过滤法除去其中的不溶性杂质。然后经蒸发浓缩后,被提纯物结晶析出,可溶性杂质则由于量较少而留在母液中。

工业用的硫酸铜含量为93%~98%,主要杂质有锌、铁、锑、铅等金属的硫酸盐。铅和锑的硫酸盐难溶于水,可以过滤除去。锌和铁的硫酸盐易溶于水,当硫酸铜晶体析出时,它们的溶解量未达饱和,留在母液中而与硫酸铜分离。

一 实验用品

硫酸铜(工业)

二 实验内容

用表面皿在台秤上称取粗硫酸铜15 g,放入150 mL烧杯中,加蒸馏水35 mL,置于石棉网上,用小火加热溶解。待结晶溶解后,趁热过滤以除去不溶残渣,滤液用干净烧杯接收。过滤完毕后,将滤液转移至蒸发皿中,在沸水浴上蒸发浓缩,当溶液表面有较多结晶析出成膜时,停止加热,将蒸发皿从水浴上取下,盖上表面皿,冷却至室温,即得蓝色的硫酸铜晶体。所得晶体用布氏漏斗减压过滤,然后用蒸馏水洗涤晶体2~3次,每次洗涤时。停止抽气,用滴管吸取少量蒸馏水,均匀地滴加于晶体表面,使之湿润,然后抽气干燥。产品转移至预先称量过的表面皿上,用滤纸吸干,称量,计算回收率。

$$CuSO_4 \cdot 5H_2O\ 回收率 = \frac{W}{15} \times 100\%$$

式中 W 为复结晶后所得硫酸铜的质量。

三 思考题

1. 蒸发浓缩 $CuSO_4 \cdot 5H_2O$ 时为何要在沸水浴上进行?

四 附注

不同温度下硫酸铜的溶解度见表Ⅲ.2.1。

表Ⅲ.2.1 硫酸铜的溶解度($CuSO_4$ g/100 g H_2O)

温度/℃	0	10	20	30	40	60	100
溶解度/g	14.3	17.4	20.7	25.0	28.5	40.0	75.4

实验三 氯化钠提纯

随着生活质量的提高和科学技术的迅猛发展，社会对许多化合物的纯度要求也越来越严格，因此，高纯度试剂的制备是生产和生活中经常需要解决的课题。常见的物质分离和提纯的方法有重结晶、升华、蒸馏、分馏、萃取、层析、过滤和沉淀反应等物理或化学方法。

如临床上补液用的生理盐水为0.9%的NaCl溶液。这种医用NaCl和高纯度的试剂级NaCl都是以粗盐为原料提纯制备的。粗盐中的主要杂质有可溶性的Ca^{2+}、Mg^{2+}、Fe^{3+}、K^+、SO_4^{2-}、CO_3^{2-}等离子和少量不溶性杂质(如泥沙等)。不溶性杂质可用过滤法除去，Ca^{2+}、Mg^{2+}、Fe^{3+}、SO_4^{2-}、CO_3^{2-}等可溶性的杂质离子则需要用化学方法将其转化为难溶性化合物才能除去。由于NaCl的溶解度随温度的变化很小，挥发性又差，很难直接用重结晶、蒸馏、升华和柱色谱等方法纯化。本实验的处理方法是采用化学除杂。先在粗盐溶液中加入稍微过量的$BaCl_2$溶液，使SO_4^{2-}生成难溶的$BaSO_4$沉淀而除去。

$$Ba^{2+} + SO_4^{2-} = BaSO_4 \downarrow$$

过滤掉$BaSO_4$沉淀，然后加入Na_2CO_3溶液，则

$$Ca^{2+} + CO_3^{2-} = CaCO_3 \downarrow$$

$$4Mg^{2+} + 5CO_3^{2-} + 2H_2O = Mg(OH)_2 \cdot 3MgCO_3 \downarrow + 2HCO_3^-$$

$$Fe^{3+} + 3CO_3^{2-} + 3H_2O = Fe(OH)_3 \downarrow + 3HCO_3^-$$

$$Ba^{2+} + CO_3^{2-} = BaCO_3 \downarrow$$

过滤溶液，不仅除去Ca^{2+}、Mg^{2+}、Fe^{3+}，还将前面过量的Ba^{2+}也一起除去。所得溶液用盐酸酸化，使过量的CO_3^{2-}分解，生成CO_2气体。

$$CO_3^{2-} + 2HCl = H_2CO_3 + 2Cl^-$$

$$H_2CO_3 \xrightarrow{\triangle} H_2O + CO_2 \uparrow$$

最后，利用KCl的溶解度比NaCl大而含量又少的特点，将溶液蒸发浓缩，则NaCl先结晶析出，KCl留在母液中，从而使少量的KCl也得以除去，制得较纯的NaCl晶体。

用化学方法除杂时，试剂的选择原则是不引进新的杂质或所引进的杂质能在下一步操作中易于除去。

一 实验用品

粗盐	$BaCl_2$ (1 mol·L^{-1})
Na_2CO_3(饱和溶液)	HCl(2 mol·L^{-1})

$NaOH(6\ mol\cdot L^{-1})$	乙醇(95%)
氨水($6\ mol\cdot L^{-1}$)	镁试剂
$HNO_3(6\ mol\cdot L^{-1})$	$Na_2C_2O_4(0.1\ mol\cdot L^{-1})$
NaCl(化学纯)	NH_4SCN(25%)
pH 试纸	

二　实验内容

1. 粗盐提纯

(1) 粗食盐的溶解

称取粗盐 20 g 于 250 mL 烧杯中,加入 80 mL 水,置于石棉网上小火加热、搅拌,使粗盐溶解。

(2) 除 SO_4^{2-}

用小火加热溶液近沸,边搅拌边用滴管逐渐滴加 $1\ mol\cdot L^{-1}$ $BaCl_2$ 溶液 1～2 mL。继续加热 5 min 进行陈化,使沉淀颗粒长大。然后将烧杯从石棉网上取下,待沉淀沉降后,取少量上层溶液,离心分离,在离心液中加几滴 $BaCl_2$ 溶液,如果不发生混浊,表示 SO_4^{2-} 已除尽;如果有混浊,表示 SO_4^{2-} 尚未沉淀完全,需要再加 $BaCl_2$ 溶液。将 SO_4^{2-} 沉淀完全的溶液过滤,弃去沉淀。

(3) 除 Ca^{2+}、Mg^{2+}、Fe^{3+}、Ba^{2+} 等阳离子

将上述滤液加热至近沸,边搅拌,边滴加饱和 Na_2CO_3 溶液,至沉淀完全。用 Na_2CO_3 溶液检查沉淀完全(附注 1)后,再多加饱和 Na_2CO_3 溶液 0.5 mL。将烧杯从石棉网上取下,静置。以倾滗法过滤,接收滤液于干净烧杯中,弃去沉淀。

(4) 除过量 CO_3^{2-}

在滤液中滴加 $2\ mol\cdot L^{-1}$ HCl 溶液并搅拌,至溶液 pH 值为 3～4。可用 pH 试纸试验之(附注 2)。观察溶液中发生的现象。

(5) 浓缩、结晶

将除去CO_3^{2-}后的溶液转移至蒸发皿中,置于石棉网上用小火加热,蒸发浓缩。当开始有晶体析出时,要注意边蒸发边搅拌,防止溶液溅失,并将蒸发皿周边析出的固体及时拨入溶液中。待蒸发至有大量晶体析出后,停止加热(注意切勿蒸干)。冷却,减压过滤。用少量蒸馏水洗涤晶体,抽气干燥。

(6) 干燥

取出 NaCl 晶体置于蒸发皿内,用空气浴边烘干边搅拌,以防止溅出和结块。再用大火灼烧 1～2 min。冷却后,转移至已知重量的洁净表面皿中,称量,计算回收率。

2. 产品质量检验

为比较提纯产品与原料以及试剂级氯化钠的杂质含量,称取提纯后的产品、原料和化学纯氯化钠各 1 g,分别置于 3 支洁净的试管中,各加水 5 mL 溶解,制得试液,留待以下定性检验之用。

(1) SO_4^{2-} 检验

取待检试液各 1 mL 于 3 支试管中,分别加入等量 $1\ mol\cdot L^{-1}$ $BaCl_2$ 溶液,观察各试液中白色沉淀析出的情况。

(2) Mg^{2+}检验

取待检试液各 1 mL 于 3 支试管中，分别加入 6 mol·L^{-1} NaOH 溶液 3 滴和镁试剂(附注 3)2 滴，观察各试液中的变化及蓝色沉淀析出的情况。

(3) Ca^{2+}检验

取待检试液各 1 mL 于 3 支试管中，分别加入 6 mol·L^{-1}氨水 1 滴，使溶液呈弱碱性，然后加入 0.1 mol·L^{-1} $Na_2C_2O_4$ 溶液 5 滴，观察各试液中白色 CaC_2O_4 沉淀析出的情况。

(4) Fe^{3+}检验

取待检试液各 1 mL 于 3 支试管中，分别加入 1 滴 6 mol·L^{-1} HNO_3 溶液酸化，再加入 25% NH_4SCN 溶液 5 滴，观察各试液中的颜色变化情况(附注 4)。

从以上四种检验反应的颜色深浅和浑浊程度，能定性地比较提纯产品和原料及化学纯氯化钠中各杂质离子的相对含量。

三　思考题

1. 用化学方法除去杂质时，选择除杂试剂的标准是什么？
2. 本实验中先除 SO_4^{2-}、后除 Ca^{2+}、Mg^{2+}等离子的次序能否颠倒？为什么？
3. 去除 Ca^{2+}、Mg^{2+}、Ba^{2+}等离子时能否用其他可溶性碳酸盐代替 Na_2CO_3？
4. 为何要用盐酸把溶液调节为 pH3～4？能否用其他酸？
5. 蒸发浓缩过程中，为什么应将蒸发皿周边析出的固体及时拨入溶液中？
6. 在检验产品纯度时，能否用自来水溶解 NaCl？为什么？
7. 你认为本实验中影响提纯产物产率的主要原因是什么？

四　附注

1. 检验沉淀是否完全的方法为：将烧杯从石棉网上取下，静置，待沉淀沉降后，沿杯壁靠近液面滴入沉淀剂，观察上层清液中是否有浑浊出现。若有浑浊，则表示沉淀尚未完全，需继续加入沉淀剂，直至上层澄清液中加沉淀剂不再产生浑浊为止。

2. 测试溶液 pH 值的方法：取洁净的表面皿凸面向上，将剪成小块的 pH 试纸分散置于其上，然后用玻棒蘸取溶液点在试纸中间，将试纸的颜色与标准色板相比较。试验时不可将试纸直接投入溶液，以免玷污溶液。

3. 镁试剂(对硝基苯偶氮间苯二酚)是一种有机染料，在酸性溶液中呈黄色，在碱性溶液中呈红紫色。当它被 $Mg(OH)_2$ 沉淀吸附后呈天蓝色，可用以鉴定 Mg^{2+}。

4. Fe^{3+}与硫氰根离子 SCN^- 可发生如下反应，生成血红色的络合物：

$$Fe^{3+} + nSCN^- = [Fe(SCN)_n]^{3-n} \text{（血红色）}$$

该反应很灵敏，可用以鉴定溶液中存在的微量 Fe^{3+}。

5. 参见化学实验基础知识中 p. 24 试剂取用规则，p. 16 煤气灯使用，p. 33 蒸发与浓缩，p. 34 结晶，p. 35 固液分离(倾滗法、过滤法、离心分离等)的有关内容。

实验四 硫酸亚铁七水合物的制备

铁与稀硫酸作用生成硫酸亚铁，溶液经蒸发浓缩后冷却，即可得到 $FeSO_4 \cdot 7H_2O$ 晶体。

硫酸亚铁有三种水合物：$FeSO_4 \cdot 7H_2O$，$FeSO_4 \cdot 4H_2O$ 及 $FeSO_4 \cdot H_2O$，其溶解度可见附注。它们在溶液中可以相互转变，转变的温度(转变点)分别为：

$$FeSO_4 \cdot 7H_2O \xrightarrow{56.6\ ℃} FeSO_4 \cdot 4H_2O \xrightarrow{65\ ℃} FeSO_4 \cdot H_2O$$

虽然三种化合物的相互转变是可逆的，在冷却过程中 $FeSO_4 \cdot H_2O$ 可逐步转变为 $FeSO_4 \cdot 7H_2O$，但转变速度比较缓慢。因此，为了防止溶解度较小的一水化合物析出，在生成反应和蒸发浓缩的过程中，溶液的温度不宜过高。

$FeSO_4$ 在弱酸性溶液中能被空气氧化，生成黄色的三价铁的碱式盐：

$$4FeSO_4 + O_2 + 2H_2O = 4Fe(OH)SO_4$$

温度越高，此反应越易进行。所以，在蒸发浓缩时，应注意维持溶液呈较强的酸性($pH < 3$)，并适当控制温度。

硫酸亚铁产品含有的杂质 Fe^{3+} 可采用目视比色法检验。本实验加 SCN^-，与 Fe^{3+} 生成血红色配合物，所得颜色与 Fe^{3+} 的标准溶液系列进行比色，以确定产品的纯度。

$$Fe^{3+} + nSCN^- = [Fe(SCN)_n]^{3-n} \quad (血红色)$$

一 实验用品

铁屑

H_2SO_4(3 mol·L^{-1})

HCl(3 mol·L^{-1})

KSCN(25%)

Na_2CO_3(10%)

乙醇(95%)

Fe^{3+} 标准溶液(0.05 mg·15 mL^{-1}，0.10 mg·15 mL^{-1}，0.20 mg·15 mL^{-1})

比色管(25 mL)

二 实验内容

1. $FeSO_4 \cdot 7H_2O$ 的制备

称取铁屑 8 g 置于 250 mL 锥形瓶内，加入 10% Na_2CO_3 溶液 40 mL，小火加热10 min，以除去铁屑表面的油污。用倾滗法倒去碱液，并用水将铁屑洗净。

向盛有铁屑的锥形瓶内加入 3 mol·L^{-1} H_2SO_4 溶液 60 mL，置于水浴上加热(由于铁屑不纯，反应时有 H_2S、PH_3 等有毒气体放出，故反应应在通风橱内进行)。在反应过程中，注意维持温度不要超过 90 ℃。待反应结束后(约需 1 h)，趁热减压过滤(用两层滤纸)，弃去黑色泥状物，得到绿色的硫酸亚铁溶液。

将溶液转移至蒸发皿内，在水浴上蒸发浓缩，温度保持在 70 ℃以下。当有晶体开始析出时，停止蒸发，冷却至室温，得到浅绿色的 $FeSO_4 \cdot 7H_2O$ 结晶。抽气过滤，用少量水及95%乙醇各洗涤1次。将晶体抽气干燥后，置于已知重量的表面皿上，用滤纸吸干，称量，根据理论产量计算产率。

2. Fe^{3+} 的限量分析

称取 $FeSO_4 \cdot 7H_2O$ 晶体1 g，置于25 mL比色管中，用已除氧的蒸馏水15 mL溶解，再加入3 $mol \cdot L^{-1}$ HCl溶液2 mL和25% KSCN溶液1 mL，最后用已除氧的蒸馏水将溶液稀释到25 mL，摇匀，待与 Fe^{3+} 的标准溶液系列进行比色。

取含有不同浓度 Fe^{3+} 的标准溶液系列各15 mL，用上述方法同样处理，然后将样品溶液与标准溶液系列进行颜色比较，确定样品中 Fe^{3+} 含量的范围。

三 思考题

1. 在浓缩硫酸亚铁溶液时，为何不能将溶液煮沸？
2. 如何制取 $FeSO_4 \cdot H_2O$？
3. 用乙醇洗涤 $FeSO_4 \cdot 7H_2O$ 晶体的目的是什么？
4. 如果硫酸亚铁溶液已经有部分被氧化，则应如何处理才能制得纯的 $FeSO_4 \cdot 7H_2O$？

四 附注

$FeSO_4$ 在不同温度下的溶解度(g /100 g 饱和溶液)

温度/℃	溶解度	固体
0	13.6	
10	17.2	
20	20.8	
30	24.7	$FeSO_4 \cdot 7H_2O$（0～56.6）
40	28.6	
50	32.6	
56.6	35.3	
60	35.5	$FeSO_4 \cdot 4H_2O$（56.6～65）
65	35.7	
68	35.9	
80	34.4	$FeSO_4 \cdot H_2O$（65～90）
90	27.2	

实验五 硫酸亚铁铵的制备

复盐的溶解度一般要比相应的单个盐类的溶解度小，因此可以方便地将相应盐的溶液混合以制备复盐。有些复盐不能仅按组成之比混合，而需将其中某一种盐过量；有些复盐如硫酸亚铁铵 $FeSO_4 \cdot (NH_4)_2SO_4 \cdot 6H_2O$，则可以按组成之比，将物质的量相等的硫酸亚铁和硫酸铵混合，得到溶解度比两者都小的复盐硫酸亚铁铵。

$$FeSO_4 + (NH_4)_2SO_4 + 6H_2O = FeSO_4 \cdot (NH_4)_2SO_4 \cdot 6H_2O$$

硫酸亚铁铵又称 Mohr 盐，为浅蓝绿色的单斜晶体，易溶于水而难溶于乙醇。由于其组成稳定，在空气中不易被氧化，所以在定量分析中常用作氧化还原滴定的滴定剂。

硫酸亚铁铵产品含有的杂质 Fe^{3+} 可采用目测比色法检验。本实验加入 SCN^-，与 Fe^{3+} 生成血红色配合物，将所得颜色与 Fe^{3+} 的标准溶液系列进行比色，以确定产品的纯度。

$$Fe^{3+} + nSCN^- = [Fe(SCN)_n]^{3-n}\text{（血红色）}$$

产品中的 Fe^{2+} 含量可用高锰酸钾法测定。

一 实验用品

$FeSO_4 \cdot 7H_2O$（固体） $(NH_4)_2SO_4$（固体）
$HCl(3\ mol \cdot L^{-1})$ KSCN(25%)
$H_2SO_4(2\ mol \cdot L^{-1})$ 乙醇(95%)
Fe^{3+} 标准溶液（$0.05\ mg \cdot 15\ mL^{-1}$，$0.10\ mg \cdot 15\ mL^{-1}$，$0.20\ mg \cdot 15\ mL^{-1}$）
比色管(25 mL)

二 实验内容

1. $FeSO_4 \cdot (NH_4)_2SO_4 \cdot 6H_2O$ 的制备

称取实验四制得的 $FeSO_4 \cdot 7H_2O$ 固体 20 g，用适量 $0.2\ mol \cdot L^{-1}\ H_2SO_4$ 溶液（以 $2\ mol \cdot L^{-1}\ H_2SO_4$ 溶液稀释）配成 70 ℃的饱和溶液。另称取相同物质的量的 $(NH_4)_2SO_4$，也配成 70 ℃的饱和溶液。将两溶液混合，小火加热，使之完全溶解。冷却后即得到硫酸亚铁铵晶体。减压过滤，用少量水及 95%乙醇各洗涤 1 次，抽气干燥后，取出晶体置于表面皿上，用滤纸吸干，称量，根据理论产量计算产率。

2. Fe^{3+} 的限量分析

称取硫酸亚铁铵晶体 1 g，置于 25 mL 比色管中，用已除氧的蒸馏水 15 mL 溶解，再加入 $3\ mol \cdot L^{-1}$ HCl 溶液 2 mL 和 25% KSCN 溶液 1 mL，最后用已除氧的蒸馏水将溶液稀释到 25 mL，摇匀，待与 Fe^{3+} 的标准溶液系列进行比色。

取含有不同浓度的 Fe^{3+} 的标准溶液系列各 15 mL，用上述方法同样处理，然后将样品溶液与标准溶液系列进行颜色比较，确定样品中 Fe^{3+} 含量的范围。

三　思考题

1. 配制 $FeSO_4$ 和 $FeSO_4 \cdot (NH_4)_2SO_4$ 溶液时，为什么要使溶液保持较强的酸性？
2. 在检验产品中 Fe^{3+} 时，为什么要用已除氧的蒸馏水溶解和稀释？
3. 根据附注，如何配制 20 g $FeSO_4 \cdot 7H_2O$ 的 70 ℃的饱和溶液？请写出计算过程。

四　附注

1. $FeSO_4 \cdot (NH_4)_2SO_4$ 在水中的溶解度(g/100 g 饱和溶液)

温度/℃：	0	10	40	50	70
溶解度(无水盐)：	11.1	16.7	24.8	28.6	34.2

2. $(NH_4)_2SO_4$ 在水中的溶解度(g/100 g 水)

温度/℃	0	10	20	30	40	60	70	80	100
溶解度	70.6	73.0	75.4	78.0	81.0	88.0	90.6	95.3	103.3

实验六 三草酸根合铁(Ⅲ)酸钾的制备

三草酸根合铁(Ⅲ)酸钾 $K_3[Fe(C_2O_4)_3]\cdot 3H_2O$ 是制备负载型活性铁催化剂的主要原料,也是某些有机反应的良好的催化剂。

$K_3[Fe(C_2O_4)_3]\cdot 3H_2O$ 为绿色的单斜晶体,溶于水而难溶于乙醇。110 ℃时可脱水而成 $K_3[Fe(C_2O_4)_3]$,230 ℃以上分解。该配合物对光敏感,光照下易分解。

为了制备三草酸根合铁(Ⅲ)酸钾,本实验首先利用硫酸亚铁铵与草酸反应制备草酸亚铁:

$$(NH_4)_2Fe(SO_4)_2 \cdot 6H_2O + H_2C_2O_4 = FeC_2O_4 \cdot 2H_2O\downarrow + (NH_4)_2SO_4 + H_2SO_4 + 4H_2O$$

然后,在草酸钾和草酸的存在下,用过氧化氢氧化草酸亚铁制得草酸高铁配合物,加入乙醇后,形成的 $K_3[Fe(C_2O_4)_3]\cdot 3H_2O$ 晶体从溶液中析出,其总反应式可写为:

$$2FeC_2O_4 \cdot 2H_2O + H_2O_2 + 3K_2C_2O_4 + H_2C_2O_4 \longrightarrow 2K_3[Fe(C_2O_4)_3] \cdot 3H_2O$$

制备所得产物的纯度可用滴定分析法测定草酸根含量或 Fe^{3+} 的含量来确定。

一 实验用品

$(NH_4)_2Fe(SO_4)_2\cdot 6H_2O$(固体)

H_2SO_4 ($3\ mol\cdot L^{-1}$)

$H_2C_2O_4$ ($1\ mol\cdot L^{-1}$)

$K_2C_2O_4$(饱和溶液)

H_2O_2 (3%)

乙醇(95%)

二 实验内容

称取 $(NH_4)_2Fe(SO_4)_2\cdot 6H_2O$ 固体 5.0 g 于 150 mL 烧杯中,加入蒸馏水 15 mL 和 $3\ mol\cdot L^{-1}$ H_2SO_4 溶液 5 滴,加热溶解。加入 $1\ mol\cdot L^{-1}$ $H_2C_2O_4$ 溶液 25 mL,加热至沸并不断搅拌(附注)后,静置。待黄色的 $FeC_2O_4\cdot 2H_2O$ 晶体完全沉降后,用倾滗法弃去上层清液。再加入蒸馏水 20 mL,温热并搅拌后,静置,再弃去上层清液(尽可能把上层清液倾滗干净),以除去可溶性杂质。

在沉淀中加入饱和 $K_2C_2O_4$ 溶液 10 mL,水浴加热,维持温度在 40℃ 左右,缓慢滴加 3% H_2O_2 约 20 mL,并不断搅拌,使 Fe(Ⅱ) 充分氧化成 Fe(Ⅲ),此时有 $Fe(OH)_3$ 沉淀生成。将溶液加热至沸(注意搅拌),以除去过量的 H_2O_2。再加入 $1\ mol\cdot L^{-1}$ $H_2C_2O_4$ 溶液 8 mL(先一次加入 5 mL,余下的 3 mL 缓慢滴加),并保持温度近沸。若溶液有浑浊,可趁热减压过滤。滤液转移至 100 mL 烧杯中,加入 95%乙醇 10 mL,温热以使可能生成的晶体溶解。盖上表面皿,放置,使结晶析出。减压过滤,用少量蒸馏水和 95%乙醇各淋洗 1 次。抽气干燥后,转移至表面皿上,用滤纸吸干或避光晾干(所得晶体需避光保存)。

称量,根据理论产量计算产率。

三 思考题

1. 在合成过程中加入 3% H_2O_2，使 Fe(Ⅱ)转化为 Fe(Ⅲ)后，为什么要加热煮沸溶液？
2. 最后在溶液中加入 10 mL 乙醇的作用是什么？

四 附注

加热陈化可使生成的 $FeC_2O_4 \cdot 2H_2O$ 晶体颗粒增大，沉降速度加快。注意加热时要不断搅拌，以防止溶液崩溅。

实验七　利用废铝罐制备明矾

随着自然资源不断开发利用,人口的增长以及人均消费水平的提高,世界各国的垃圾以高于其经济增长速度2～3倍的平均速度增长,垃圾已成为现代城市越来越严重的环境问题。

但是垃圾不是完全不可以利用的,通过各种加工处理可以把垃圾转化为有用的物质和能量,所以人们把垃圾看成一种资源。面对垃圾资源与日俱增而自然资源日渐枯竭的严重现实,人类越来越重视垃圾处理技术的研究。如随处可见的饮料罐中,铝罐就是不易分解的固体废弃物之一。铝虽然是地壳中含量第三的元素,但也必须爱惜使用。本实验就是运用一些化学反应及操作,将生活中常见的废弃铝罐变成有用的产物明矾。

铝片与过量的碱反应,形成可溶解的 $Al(OH)_4^-$。$Al(OH)_4^-$ 在弱酸性溶液中可脱去一个 OH^-,形成 $Al(OH)_3$ 沉淀。随着酸度的增加,$Al(OH)_3$ 又可重新溶解,形成 $Al(H_2O)_6^{3+}$。像 $Al(OH)_3$ 这一类物质,同时具有能够与酸或碱反应的性质,称为两性物质。

本实验的产物明矾[$KAl(SO_4)_2 \cdot 12H_2O$]也称硫酸钾铝、钾铝矾、铝钾矾等。矾类[$M^+M^{3+}(SO_4)_2 \cdot 12H_2O$]是一种复盐,能从含有硫酸根、三价阳离子(如:$Al^{3+}$、$Cr^{3+}$、$Fe^{3+}$等)与一价阳离子(如:$K^+$、$Na^+$、$NH_4^+$)的溶液中结晶出来。它含有12个结晶水,其中6个结晶水与三价阳离子结合,其余6个结晶水与硫酸根及一价阳离子形成较弱的结合。复盐溶解于水中即离解出简单盐类溶解时所具有的离子。

本实验利用废弃铝罐制备明矾,反应式可表示如下:

铝与KOH的反应:

$$2Al + 2KOH + 6H_2O \longrightarrow 2Al(OH)_4^- + 2K^+ + 3H_2$$

加入 H_2SO_4 反应:

$$Al(OH)_4^- + H^+ \longrightarrow Al(OH)_3 \downarrow + H_2O$$

继续加入 H_2SO_4 反应:

$$Al(OH)_3 \downarrow + 3H^+ \longrightarrow Al^{3+} + 3H_2O$$

加入 K^+ 生成明矾

$$K^+ + Al^{3+} + 2SO_4^{2-} + 12H_2O \longrightarrow KAl(SO_4)_2 \cdot 12H_2O$$

一　实验用品

铝罐1只(自备)　　　　$KOH(1\ mol \cdot L^{-1})$

$H_2SO_4(6\ mol \cdot L^{-1})$

二　实验内容

将铝罐裁剪成铝片，用砂纸除去表面的颜料和塑胶内膜（该步操作时注意保护台面），洗净，再将铝片剪成小片。

称取铝片 1 g 于 250 mL 烧杯中，加入 1 $mol \cdot L^{-1}$ KOH 溶液 60 mL，小火加热至铝片完全溶解为止。略冷却，过滤除去不溶物。取 6 $mol \cdot L^{-1}$ H_2SO_4 溶液 25 mL 在搅拌下缓慢地加入试液中，得到清液（若仍有白色沉淀物，可加热溶解或再适当加入少量 H_2SO_4 溶液）。

将上述溶液置于冰水浴中冷却，使明矾结晶析出，减压过滤。产品用少量蒸馏水洗涤 2～3 次，最后用乙醇洗涤 1 次，抽气干燥。取出产品，置于已知重量的洁净表面皿上，称量，根据理论产量计算产率。

三　思考题

1. 本实验中用碱液溶解铝片，然后再加酸，为什么不直接用酸溶解？
2. 最后产品为何要用乙醇洗涤？是否可以烘干？
3. 当产品溶液达到稳定的过饱和状态而不析出晶体时，可以采用什么方法促使其结晶析出？

实验八　氮化镁的制备

N_2 能与 Li、Mg、Ca、Ba、Sr、Zn、Cd 等电正性元素反应形成离子型氮化物，氮原子得到电子形成氮离子 N^{3-}。此类由金属离子与 N^{3-} 离子相结合生成的离子型氮化物，可以写成 $(Li^+)_3N^{3-}$，$(Mg^{2+})_3(N^{3-})_2$ 等，它们很容易水解成为氨和氢氧化物。

金属氮化物可以用元素直接化合制得，也可以加热胺化合物来制备，例如：

$$3Ba(NH_2)_2 \xlongequal{\triangle} Ba_3N_2 + 4NH_3$$

本实验采用干燥的氮气和镁粉在 300 ℃温度下直接反应，生成晶态的 Mg_3N_2。

$$3Mg + N_2 \xlongequal{\triangle} Mg_3N_2$$

一　实验用品

NH_4Cl（饱和溶液）
$NaNO_2$（饱和溶液）
无水 $CaCl_2$（固体）
镁粉
红色石蕊试纸
蒸馏瓶
干燥管
分液漏斗
支管试管
硬质玻璃管
玻璃棉

二　实验内容

1. 氮气的发生

实验室可由 NH_4Cl 与 $NaNO_2$ 作用制得纯的氮气：

$$NH_4Cl + NaNO_2 \longrightarrow NH_4NO_2 + NaCl$$

$$NH_4NO_2 \xrightarrow{\triangle} N_2\uparrow + H_2O$$

按图Ⅲ.8.1装置。图中冷阱为浸在冰盐冷冻剂中的支管试管，内放有玻璃棉，以增加冷凝效率。

在蒸馏瓶中加入饱和 NH_4Cl 溶液 25 mL，分液漏斗中加入饱和 $NaNO_2$ 溶液 25 mL，先将 NH_4Cl 溶液加热至 80～90 ℃后，停止加热。从漏斗中缓慢地将 $NaNO_2$ 溶液滴入蒸馏瓶中。气体生成的速度可通过控制 $NaNO_2$ 溶液的加入速度来调节。由于该反应为放热反应，勿需加热即可继续。气体所带出的水气通过冷阱时被凝结除去。已除去部分水气的氮气再通过无水 $CaCl_2$ 干燥管，继续除去残余水分，所得即为纯净而干燥的氮气。

2. **氮化镁的制备**

在硬质玻璃管内,加入少许镁粉。将干燥的氮气通入玻璃管,待空气除去后(约 2～3 min),再以小火均匀地加热镁粉,然后加大火焰,即可观察到有黄色的氮化镁生成,停止加热。

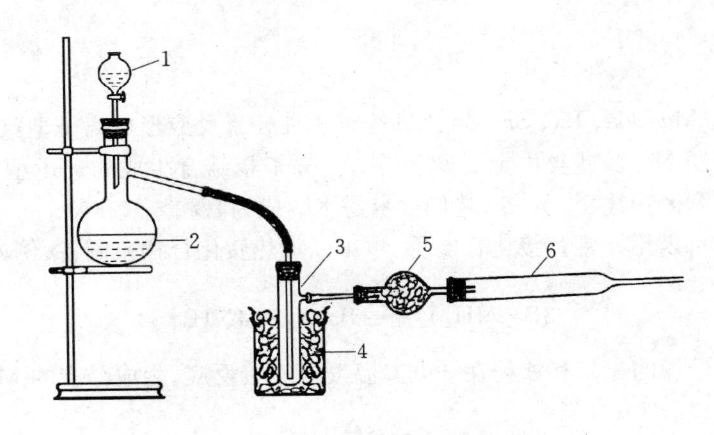

图Ⅲ.8.1 氮化镁制备装置图

1. 滴液漏斗 2. 蒸馏瓶 3. 支管试管 4. 冰盐冷冻剂
5. 干燥管(内置无水 $CaCl_2$) 6. 硬质玻璃管

将生成的氮化镁转移至另一干燥的试管中,注入水 2～3 滴,加热,用石蕊试纸检验氨气的放出,写出反应式。

三 思考题

1. 实验室为什么用 NH_4Cl 发生氮气,而不是直接加热亚硝酸铵来发生氮气?

2. 本实验制备氮化镁时,为什么要将氮气干燥?是用什么办法干燥的?就你所知,氮气还能用什么方法进行干燥?

实验九 过氧化钙的制备及含量分析

金属的氢氧化物能和弱酸性的过氧化氢作用生成金属过氧化物，例如

$$Ca(OH)_2 + H_2O_2 \longrightarrow CaO_2 + 2H_2O$$

无水过氧化钙为米色固体。在水溶液中制得的是它的水合物，颜色近乎白色，其中结晶水的含量随制备的方法和温度的不同而有所变化，最高可达八份结晶水，即 $CaO_2 \cdot 8H_2O$。

含有结晶水的 CaO_2 在加热时逐渐失水，100 ℃左右几乎全部脱水。在 275 ℃下长时间加热逐渐发生分解，放出氧气，生成氧化钙，在 350 ℃以上则迅速分解。有关 CaO_2 水合晶体的热学性质可参考它的热分析图谱。

过氧化钙微溶于水，遇酸生成过氧化氢。过氧化钙在室温下性质稳定，可长期保存而不发生分解。它的氧化性较缓和，属一种安全无毒的化学制品，应用于食品及医药工业。

一 实验用品

HNO_3 ($6\ mol \cdot L^{-1}$)
氨水(浓，1∶1)
HCl (1∶1)
H_2O_2 (30%)
$(NH_4)_2CO_3$
大理石
KI 淀粉试纸
水准管
量气管

二 实验内容

1. $CaCO_3$ 的纯化

称取大理石 10 g 于 250 mL 烧杯中，加入 $6\ mol \cdot L^{-1}$ HNO_3 溶液 50 mL，待反应完全后，将溶液加热至沸。然后加入 100 mL 水稀释，用 1∶1 氨水调节溶液的 pH 值至溶液呈弱碱性(约需 20 mL)。再次将溶液加热至沸，过滤除去沉淀。

取 $(NH_4)_2CO_3$ 15 g 溶于 70 mL 水中，在不断搅拌下缓缓滴加至上述热滤液中，再加入浓氨水 10 mL。放置片刻后，减压过滤，用热水洗涤沉淀数次，最后将沉淀抽气干燥。

2. 过氧化钙的制备

将制得的 $CaCO_3$ 置于 150 mL 烧杯中，盖上表面皿，逐滴加入 1∶1 HCl 溶液，直至烧杯中仅剩余极少量 $CaCO_3$ 沉淀为止。将溶液加热至沸，趁热过滤，以除去未溶的 $CaCO_3$。将制得的 $CaCl_2$ 溶液置于冰水浴中冷却。

配制浓度为 16% H_2O_2 溶液 60 mL，加入到 1∶1 氨水 20 mL 中，混合后得到 NH_3-H_2O_2 溶液，置于冰水浴中充分冷却。

激烈搅拌下将 $CaCl_2$ 溶液逐滴滴入 NH_3-H_2O_2 溶液中(两者均置于冰水浴中)。加完后，继续在冰水浴中放置约 30 min。减压过滤，用少量冰水洗涤晶体 2～3 次。将晶体抽气

干燥后，置于烘箱内，在 150 ℃条件下烘干（约 1.5 h），称量，根据理论产量计算产率。

3. CaO_2 的含量测定

仪器装置参见实验十七“气体摩尔体积的测定”。

称取产品 CaO_2 0.55～0.60 g 于试管中，将试管与量气管连接，经检漏后，缓缓加热试管，待 CaO_2 大部分分解后，加大火焰，使 CaO_2 完全分解。根据分解释放的氧气的体积，计算 CaO_2 的百分含量。

4. CaO_2 性质试验

取 2 支试管，各加入少许 CaO_2 固体，加水，观察 CaO_2 的溶解情况。

在试管 1 中取出一滴试液，用 KI 淀粉试纸（液）试验之，观察现象。

在试管 2 中滴加少许稀盐酸，观察现象。再取出一滴试液，用 KI 淀粉试纸（液）试验之。写出有关的反应方程式。

三　思考题

1. 大理石中一般都含有少量铁，如果不提纯，对制备 CaO_2 有何影响？

2. 在纯化 $CaCO_3$ 过程中，为什么要两次加热至沸？

3. 本实验制得的产品中除了 CaO_2 外，其余的是什么？

4. 测定 CaO_2 含量时，除了知道样品的称取量 W 和量气管中量得的氧气体积 V 外，还需要测量什么数据？写出由实验数据计算 CaO_2 百分含量的计算式。

实验十 硫代硫酸钠的制备

亚硫酸钠在沸腾温度下与硫化合生成硫代硫酸钠,其反应类似于与氧的反应:

$$Na_2SO_3 + S \xlongequal{} Na_2S_2O_3$$

$$Na_2SO_3 + \frac{1}{2}O_2 \xlongequal{} Na_2SO_4$$

反应中的元素硫可以看作是氧化剂,它将 Na_2SO_3 中的四价硫氧化成六价,本身被还原为负二价,所以 $Na_2S_2O_3$ 中的硫是非等价的。

常温下从溶液中结晶出来的硫代硫酸钠为 $Na_2S_2O_3 \cdot 5H_2O$。$Na_2S_2O_3 \cdot 5H_2O$ 俗名大苏打,亦称"海波"(hypo),是常用的还原剂,在分析化学及摄影、医药、纺织、造纸等方面具有很大的实用价值。

$Na_2S_2O_3 \cdot 5H_2O$ 易溶于水,在空气中易风化(视温度和相对湿度而定)。其熔点为48.5 ℃,215 ℃时完全失水,223 ℃以上分解成多硫化钠和硫酸钠:

$$4Na_2S_2O_3 \xlongequal{} 3Na_2SO_4 + Na_2S_5$$

实验所得产物中 $Na_2S_2O_3 \cdot 5H_2O$ 的含量可以采用碘量法测定。产物中的 SO_4^{2-}、SO_3^{2-} 杂质可用生成 $BaSO_4$ 的比浊法进行分析,鉴定结果可与国家标准所规定的指标(附注4)相比较。

一 实验用品

Na_2SO_3(固体)	硫粉	乙醇(95%)
I_2(0.05 $mol \cdot L^{-1}$)	HCl(0.1 $mol \cdot L^{-1}$)	$BaCl_2$(0.25%)
$Na_2S_2O_3$(0.05 $mol \cdot L^{-1}$)	Na_2SO_4(100 $mg \cdot L^{-1}$)	
容量瓶(100 mL)	移液管(20 mL)	比色管(25 mL)

二 实验内容

1. 硫代硫酸钠的制备

称取固体 Na_2SO_3 15 g 置于 250 mL 锥形瓶中,加水 80 mL 溶解(可小火加热)。另称取硫粉 5 g,以 95%乙醇 2 mL 湿润(附注1)后加至溶液中,小火加热至微沸,并充分振摇(注意保持体积,勿蒸发过多;若溶液体积太少可适当补水)。约 1 h 后停止加热,若溶液呈黄色,可加入少许固体 Na_2SO_3 除去之(附注2)。稍冷,过滤除去未反应的硫粉,获无色透明溶液于小烧杯中。将溶液转移入蒸发皿,在蒸气浴上蒸发浓缩,待溶液体积略少于30 mL 时,停止加热,充分冷却,搅拌或用接种法使结晶析出。减压过滤,并用 95%乙醇1 mL洗涤 1 次。抽气干燥后,转移至表面皿上,用滤纸吸干,称量,根据理论产量计算产率。

2. 硫代硫酸钠结晶提纯

将制得的硫代硫酸钠产品溶于适量热水(附注3)中,过滤,在不断搅拌下冷却(以冰水浴冷却更好),复结晶制得细小晶体。减压过滤,用少量乙醇洗涤1次,抽气干燥,转移至表面皿上,用滤纸吸干,获得提纯的硫代硫酸钠。称量,计算回收率。

3. 硫酸盐和亚硫酸盐的限量分析

硫代硫酸钠产品中所含的杂质可能有硫酸盐、亚硫酸盐、硫化物及某些金属离子等。本实验只进行 SO_4^{2-}、SO_3^{2-} 的限量分析。用 I_2 将 $S_2O_3^{2-}$ 和 SO_3^{2-} 分别氧化为 $S_4O_6^{2-}$ 和 SO_4^{2-},再加入 $BaCl_2$ 生成难溶的 $BaSO_4$,溶液发生浑浊,其浊度与试液中 SO_4^{2-} 和 SO_3^{2-} 的含量成正比。

称取硫代硫酸钠产品 0.5 g,溶于 15 mL 水,加入 0.05 $mol \cdot L^{-1}$ I_2 溶液 18 mL,再继续滴加 I_2 溶液使之呈浅黄色,转移至 100 mL 容量瓶中,加水稀释至标线,摇匀。

移取试液 20.00 mL 置于 25 mL 比色管中,稀释至标线。加入 0.1 $mol \cdot L^{-1}$ HCl 溶液 1 mL及 0.25% $BaCl_2$ 溶液 3 mL,摇匀,放置 10 min 后,加入 0.05 $mol \cdot L^{-1}$ $Na_2S_2O_3$ 溶液 1 滴,摇匀,立即与 SO_4^{2-} 标准系列溶液比较浊度,确定产品等级。

SO_4^{2-} 标准系列溶液的配制:移取 100 $mg \cdot L^{-1}$ Na_2SO_4 溶液 0.40 mL、0.50 mL、1.00 mL 分别置于 3 支 25 mL 比色管中,稀释至标线。加入 0.1 $mol \cdot L^{-1}$ HCl 溶液 1 mL 及 0.25% $BaCl_2$ 溶液 3 mL,摇匀。放置 10 min 后,加入 0.05 $mol \cdot L^{-1}$ $Na_2S_2O_3$ 溶液 1 滴,摇匀。这三份标准溶液中 SO_4^{2-} 的含量分别相当于附注 4 表中不同等级试剂的限量。

三 思考题

1. 制备硫代硫酸钠时,选用锥形瓶进行反应有何优点?

2. 提高 $Na_2S_2O_3 \cdot 5H_2O$ 的产率与纯度,实验中需注意哪些问题?

四 附注

1. 硫粉单独不能被水浸润,易漂浮于液面,影响反应。经乙醇湿润后便易于被水浸润,从而增加反应物的接触面。

2. 溶液呈黄色系有多硫化物存在。在亚硫酸钠未完全作用时,多硫化物是不会存在的,因为两者会发生如下反应:

$$2SO_3^{2-} + 2S_x^{2-} + 3H_2O \xlongequal{} S_2O_3^{2-} + 2xS \downarrow + 6OH^-$$

所以,若有黄色出现,表示亚硫酸钠反应已达完全。

3. 不同温度下硫代硫酸钠的溶解度(见表Ⅲ.10.1)。

表Ⅲ.10.1 硫代硫酸钠的溶解度($Na_2S_2O_3$ g/100 g H_2O)

温度/℃	0	10	20	25	35	45	75
溶解度/g	50.15	59.66	70.07	75.90	91.24	120.9	233.3

4. 国家标准 GB637-88 给出了 $Na_2S_2O_3 \cdot 5H_2O$ 试剂的纯度级别(见表Ⅲ.10.2)。

表Ⅲ.10.2 $Na_2S_2O_3 \cdot 5H_2O$ 各级试剂纯度

名称	优级纯	分析纯	化学纯
$Na_2S_2O_3 \cdot 5H_2O$/%	≥99.5	≥99.0	≥98.5
pH(50 $g \cdot L^{-1}$溶液，25 ℃)	6.0～7.5	6.0～7.5	6.0～7.5
澄清度试验	合格	合格	合格
水不溶物	≤0.002	≤0.005	≤0.01
氯化物(Cl)/%	≤0.02	≤0.02	
硫酸盐及亚硫酸盐(以 SO_4 计)/%	≤0.04	≤0.05	≤0.1
硫化物(S)/%	≤0.0001	≤0.00025	≤0.0005
总氮量(N)/%	≤0.002	≤0.005	
钾(K)/%	≤0.001		
镁(Mg)/%	≤0.001	≤0.001	
钙(Ca)/%	≤0.003	≤0.003	≤0.005
铁(Fe)/%	≤0.0005	≤0.0005	≤0.001
重金属(以 Pb 计)/%	≤0.0005	≤0.0005	≤0.001

实验十一 电解法制备氧化亚铜

氧化亚铜(Cu_2O)为棕红色结晶粉末,密度为 6.11 $g \cdot cm^{-3}$。它不溶于水而溶于氨水,遇稀硫酸或稀硝酸则歧化生成二价铜盐及金属铜,浓盐酸可使它转变为 $CuCl_2$ 结晶。Cu_2O 在干燥空气中很稳定,而在潮湿空气中逐渐氧化成 CuO。温度高于 1235 ℃时,Cu_2O 熔融,呈黄色。

Cu_2O 可用于制造船舶底漆、红玻璃、农业杀菌剂、电子器件、太阳能电池等,在电镀工业中也使用较多。

Cu_2O 的制备方法有多种,基本可分为三类:①干法:用铜粉和氧化铜混合密闭煅烧而成;②湿法:以硫酸铜为原料,用氢氧化钠调节 pH 值,以葡萄糖或亚硫酸钠还原而制得;③电解法:以铜为电极,电解食盐水而制得。

电解法工艺流程短,操作简便,劳动生产率高,三废少,因此具有较大优越性,应用较多。

Borgohain 用电化学方法制备氧化亚铜时,改变电解质,并加入四正辛基溴化铵为稳定剂,以铜电极为阴极,铂电极为阳极,在一定电流作用下,制得纯的纳米级氧化亚铜,晶体大小为 2~8 nm,颜色则呈现绿色。

本实验是以黄铜作阴极,紫铜作阳极,电解碱性 NaCl 溶液制备 Cu_2O。

阴极: $2H^+ + 2e \longrightarrow H_2$

阳极: $Cu^+ + e \longrightarrow Cu$

$2Cu^+ + 2Cl^- \longrightarrow Cu_2Cl_2$ (或 2CuCl)

$Cu_2Cl_2 + 2NaOH \longrightarrow Cu_2O + H_2O + 2NaCl$

电解条件为

NaCl 浓度 :240 $g \cdot L^{-1}$(pH8~12)

电流密度:0.15 $A \cdot cm^{-2}$

温度:70~90 ℃

一 实验用品

NaCl(固体)	NaOH(6 $mol \cdot L^{-1}$)	无水乙醇
$AgNO_3$(0.1 $mol \cdot L^{-1}$)	黄铜片 (3 × 5 cm)	紫铜片 (3 × 5 cm)
直流电源	砂纸(0 号,000 号)	电热恒温水浴锅
电阻箱	电流表(0~300 mA)	

二 实验内容

1. 安装电解装置

电解实验装置如图Ⅲ.11.1 所示。

取 250 mL 烧杯作为电解槽,称取 NaCl 固体 48 g,溶于 200 mL 水中。以 6 $mol \cdot L^{-1}$

NaOH 溶液滴加至 NaCl 溶液的 pH 值为 12。加热溶液至 70～90 ℃，置于恒温水浴锅恒温。取紫铜片及黄铜片各一块，用细砂纸除去表面氧化物，洗净、晾干后，浸入 NaCl 电解液中约 2/3 铜片深度，两极片之间保持 1.5 cm 距离，然后按图装置仪器。阳极（紫铜片）与直流电源的正极相接，阴极（黄铜片）与电源的负极相接。

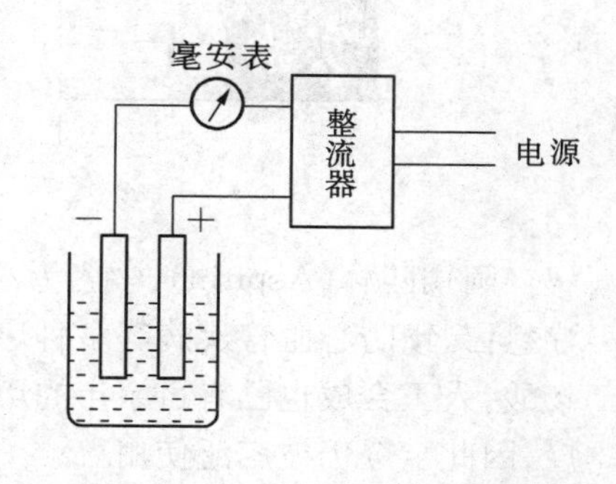

图Ⅲ.11.1 制备 Cu_2O 的电解装置

2. 电解

按下电源开关，调节电阻，使电流表指针在 100 mA 处，通电 60 min 后，停止电解。

在整个电解过程中，可通过微调电阻使电流维持恒定。

电解结束，待溶液冷却后，收集 Cu_2O（阴极上的 Cu_2O 用角匙刮下），减压过滤，用热水洗涤至无 Cl^-（用 $AgNO_3$ 溶液检验），再用少量乙醇洗涤 1 次，抽气干燥，产品置于表面皿上，晾干，称量。

三 思考题

1. 整个电解过程中，为何必须维持恒定电流？电解液的 pH 值低于 3 或电解温度过高对产品会产生什么影响？

2. 试分别写出 Cu_2O 与浓盐酸、稀硫酸及稀硝酸反应的方程式。

实验十二 退热镇痛药阿司匹林的制备

阿司匹林(Aspirin),学名为乙酰水杨酸,是一种广泛使用的具有解热、镇痛、抗风湿、治疗感冒、预防心血管疾病等多种疗效的药物。18 世纪人们从柳树皮中发现并提取了乙酰水杨酸,人工合成也已有百余年的历史。由于阿司匹林价格低廉、疗效显著,且防治疾病范围广,因此至今仍被广泛使用。

阿司匹林是由水杨酸(邻羟基苯甲酸)和乙酸酐合成的。水杨酸也存在于自然界的柳树皮中,并可用于止痛、退热和抗炎,但它对肠胃刺激较大,作为药物不甚适宜,因此被逐渐淘汰。

水杨酸是一个既具有羟基又具有羧基的双官能团化合物,因此能进行两种酯化反应。它既可以与过量的醇(如甲醇)反应,生成水杨酸酯(如水杨酸甲酯——冬青油):

$$\text{C}_6\text{H}_4(\text{COOH})(\text{OH}) + CH_3OH \xrightarrow{H^+} \text{C}_6\text{H}_4(\text{COOCH}_3)(\text{OH}) + H_2O$$

又可以与乙酸酐作用,生成乙酰水杨酸即阿司匹林:

$$\text{C}_6\text{H}_4(\text{COOH})(\text{OH}) + (CH_3CO)_2O \xrightarrow{H_3PO_4} \text{C}_6\text{H}_4(\text{COOH})(\text{OCOCH}_3) + CH_3COOH$$

此外,水杨酸在酸存在下会发生分子间缩聚反应,因此,还会有少量聚合物生成。

$$n\,\text{C}_6\text{H}_4(\text{COOH})(\text{OH}) \xrightarrow[-nH_2O]{H^+} \left[\text{O}-\text{C}_6\text{H}_4-\text{C}(=\text{O})\right]_n$$

该聚合物不溶于碳酸氢钠溶液,而阿司匹林却可与碳酸氢钠生成可溶性的钠盐,借此可将聚合物与阿司匹林分离。

由于水杨酸中的羧基和羟基能形成分子内氢键,影响酯化反应,所以反应必须加热到 150～160 ℃。而加入少量的浓硫酸或浓磷酸可使反应所需温度降低到 80 ℃左右,而且此时副产物也会有所减少。

一 实验用品

水杨酸($C_7H_6O_3$)　　乙酸酐($C_4H_6O_3$)
磷酸　　活性炭
乙醇(95%)　　HCl(18%)
$FeCl_3$(10%)　　$NaHCO_3$(10%)

二 实验内容

1. 制备

在干燥的 50 mL 锥形瓶中加入水杨酸 2.76 g(0.02 mol)、乙酸酐 8 mL(0.08 mol)和浓磷酸 10 滴(附注 1),振摇使固体溶解。置于水浴中加热,控制水浴温度在 85～90 ℃,反应 10 min,其间不断地充分振摇。待反应物冷却至室温后,边摇动边缓慢地加入 13～14 mL 冰水以分解过量的乙酸酐(附注 2)。用冰水浴冷却,使晶体析出,减压过滤,用冰水洗涤晶体 2 次,每次用水 10 mL 左右,抽气干燥。

将晶体转移至 100 mL 烧杯中,边搅拌边缓慢加入 10% $NaHCO_3$ 溶液 20 mL。当溶液中不再有 CO_2 放出后,减压过滤,除去少量聚合物。

将滤液转移至 100 mL 烧杯中,在搅拌下缓慢滴加 18% HCl 溶液 10 mL,此时大量晶体析出。将烧杯置于冰水浴中冷却,使晶体析出完全。减压过滤,用少量冰水洗涤晶体 2 次。抽气干燥,转移至表面皿,称量,根据理论产量计算产率。

2. 重结晶

将乙酰水杨酸粗产品置于 50 mL 茄形瓶中,加入适量乙醇,装上回流冷凝管,水浴加热溶解。若不溶,则每次从冷凝管管口加入乙醇 2 mL(加溶剂前先熄火),加热直至全溶。然后再加入过量 20%乙醇。若溶液有颜色或有不溶性杂质,则在茄形瓶中加入适量的活性炭脱色,继续加热微沸 5 min 后,用热水漏斗趁热过滤。

滤液置于锥形瓶中,滴加热水直至刚刚出现混浊。将锥形瓶在热水浴中摇动,使混浊消失。冷却使结晶析出,减压过滤,用少量冷水洗涤。抽气干燥后,转移至表面皿,称量,计算得率。

3. 产物分析

分别取原料水杨酸和制得的产品阿司匹林各少许(约 0.02 g)于 2 个试管中,各加入乙醇 1 mL 使晶体溶解。再分别加入 10% $FeCl_3$ 溶液 1 滴,观察现象(附注 3)并加以对照,以确定产物中是否仍有水杨酸存在。

三 思考题

1. 简述合成阿司匹林(乙酰水杨酸)的反应原理。
2. 写出合成阿司匹林时生成少量高聚物的化学反应方程式。
3. 在水杨酸的乙酰化反应中,加入浓磷酸的作用是什么?
4. 粗产品依次用碳酸氢钠和盐酸溶液处理的目的是什么?写出相关反应式。

四 附注

1. 乙酸酐和浓磷酸具有很强的腐蚀性,使用时须小心。如果溅在皮肤上,应立即用大量水冲洗。

2. 加水分解过量的乙酸酐时会产生大量的热量,甚至使反应物沸腾,因此必须小心操作。

3. 酚与铁离子络合生成紫色的络合物,可用 $FeCl_3$ 溶液鉴定是否含有水杨酸。而水杨酸酯化生成乙酰水杨酸后不再发生这一反应。

实验 十三 从橙皮中提取柠檬烯

植物组织中提取的挥发性成分称为精油。植物精油大部分具有令人愉快的香味。从橙子、柠檬和柚子等水果皮中提取的精油 90% 以上是柠檬烯。

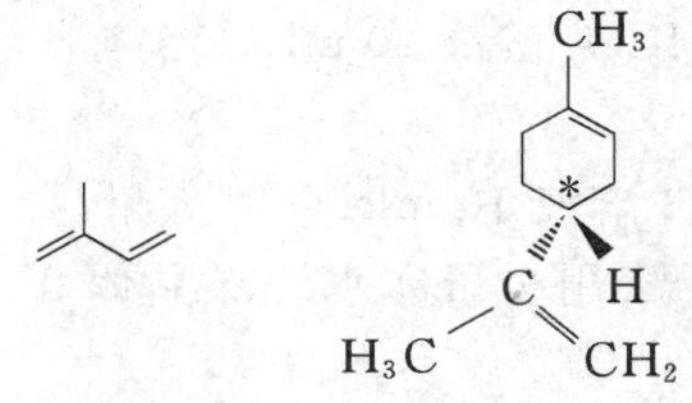

图Ⅲ.13.1 异戊二烯与柠檬烯

柠檬烯属于萜类化合物。萜类化合物是指基本骨架由两个或更多的异戊二烯以头尾相连而构成的一类化合物，根据分子中的碳原子数目是异戊二烯五个碳原子的倍数，可分为单萜、倍半萜、二萜和多萜等。柠檬烯是一环状单萜化合物，它的结构式可见图Ⅲ.13.1。

提取精油时先用水蒸气蒸馏，再以溶剂萃取分离后再次蒸馏获得最终产物。

一 实验用品

橙子皮　　二氯甲烷

无水硫酸钠(固体)

二 实验内容

取橙子皮约 100 g(附注 1)，剪成碎片后，置于 250 mL 的三颈瓶中，加入 30 mL 水，安装水蒸气蒸馏装置(附注 2)，进行蒸馏。待馏出液达 50～60 mL 时即可停止。此时可观察到馏出液水面上浮有薄薄的油层。

将馏出液转入 125 mL 分液漏斗中，用 10 mL 二氯甲烷萃取，连续萃取三次。将萃取液合并于 50 mL 锥形瓶中，用无水硫酸钠干燥。

将干燥后的萃取液滤入 50 mL 茄形瓶中，安装在蒸馏装置(附注 2)上，水浴加热蒸去二氯甲烷。残留的二氯甲烷再用水泵减压抽去。瓶中留下的少量橙黄色液体即为橙油。由气相色谱分析，可知橙油中柠檬烯的含量在 95%以上。

三 思考题

使用分液漏斗萃取时需注意哪些细节？

四 附注

1. 实验应选用新鲜橙皮，若用干橙皮替代，效果较差。
2. 蒸馏操作参见化学实验基础知识中 p.38 常压蒸馏和水蒸气蒸馏等有关内容。

实验十四 部分有机官能团的性质与鉴定

确定一个有机化合物的结构，可以采用波谱分析(红外光谱、核磁共振谱等)和元素分析的方法，而对其官能团进行分析也是重要的方法之一。

官能团的定性试验是利用有机化合物中各官能团的不同特性，与某些试剂作用产生特殊的颜色或生成沉淀等来完成。官能团的定性试验反应快，时间短，操作简便，所以十分有利于有机化合物的鉴定。

有机反应大多是分子反应，分子中直接发生变化的部分一般都是在官能团上，由于同一官能团存在于不同化合物时会受到分子其他部分的影响，反应性能不可能完全相同，所以在定性试验中例外情况也是常见的。此外，定性试验中还存在着不少干扰因素。基于这些原因，常常需要采用几种不同的方法来检验同一种官能团，以达到准确判断官能团的目的。

部分有机官能团的性质与鉴定可以分类如下：

1) 烷烃分子中的C—H键和C—C键，在一般条件下比较稳定，难以用化学反应来鉴定。通常采用溶解度试验、元素分析和波谱分析来鉴定。

2) 烯烃和炔烃分子中具有C═C键和C≡C键，是不饱和的碳氢化合物，可以通过溴-四氯化碳试验、高锰酸钾试验和炔氢试验(银氨溶液试验)来检测，还可以通过红外光谱和核磁共振谱来判断它们是烯烃或炔烃。

烯烃和炔烃与红棕色的溴发生加成反应，生成无色的二卤代物和多卤代物，但有一些醛、酮或芳香族化合物亦会发生反应、使溴褪色。

叁键在分子末端的炔烃R—C≡CH，因其中的氢比较活泼，可和银氨溶液作用，生成白色的炔化银沉淀，用以鉴定炔烃。

本实验以高锰酸钾试验鉴定烯烃和炔烃。

3) 芳环结构稳定，不容易发生加成和氧化反应，一般采用波谱分析方法来鉴定。

4) 卤代烃可由元素分析测得化合物中含有卤素的种类(氯、溴或碘)，并可用硝酸银试验进一步确定卤素的活泼性，从而推测卤代烃的结构。

本实验对不同卤代烃与硝酸银的反应进行了比较。

5) 醇含有活泼的羟基，可进行多种反应，其中有些反应可用于鉴定。

例如：乙酰氯与醇(低级醇)反应可生成具有水果香味的酯。但酚和伯胺、仲胺也能与乙酰氯反应生成酯，还需结合其他试验予以区别。

卢卡斯(Lucas)试验可区别有一定水溶性的伯、仲和叔醇。硝酸铈铵试验可以鉴定10个碳以下的醇。

本实验以 Lucas 试验和硝酸铈铵试验对醇进行鉴定。

6) 酚具有连接在芳环上的羟基，显示弱酸性，pK_a 约为10，与氢氧化钠反应生成酚钠。常用三氯化铁溶液和溴水检验酚羟基的存在。酚羟基的存在使苯环活泼，从而易与溴反应生成溴代产物，例如苯酚与溴水作用生成白色的三溴苯酚沉淀。

本实验对于不同的酚进行氢氧化钠试验和三氯化铁试验。

7) 醛和酮都具有羰基,能与许多试剂如苯肼、2,4-二硝基苯肼、羟胺、氨基脲和亚硫酸氢钠等发生作用,借以进行鉴定。醛和酮还可用土伦(Tollen)试剂、斐林(Fehling)试剂或席夫(Schiff)试剂来加以区别。另外,甲基酮、乙醛在碱性溶液中与碘反应生成黄色沉淀——碘仿,因此碘仿试验常用来检验下述两种结构的存在:

$$R—\overset{\overset{\displaystyle O}{\|}}{C}—CH_3 \quad 或 \quad R—\overset{\overset{\displaystyle OH}{|}}{\underset{\underset{\displaystyle H}{|}}{C}}—CH_3$$

本实验仅进行亚硫酸氢钠试验、Tollen 试验和 Fehling 试验。

8) 糖又称碳水化合物,是多羟基醛或多羟基酮类以及它们的缩合物,通常分为单糖、双糖和多糖。常用作试验的糖有:单糖中的已醛糖(如葡萄糖)、已酮糖(如果糖),蔗糖、麦芽糖等双糖,淀粉等多糖。

利用红外光谱和核磁共振谱来鉴定糖的特征性不强,因此,通常利用化学反应来鉴定糖。如:利用莫利希(Molish)试验来鉴定糖的存在,用本尼迪特(Benedict)试验和 Tollen 试验来鉴别还原性糖或非还原性糖。单糖和还原性双糖能与过量苯肼作用,根据不同的反应速度和反应产物的晶形、熔点,可以鉴别不同的糖。而塞利韦诺夫(Seliwanoff)试验还可检验糖中的酮糖单元,从而进一步区别已醛糖和已酮糖。

淀粉与碘能生成蓝色,而在酸或淀粉酶的作用下淀粉水解生成葡萄糖,不再发生此反应。

本实验选做其中的 Molish 试验、Tollen 试验。

9) 羧酸具有酸性,一般可通过羧酸与碱的反应来检测。波谱分析对检验羧酸也是非常有利的。

本实验仅测试羧酸溶液的 pH 值。

10) 硝基化合物能将氢氧化亚铁氧化成氢氧化铁而发生颜色变化,以此可检验硝基的存在。从红外光谱中也可观察到硝基的吸收峰。

11) 胺是一类碱性的有机化合物,几乎所有的胺都能溶于 5%盐酸溶液中。

胺可分为伯胺 RNH_2、仲胺 R_2NH 和叔胺 R_3N,可以利用欣斯堡(Hinsberg)试验来区别,即:在氢氧化钠溶液中与苯磺酰氯反应,伯胺生成的磺酰化产物是水溶性钠盐,用盐酸酸化后方才析出沉淀;仲胺生成的磺酰化产物在碱性溶液中直接沉淀出来。而叔胺不能与苯磺酰氯反应,呈油状物析出。利用亚硝酸试验也可以鉴定芳香族伯、仲或叔胺。

本实验测定胺的 pH 值,并进行亚硝酸试验。

一　实验用品

$KMnO_4$(1%)	丙酮	正氯丁烷
仲氯丁烷	叔氯丁烷	正溴丁烷
氯苄	三氯甲烷	苯甲酰氯
$AgNO_3$(5%乙醇溶液)	HNO_3(5%)	苄醇
正丁醇或正戊醇	仲丁醇或仲戊醇	叔丁醇或叔戊醇

乙醇 甘油 庚醇
二氧六环 苯酚 间苯二酚
对苯二酚 邻硝基苯酚 NaOH(10%)
HCl(浓,10%) 水杨酸 对羟基苯甲酸
邻硝基苯酚 乙酰乙酸乙酯 三氯化铁(10%)
正丁醛 $AgNO_3$(5%) 氨水(2%)
甲醛水溶液 乙醛水溶液 苯甲醛
葡萄糖 蔗糖 淀粉(5%水溶液)
α-萘酚(10%乙醇溶液) H_2SO_4(浓,20%) 亚硝酸钠
果糖 麦芽糖 乙酸
苯甲酸 苯胺 三乙胺
pH 试纸 N-甲基苯胺 N, N-二甲基苯胺
淀粉-碘化钾试纸

Lucas 试剂:将无水氯化锌熔融,稍冷后,置于干燥器中冷却。称取 136 g 溶于 90 mL 浓盐酸(溶解时有大量氯化氢气体和热量放出),冷却后贮存于玻璃瓶中,塞紧待用。

硝酸铈铵试剂:称取硝酸铈铵 100 g 加入 2 $mol\cdot L^{-1}$ HNO_3 溶液 250 mL 中,加热溶解,冷却。

$NaHSO_3$(饱和溶液):称取碳酸钠($Na_2CO_3\cdot 10H_2O$)500 g 与 790 mL 水混合,通入二氧化硫气体至饱和为止(附注 1)。

Fehling Ⅰ试剂:称取硫酸铜 34.6 g 溶于 500 mL 水中。

Fehling Ⅱ试剂:称取 NaOH 70 g 和酒石酸钾钠 173 g 溶于 500 mL 水中。

β-萘酚溶液:称取 β-萘酚 4 g 溶于 40 mL 5% NaOH 溶液中。

二 实验内容

(一) 烯烃和炔烃的性质试验

稀高锰酸钾试验:

烯烃或者炔烃可与稀高锰酸钾溶液反应,使高锰酸钾的紫色褪去,生成黑褐色的二氧化锰沉淀。

$$>C=C< + MnO_4^- \longrightarrow -\underset{OH}{\overset{|}{C}}-\underset{OH}{\overset{|}{C}}- + MnO_2\downarrow \xrightarrow{[O]} >C=O + O=C<$$

$$R-C\equiv C-R' + MnO_4^- \longrightarrow R-COO^- + R'-COO^- + MnO_2\downarrow$$

但易氧化的醛、某些酚和芳香胺也能使高锰酸钾溶液褪色,干扰反应结果。

实验步骤:

试样

精制石油醚　　　　　　　　环己烯　　　　　　　　乙炔

在小试管中加入 1% $KMnO_4$ 溶液 2 mL，然后加入试样 2 滴（固体试样先用 0.5～1 mL 水或丙酮溶解，若试样为乙炔，则在 $KMnO_4$ 溶液中通入乙炔气体 1～2 min）。振荡，观察现象。

（二）卤代烃的性质试验

硝酸银试验

卤代烃与硝酸银反应产生卤化银沉淀：

$$RX + AgNO_3 \longrightarrow RONO_2 + AgX\downarrow$$

生成卤化银的速度取决于烃基的结构。苄基卤代烃、烯丙基卤代烃和叔卤代烃能立即反应，伯卤代烃和仲卤代烃在温热的条件下反应，卤代乙烯和卤代芳烃则不与硝酸银反应。产生卤化银沉淀的速度如下：

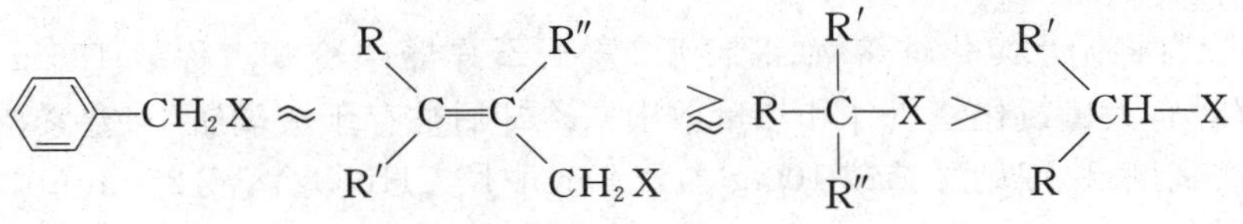

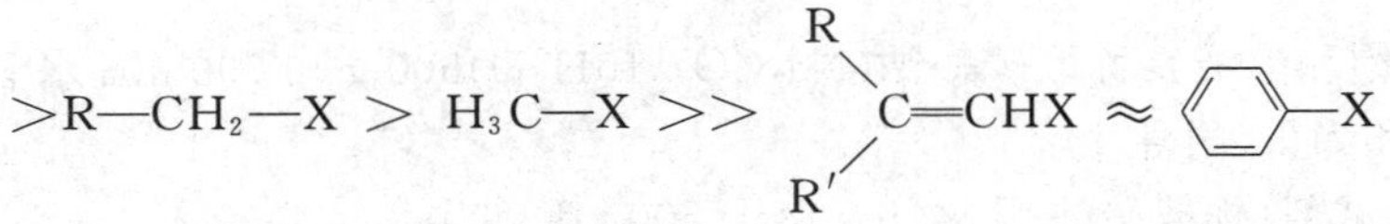

$$C_6H_5-CH_2X \approx RR'C{=}CR''CH_2X \gtrapprox R-CR'R''-X > RR'CH-X$$

$$> R-CH_2-X > H_3C-X >> RR'C{=}CHX \approx C_6H_5-X$$

羧酸也与硝酸银反应，但羧酸银沉淀溶于硝酸，而卤化银沉淀不溶于硝酸。

实验步骤：

试样

正氯丁烷　　　　　仲氯丁烷　　　　　叔氯丁烷　　　　　正溴丁烷

氯苄　　　　　　　三氯甲烷　　　　　苯甲酰氯

在小试管中加入 5% $AgNO_3$ 乙醇溶液 1 mL，再加入试样 2～3 滴（固体试样先用乙醇溶解），振荡，观察有无沉淀生成。若无沉淀产生，加热煮沸，仍无沉淀生成者，可认为不是卤代烃。若有沉淀生成，再加入 5% HNO_3 溶液 1 滴，观察沉淀是否溶解，不溶解者可初步判断为卤代烃。

（三）醇的性质试验

1. Lucas 试验

Lucas 试剂与醇反应可生成不溶于水的卤代烷。

$$R-OH + HCl \xrightarrow{ZnCl_2} R-Cl + H_2O$$

生成卤代烷的反应速度如下：

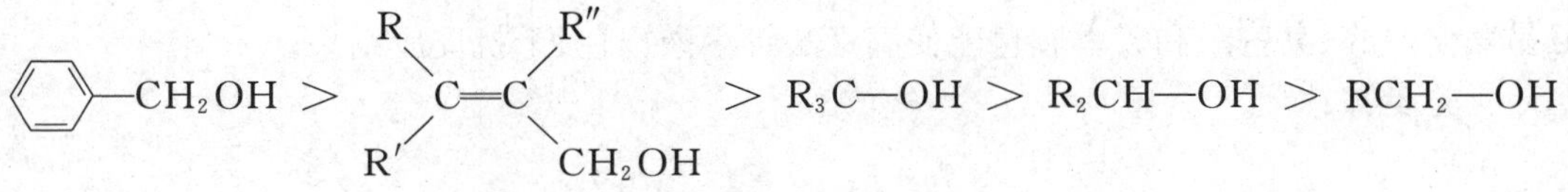

$$C_6H_5-CH_2OH > RR'C{=}CR''CH_2OH > R_3C-OH > R_2CH-OH > RCH_2-OH$$

苄醇、烯丙基醇和叔醇与 Lucas 试剂立即反应，仲醇则需要几分钟才能反应，有时还需加热引发，而大多数伯醇不与 Lucas 试剂反应，故可用来区别伯、仲和叔醇。但是 Lucas 试验只适用于水溶性醇，因为试验的结果是溶液呈混浊或者分成两层。少于两个碳原子的醇生成的氯代物极易挥发，故也不适用。

实验步骤：

试样

苄醇　　正丁醇或正戊醇　　仲丁醇或仲戊醇　　叔丁醇或叔戊醇

在小试管中加入试样 5～6 滴及 Lucas 试剂 2 mL，塞住试管口，振荡，静置，观察出现混浊和卤代烷分层的速度。静置后立即混浊或分层者为苄醇、烯丙基醇和叔醇。若静置后不见混浊，置于水浴中温热 2～3 min，振荡，再观察。根据出现混浊或分层的速度，最后分层者为仲醇，不发生反应的为伯醇。

2. 硝酸铈铵试验

10 个碳以下的醇能与硝酸铈铵作用，使溶液呈橙黄色。

$$(NH_4)_2Ce(NO_3)_6 + ROH \longrightarrow (NH_4)_2Ce(OR)(NO_3)_5 + HNO_3$$

实验步骤：

试样

乙醇　　甘油　　苄醇　　庚醇

在小试管中加入试样 2 滴或固体试样 30～50 mg，加水 2 mL 溶解（不溶于水的样品，以 2 mL 二氧六环溶解）。再加入硝酸铈铵试剂 0.5 mL，振荡，观察颜色变化。溶液呈红至橙黄色表示有醇存在。同时做空白试验对比。

（四）酚的性质试验

1. 氢氧化钠试验

酚具有弱酸性，与 NaOH 反应生成酚钠而溶于水中，

$$C_6H_5-OH + NaOH \longrightarrow C_6H_5-ONa + H_2O$$

酸化后即又析出酚。

实验步骤：

试样

苯酚　　间苯二酚　　对苯二酚　　邻硝基苯酚

在试管中加入试样 0.1 g，逐滴加水至完全溶解后，用 pH 试纸测试水溶液的 pH 值。若试样不溶于水，则可逐滴加入 10% NaOH 溶液，观察是否溶解，有无颜色变化，然后再加入10% HCl溶液使呈酸性，观察有何现象发生。

2. 三氯化铁试验

酚可与 Fe^{3+} 生成有色的配合物。不同的酚产生的颜色不同，通常为红、蓝、紫或绿色。

$$6\,C_6H_5-OH + FeCl_3 \longrightarrow [Fe(OC_6H_5)_6]^{3-} + 3HCl + 3H^+$$

但是一些硝基酚类、间和对羟基苯甲酸不与三氯化铁发生显色反应。不溶于水的酚类化合

物与三氯化铁溶液的反应不灵敏,可改用乙醇溶液。

实验步骤:

试样

苯酚　　水杨酸　　间苯二酚　　对苯二酚

对羟基苯甲酸　　邻硝基苯酚　　乙酰乙酸乙酯

在试管中加入1%试样溶液(附注2)0.5 mL,再加入三氯化铁溶液2滴,观察颜色变化。

(五)醛和酮的性质试验

1. 亚硫酸氢钠试验

醛和甲基酮与 $NaHSO_3$ 发生加成反应,生成结晶形式的产物。此加成产物与稀 HCl 或稀 Na_2CO_3 溶液共热,则分解为原来的醛或甲基酮。因此,可用以鉴定和纯化醛或甲基酮。

$$\text{R(H}_3\text{C)H}\text{C}{=}\text{O} + NaHSO_3 \longrightarrow \text{R(H}_3\text{C)H}\text{C(OH)(SO}_3\text{Na)}$$

$$\text{R(H}_3\text{C)H}\text{C(OH)(SO}_3\text{Na)} \xrightarrow{HCl} \text{R(H}_3\text{C)H}\text{C}{=}\text{O} + SO_2 + H_2O$$

$$\text{R(H}_3\text{C)H}\text{C(OH)(SO}_3\text{Na)} \xrightarrow{Na_2CO_3} \text{R(H}_3\text{C)H}\text{C}{=}\text{O} + Na_2SO_3 + NaHCO_3$$

实验步骤:

试样

丙酮　　正丁醛

在试管中加入饱和 $NaHSO_3$ 溶液2 mL和试样1 mL,用力振荡,置于冰水浴中冷却,观察到有结晶析出(可酌加乙醇促使结晶)。

2. Tollen 试验

醛和酮的区别在于醛具有还原性,能使银离子还原成金属银。通常用 Tollen 试剂(附注3)来检验醛的存在,而酮并不发生反应。Tollen 试剂为银氨络合物的碱性水溶液,此 Tollen 试验也称银镜反应。

$$\underset{\text{R= 烷基或芳基}}{RCHO} + \underset{\text{Tollen试剂}}{2Ag(NH_3)_2OH} \longrightarrow 2Ag + RCOONH_4 + 3NH_3 + H_2O$$

实验步骤:

试样

甲醛水溶液　　乙醛水溶液　　丙酮　　苯甲醛

在试管中加入5% $AgNO_3$ 溶液1 mL和10% NaOH 溶液1滴,即有沉淀析出。逐滴加入2%氨水,边加边摇,直至沉淀刚好溶解。然后加入试样2滴(不溶于水的试样先用0.5 mL乙醇溶解),静置,观察现象。若无银镜生成,将试管置于沸水浴中加热2 min,试管壁有银镜形成或生成黑色金属银沉淀,则表明试样为醛。

3. Fehling 试验

由 Fehling 试验可区别醛和酮，还可进一步利用 Fehling 试验区别脂肪醛和芳香醛。脂肪醛能使 Fehling 试剂(附注 4)中的 Cu^{2+} 还原成红色氧化亚铜，芳香醛则不发生此反应。

$$RCHO + 2Cu(OH)_2 + NaOH \longrightarrow RCOONa + Cu_2O\downarrow + 3H_2O$$

实验步骤：

试样

甲醛水溶液　　乙醛水溶液　　丙酮　　苯甲醛

在试管中加入 Fehling Ⅰ试剂和 Fehling Ⅱ试剂各 0.5 mL，混合均匀，加入试样 3～4 滴，置于沸水浴中加热。若有红色氧化亚铜沉淀生成，则表明是脂肪醛类化合物。

(六) 糖的性质试验

1. Molish 试验

Molish 试验是糖类的通性试验。单糖如戊醛糖和已醛糖，在浓硫酸存在下转变成戊酮糖和已酮糖，再失水形成呋喃甲醛和 5-羟甲基呋喃甲醛，它们和 α-萘酚作用，生成紫色的化合物。双糖和多糖则先水解成单糖，然后发生反应，生成紫色化合物。

实验步骤：

试样

葡萄糖　　蔗糖　　淀粉　　滤纸浆

在试管中加入 5%糖水溶液 0.5 mL，滴入 10% α-萘酚乙醇溶液 2 滴，混合均匀，倾斜试管(约成 45°)，沿管壁小心加入浓硫酸 1 mL。此时试液在上层，硫酸在下层，在两层交界处出现紫色，则表明试样为糖。

2. Tollen 试验

用以检验醛的 Tollen 试剂也可用来检验还原性糖，Tollen 试剂使还原性糖的游离羰基氧化成羧酸，自身被还原析出金属银。

实验步骤：

试样

葡萄糖　　果糖　　蔗糖　　麦芽糖

在试管中加入 5% $AgNO_3$ 溶液 1 mL 和 10% NaOH 溶液 1 滴，然后逐滴加入 2%氨水，边加边振荡，直至所生成的沉淀刚好消失。再加入 5%糖水溶液 0.5 mL，在 50 ℃水浴中温热，观察有无银镜或金属银析出。

(七) 酸的性质试验

羧酸 pH 值可以用 pH 试纸直接测量。

实验步骤：

试样

乙酸　　苯甲酸

在试管中加入 1 mL 水，再加液体试样 1 滴(或固体试样 10 mg)，振荡溶解，用 pH 试纸测定 pH 值。若试样不溶于水，则将试样溶于少量乙醇中，然后边振荡边逐滴加入水，至溶液出现混浊，再逐滴加入乙醇至溶液变清。用 pH 试纸测量该醇-水溶液的 pH 值。

（八）胺类化合物的性质试验

1. 胺的 pH 值测定

胺是碱性化合物，水溶性胺的 pH 值可以直接用 pH 试纸测定。

实验步骤：

试样

三乙胺　　　　　苯胺

在试管中加水 1.5 mL，再加入液体试样 2～3 滴或者试样 20～30 mg，振荡，溶解，用 pH 试纸测定。若样品不溶于水，利用乙醇-水溶液溶解试样后测定 pH 值。

2. 亚硝酸试验

利用亚硝酸试验可以鉴定全部芳香族伯、仲或叔胺。芳香伯胺与亚硝酸作用生成重氮盐，该重氮盐与 β-萘酚偶联生成橙红色染料。仲胺和叔胺与亚硝酸反应生成不同的亚硝化产物，在碱性溶液中呈现不同的颜色，可借以区别仲胺和叔胺。

$$C_6H_5NH_2 \xrightarrow[HCl]{HNO_2} C_6H_5N_2Cl \xrightarrow{\beta\text{-萘酚}} C_6H_5\text{—N=N—}C_{10}H_6OH \downarrow$$

橙红色

$$C_6H_5NHR \xrightarrow[HCl]{HNO_2} C_6H_5N(R)NO \xrightarrow{NaOH} \text{不变}$$

黄色固体或油状物

$$C_6H_5NR_2 \xrightarrow[HCl]{HNO_2} ON\text{—}C_6H_4\text{—}NR_2\cdot HCl \downarrow \xrightarrow{NaOH} ON\text{—}C_6H_4\text{—}NR_2 \downarrow \text{（绿色）}$$

实验步骤：

试样

苯胺　　　　　N-甲基苯胺　　　　　N, N-二甲基苯胺

在试管中加入试样 0.3 mL、浓盐酸 1 mL 和水 2 mL，用冰盐浴冷却至 0 ℃。

另取亚硝酸钠 0.3 g 溶于 2 mL 水中，将此溶液慢慢滴入上述试样溶液中，振荡，直至混合液遇淀粉-碘化钾试纸呈深蓝色。若溶液中无固体生成，加入 β-萘酚溶液数滴，析出橙红色沉淀则为伯胺。若溶液中有黄色固体或油状物析出，加入 10% NaOH 溶液，溶液不变色为仲胺，若产生绿色固体则为叔胺。

三 附注

1. 也可以取 $NaHSO_3$ 饱和溶液 100 mL，加入乙醇 70 mL，然后加入足够量的水使成清亮溶液。此溶液不稳定，但实验结果较好。

2. 配制1%水杨酸、对羟基苯甲酸和邻硝基苯酚水溶液时需加入少量乙醇，或直接用其饱和溶液。

3. Tollen 试剂不宜久置，久置后可形成雷银(AgN_3)沉淀，容易爆炸，所以必须临时配制，即将 NaOH 加到 $AgNO_3$ 溶液中，生成 AgOH 沉淀，然后加入氨水使 AgOH 恰好转变为水溶性的银氨配合物 $Ag(NH_3)_2OH$。

4. Fehling 试剂是由等体积的硫酸铜溶液和酒石酸钾钠溶液混合而成。Cu^{2+} 转变为 $Cu(OH)_2$，即与酒石酸钾钠形成深蓝色的酒石酸铜钠配合物，避免了 $Cu(OH)_2$ 沉淀的析出。

因为氢氧化铜与酒石酸钾钠形成的配合物不稳定，不宜久置，所以使用前分别配制 Fehling Ⅰ试剂和 Fehling Ⅱ试剂，密封贮存，使用时再临时混合为 Fehling 试剂。

实验十五 常见阴离子、阳离子的鉴定

节日夜晚的焰火五彩缤纷,那是锶、镍、镁等阳离子盐或金属燃烧时发出的颜色。地球上由阴、阳离子构成的各种晶体更是形状各异、色彩斑斓。通过实验了解阴、阳离子构成的无机盐的性质,是学习和应用这些离子或化合物相关知识所必不可少的。

离子的分离和鉴定是以各种离子对试剂的不同反应为依据的。这些反应都伴随有特殊现象,如沉淀的生成或溶解、特殊颜色的出现、气体的产生等等。从阴离子混合液中检出阴离子,一般是应用该阴离子与某种试剂有特征反应而检出,不必先将阴离子逐个分离。而从阳离子混合液中检出阳离子,往往需将阳离子分组之后再逐个分离,然后利用特征的鉴定反应将该阳离子检出。只要不同的离子和试剂发生的反应有差异,利用这种差异性就可将离子分离。离子的分离和检出应在一定实验条件下进行,主要是溶液的酸度、反应物的浓度等。

本实验是部分阴离子和阳离子的鉴定实验。阴离子包括 CO_3^{2-}、NO_3^-、Cl^-、Br^-、I^-、PO_4^{3-}、SO_4^{2-}、SO_3^{2-}、NO_2^-。阳离子是 K^+、Na^+、Mg^{2+}、Ca^{2+}、Ba^{2+}、Sr^{2+}、Al^{3+}、Sn^{2+}、Pb^{2+}、Sb^{3+}、Cu^{2+}、Zn^{2+}、Ni^{2+}、Bi^{3+}、Fe^{3+} 等。

一 实验用品

Na_2S(0.1 mol·L^{-1})　$Na_2S_2O_3$(0.5 mol·L^{-1})　Na_2SO_3(0.1 mol·L^{-1})
$BaCl_2$(0.1 mol·L^{-1})　KCl(0.1 mol·L^{-1})　KBr(0.1 mol·L^{-1})
KI(0.1 mol·L^{-1})　$AgNO_3$(0.1 mol·L^{-1})　$NaNO_2$(0.5 mol·L^{-1},固体)
$NaNO_3$(0.5 mol·L^{-1})　Na_2HPO_4(0.5 mol·L^{-1})　$(NH_4)_2MoO_4$(1 mol·L^{-1})
NH_4NO_3(0.5 mol·L^{-1})　氯水　$Na_2Pb[Cu(NO_2)_6]$试剂
萘氏试剂　Na_2CO_3(饱和溶液)　澄清石灰水
镁试剂　$KSb(OH)_6$ 试剂　$K_4[Fe(CN)_6]$(0.5 mol·L^{-1})
K_2CrO_4(1 mol·L^{-1})　铝试剂　$(NH_4)_2C_2O_4$(饱和溶液)
罗丹明 B 溶液　苯　$(NH_4)_2CO_3$(2 mol·L^{-1})
丁二酮肟　$(NH_4)_2[Hg(SCN)_4]$　醋酸铅试纸
石蕊试纸　pH 试纸　氨水(2 mol·L^{-1}, 6 mol·L^{-1})
HCl(浓,2 mol·L^{-1}, 6 mol·L^{-1})　H_2SO_4(0.1 mol·L^{-1}, 1 mol·L^{-1}, 2 mol·L^{-1})
HNO_3(2 mol·L^{-1}, 6 mol·L^{-1})　HAc(2 mol·L^{-1}, 6 mol·L^{-1})
NaOH(2 mol·L^{-1}, 6 mol·L^{-1})　Pb^{2+}、Zn^{2+}(5 mg·mL^{-1})
Na^+、K^+、Mg^{2+}、Ca^{2+}、Ba^{2+}、Sr^{2+}、Al^{3+}、Hg^{2+}、Sn^{2+}、Sb^{3+}、Bi^{3+}、Cu^{2+}、Ni^{2+}、Fe^{3+}(3 mg·mL^{-1})
离心机　显微镜　铂丝

二 实验内容

1. 阴离子的鉴定

(1) S^{2-}的鉴定

气室法:在表面皿上滴加0.1 mol·L^{-1} Na_2S溶液与2 mol·L^{-1} HCl溶液各2滴。在另一表面皿的凹面处贴一片湿润的$Pb(Ac)_2$试纸,合放在滴有溶液的表面皿上,置于水浴上加热,观察$Pb(Ac)_2$试纸的颜色变化。反应式为:

$$Na_2S + 2HCl = 2NaCl + H_2S\uparrow$$

$$Pb(Ac)_2 + H_2S = PbS\downarrow(\text{黑色}) + 2HAc$$

(2) $S_2O_3^{2-}$ 的鉴定

在试管中滴加0.5 mol·L^{-1} $Na_2S_2O_3$溶液和2 mol·L^{-1} HCl溶液各2滴,观察溶液由于硫的析出而发生的变化。反应式为:

$$S_2O_3^{2-} + H^+ = S\downarrow + HSO_3^-$$

(3) SO_4^{2-}的鉴定

在试管中加入0.1 mol·L^{-1} H_2SO_4溶液和0.1 mol·L^{-1} $BaCl_2$溶液各2滴,可观察到有白色$BaSO_4$沉淀的生成。在沉淀上加2 mol·L^{-1} HCl溶液数滴,沉淀不溶。

(4) SO_3^{2-} 的鉴定

在试管中滴加0.1 mol·L^{-1} Na_2SO_3溶液和0.1 mol·L^{-1} $BaCl_2$溶液各2滴,可观察到有白色的$BaSO_3$沉淀生成。再加入2 mol·L^{-1} HCl溶液数滴,观察沉淀是否溶解。写出反应式。

$BaSO_3$沉淀溶解于酸,用此法可区分SO_3^{2-} 和SO_4^{2-} 。

(5) SCN^-的鉴定

在试管中滴加0.5 mol·L^{-1} KSCN溶液和6 mol·L^{-1} HAc溶液各2滴,再滴加0.1 mol·L^{-1} $Fe(NO_3)_3$溶液1滴,观察溶液现象。写出反应式。

(6) Cl^-的鉴定

在试管中滴加0.1 mol·L^{-1} KCl溶液2滴,再加入2 mol·L^{-1} HNO_3溶液1滴和0.1 mol·L^{-1} $AgNO_3$溶液2滴,可观察到有白色的AgCl沉淀生成。然后加入2 mol·L^{-1}氨水2滴,观察沉淀是否溶解。写出反应式。

(7) Br^-的鉴定

a. $AgNO_3$试法

在试管中滴加0.1 mol·L^{-1} KBr溶液2滴,再加入2 mol·L^{-1} HNO_3溶液1滴和0.1 mol·L^{-1} $AgNO_3$溶液2滴,可观察到有淡黄色的AgBr沉淀生成。然后加入2 mol·L^{-1}氨水2滴,观察AgBr沉淀是否全部溶解。写出反应式。

b. 氯水试法

在试管中滴加0.1 mol·L^{-1} KBr溶液5滴,用1 mol·L^{-1} H_2SO_4溶液酸化,加苯数滴,然后再加入饱和氯水1~2滴,振荡,观察苯层中颜色的变化。写出反应式并解释之。

(8) I^-的鉴定

a. $AgNO_3$ 试法

在试管中滴加 0.1 $mol\cdot L^{-1}$ KI 溶液 2 滴，再加入 2 $mol\cdot L^{-1}$ HNO_3 溶液 1 滴和 0.1 $mol\cdot L^{-1}$ $AgNO_3$ 溶液 2 滴，可观察到有黄色的 AgI 沉淀生成。加入 2 $mol\cdot L^{-1}$ 氨水 2 滴，观察 AgI 沉淀是否溶解。写出反应式。

b. 氯水试法

在试管中滴加 0.1 $mol\cdot L^{-1}$ KI 溶液 5 滴，用 1 $mol\cdot L^{-1}$ H_2SO_4 溶液酸化，加苯数滴，然后再加入饱和氯水 1～2 滴，振荡，观察苯层中颜色的变化。写出反应式并解释之。

(9) NO_2^- 的鉴定

在小试管中加入 0.5 $mol\cdot L^{-1}$ $NaNO_2$ 溶液 2 滴和浓 H_2SO_4 10 滴，混匀振荡，冷却至室温。然后沿壁缓慢加入饱和 $FeSO_4$ 溶液数滴，观察两液面接界处产生的棕色环，反应式为

$$Fe^{2+} + NO_2^- + 2H^+ \longrightarrow Fe^{3+} + NO + H_2O$$

$$Fe^{2+} + nNO \longrightarrow Fe(NO)_n^{2+}$$

$Fe(NO)_n^{2+}$ 不稳定，加热即分解，放出 NO，棕色环消失。

(10) NO_3^- 的鉴定

以 0.5 $mol\cdot L^{-1}$ $NaNO_3$ 溶液代替 NO_2^- 溶液，按照鉴定 NO_2^- 的同样操作，亦可观察到有棕色环产生。

以冰醋酸代替 H_2SO_4 进行上述试验，NO_2^- 仍能生成棕色环，而 NO_3^- 无棕色环生成，此即 NO_2^- 与 NO_3^- 的区别。

(11) PO_4^{3-} 的鉴定

在离心试管中加入 6 $mol\cdot L^{-1}$ HNO_3 溶液 2 滴，再加入 0.5 $mol\cdot L^{-1}$ Na_2HPO_4 溶液 2 滴和 1 $mol\cdot L^{-1}$ $(NH_4)_2MoO_4$ 溶液 1 mL，充分搅拌，生成黄色的磷钼酸铵 $(NH_4)_3PO_4\cdot 12MoO_2$ 沉淀。在溶液较稀时，反应较慢，可将试管置于沸水浴上加热数分钟以促使沉淀的生成。

(12) CO_3^{2-} 的鉴定

在试管中加入饱和 Na_2CO_3 溶液 6 滴，加入 2 $mol\cdot L^{-1}$ HCl 溶液 6 滴，立即用铂丝蘸取 1 滴澄清的石灰水放在管口，由于 CO_2 逸出，石灰水变混浊。

2. 阳离子的鉴定

(1) NH_4^+ 的鉴定

a. 气室法

在一块表面皿上加 0.5 $mol\cdot L^{-1}$ NH_4NO_3 溶液 1 滴和 2 $mol\cdot L^{-1}$ NaOH 溶液 2 滴，在另一表面皿的凹面处贴一片湿润的红色石蕊试纸，合放在滴有溶液的表面皿上，置于水浴上加热，观察试纸的颜色变化。写出反应式。

b. 萘氏试剂(K_2HgI_4 的 NaOH 溶液)法

在点滴板上加入 0.5 $mol\cdot L^{-1}$ NH_4NO_3 溶液和萘氏试剂各 1 滴，立即生成红棕色的沉淀。反应式为

$$NH_4^+ + 2HgI_4^{2-} + 4OH^- \longrightarrow O(\mu\text{-}Hg)_2NH_2I\downarrow + 7I^- + 3H_2O$$

(2) K^+ 的鉴定

a. 显微结晶反应

在载玻片上分别滴加 K^+ 溶液和 $Na_2Pb[Cu(NO_2)_6]$ 试剂各 1 滴,用玻棒引之使接触,放置片刻,用显微镜观察生成的 $K_2Pb[Cu(NO_2)_6]$ 晶体形状,如图Ⅲ.15.1。

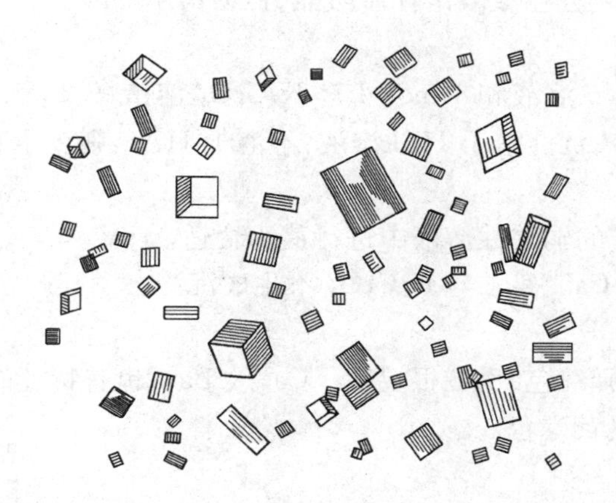

图Ⅲ.15.1 $K_2Pb[Cu(NO_2)_6]$的晶体

反应式为:

$$2K^+ + Pb^{2+} + [Cu(NO_2)_6]^{4-} \longrightarrow K_2Pb[Cu(NO_2)_6]$$

注意反应适宜于在中性溶液中进行。NH_4^+ 干扰反应。

b. 焰色反应(附注 1)

钾盐的火焰颜色为特征的紫色,为便于观察,可用钴玻璃(蓝色)滤去钠盐的黄光。

(3) Na^+ 的鉴定

a. 结晶反应

在试管中加入 Na^+ 溶液和饱和六羟基锑(Ⅴ)酸钾 $KSb(OH)_6$ 溶液各 0.5 mL,观察白色结晶状沉淀的产生。如无沉淀产生,可以用玻棒摩擦试管内壁,放置片刻,反应式为:

$$Na^+ + KSb(OH)_6 \longrightarrow NaH_2SbO_4\downarrow + K^+ + 2H_2O$$

b. 焰色反应

钠盐的火焰颜色呈黄色,反应十分灵敏。

(4) Mg^{2+} 的鉴定

在点滴板上加入 Mg^{2+} 溶液和 6 mol·L^{-1} NaOH 溶液各 2 滴,即有白色絮状沉淀产生。再加入镁试剂 1 滴,用玻棒搅拌,蓝色沉淀产生。

注意:

1) 在碱性溶液中试剂与 $Mg(OH)_2$ 生成蓝色吸附沉淀,若碱度不足则呈黄色。

2) 溶液中如有过量铵盐会妨碍氢氧化镁沉淀,影响镁离子的鉴定。

(5) Ca^{2+} 的鉴定

在离心试管中加入 Ca^{2+} 溶液 0.5 mL,再加入 $(NH_4)_2C_2O_4$ 饱和溶液 10 滴,混合后略加热,即生成白色 $CaC_2O_4 \cdot H_2O$ 沉淀。离心分离,弃去清液,沉淀不溶于 6 mol·L^{-1} HAc 溶液而溶于 2 $mol \cdot L^{-1}$ HCl 溶液，则表示有 Ca^{2+} 存在。

注意：

1) 反应需在弱碱性、中性或弱酸性溶液中进行。

2) Ba^{2+}、Sr^{2+} 与试剂亦生成难溶性草酸盐，但易溶于醋酸。

(6) Ba^{2+} 的鉴定

在小试管中加入 Ba^{2+} 溶液和 1 $mol \cdot L^{-1}$ K_2CrO_4 溶液各 2 滴，即生成黄色 $BaCrO_4$ 沉淀。离心分离，弃去清液，沉淀溶于 HCl 溶液，不溶于 HAc，则表示有 Ba^{2+} 存在。

注意：

1) 反应在 pH 3～5 的弱酸性溶液中进行最为合适。

2) 在此酸度 Sr^{2+}、Ca^{2+} 离子与 K_2CrO_4 不生成沉淀。

(7) Sr^{2+} 的鉴定

锶盐的火焰颜色呈猩红色，反应很灵敏。Ca^{2+}、Ba^{2+} 也有特征的焰色反应，Ca^{2+} 的焰色是砖红色，Ba^{2+} 的焰色呈黄绿色。

(8) Al^{3+} 的鉴定

在小试管中加入 Al^{3+} 溶液 2 滴及 2 $mol \cdot L^{-1}$ HAc 溶液 4 滴，再加入铝试剂(附注 1)4 滴，置于水浴中加热后，滴加 2 $mol \cdot L^{-1}$ 氨水至溶液对石蕊呈碱性，再加入 2 $mol \cdot L^{-1}$ $(NH_4)_2CO_3$ 溶液 3 滴，即生成鲜红色沉淀。若 Al^{3+} 的含量很少，溶液呈红色，无沉淀。

注意：

1) 反应需在弱碱性溶液中进行。

2) Ca^{2+}、Fe^{3+} 离子干扰 Al^{3+} 的鉴定。

(9) Sn^{2+} 的鉴定

在小试管中加入 0.2 $mol \cdot L^{-1}$ $HgCl_2$ 溶液和 Sn^{2+} 溶液各 2 滴，即生成白色 Hg_2Cl_2 沉淀，随后逐渐变成灰色，最后变为黑色，反应式为：

$$2Hg^{2+} + 2Cl^- + Sn^{2+} = Hg_2Cl_2 + Sn^{4+}$$

$$Hg_2Cl_2 + Sn^{2+} = 2Hg\downarrow + Sn^{4+} + 2Cl^-$$

(10) Pb^{2+} 的鉴定

在小试管中加入 Pb^{2+} 溶液 5 滴和 1 $mol \cdot L^{-1}$ K_2CrO_4 溶液 2 滴，即生成黄色 $PbCrO_4$ 沉淀。沉淀溶于 NaOH 溶液和 HNO_3 溶液，不溶于 HAc。反应式为：

$$Pb^{2+} + CrO_4^{2-} \longrightarrow PbCrO_4\downarrow$$

(11) Sb^{3+} 的鉴定

在小试管中加入 Sb^{3+} 溶液 5 滴和浓盐酸 3 滴，再加入亚硝酸钠数粒，将 Sb^{3+} 氧化成 Sb(Ⅴ)。当反应至无气体放出时，加苯数滴及罗丹明 B 溶液 2 滴，振荡，静置，可观察到苯层显紫色。

(12) Bi^{3+} 的鉴定

在点滴板上加入 0.5 $mol \cdot L^{-1}$ $SnCl_2$ 溶液 1 滴及 6 $mol \cdot L^{-1}$ NaOH 溶液 2 滴，即生成 $Sn(OH)_2$ 沉淀，并进一步溶于过量的碱中，生成 Na_2SnO_2。然后加入 Bi^{3+} 溶液 1 滴，立即生成黑色沉淀，反应式为：

$$3Na_2SnO_2 + 2Bi(OH)_3 \longrightarrow 3Na_2SnO_3 + 2Bi\downarrow + 3H_2O$$

(13) Cu^{2+}的鉴定

在点滴板上加入Cu^{2+}溶液及0.5 mol·L^{-1} $K_4[Fe(CN)_6]$溶液各1滴,搅拌,即产生红棕色$Cu_2[Fe(CN)_6]$沉淀。

注意:反应需要在中性或弱酸性溶液中进行。

(14) Ni^{2+}的鉴定

在点滴板上加入Ni^{2+}溶液及2 mol·L^{-1}氨水各1滴,然后加入丁二酮肟(附注2)试剂1滴,即生成鲜红色沉淀。

(15) Zn^{2+}的鉴定

在载玻片上滴加Zn^{2+}溶液和6 mol·L^{-1} HAc溶液各1滴,再加入$(NH_4)_2[Hg(SCN)_4]$试剂1滴,即生成特征形状的$Zn[Hg(SCN)_4]$晶体。从显微镜下看到特征晶体如图Ⅲ.15.2。

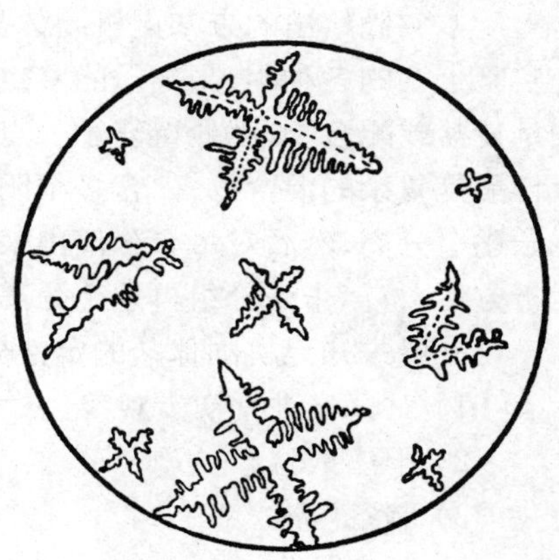

图Ⅲ.15.2 $Zn[Hg(SCN)_4]$的晶体

(16) Fe^{3+}的鉴定

在点滴板上加入Fe^{3+}溶液和0.25 mol·L^{-1} $K_4Fe(CN)_6$溶液各1滴,即生成蓝色沉淀。

注意:

1) 反应需在酸性溶液中进行。

2) Fe^{3+}也可用KSCN试剂鉴定。

三 附注

1. 铝试剂(Aluminon)又名玫红三羧酸铵,分子式为$C_{22}H_{23}N_3O_9$,棕红色粉末,易溶于水。在氨存在下与铝、铬、锂离子反应生成红色沉淀,用以鉴定铝离子。

2. 丁二酮肟(Butanedionedioxime)即丁二肟,又名二甲基乙二醛肟,分子式为$C_4H_8N_2O_2$,白色晶体。难溶于水,溶于乙醇、乙醚、丙酮等。丁二酮肟与Ni^{2+}生成鲜红色沉淀,且干扰很少,是鉴定Ni^{2+}的选择性试剂。

3. 参见化学实验基础知识中p.40半微量定性分析的有关内容。

实验十六 未知无机固体盐的鉴定

确定一个未知固体盐的组成，通常可以运用所学的元素和化合物的基本性质，以及学过的常见阴、阳离子的鉴定方法进行鉴定和鉴别。

本实验给出的未知无机固体盐都是由单一的阳离子和单一的阴离子组成的，可以运用实验十五的各种阴、阳离子的鉴定反应，将阴、阳离子从试样中各自检出。如果所给的样品是复盐或配合物，就显得复杂一点，但仍可以用个别检出法对阴、阳离子作鉴定。假如给的样品是复杂的混合物，内含多个阳离子或阴离子，那阳离子的检出就更复杂，必须先将阳离子逐个分离，然后对每个分离出来的阳离子用特征反应予以检出。有时还不得不用系统分析方法，将离子先分组再逐个分离并鉴定。

一般未知无机固体盐的定性分析，通常可以按下列步骤进行。

1）对试样进行初步观察。

2）干法试验。

3）制备溶液。

4）阴离子分析。

5）阳离子分析。

一 实验用品

参照实验十五。

二 实验内容

1. 对试样进行初步观察

观察未知无机固体盐的颜色包括光泽(附注 1)和形状(结晶形状、颗粒大小等)，必要时可以用放大镜或置于显微镜下观察。记录观察结果。

2. 干法试验

干法试验主要包括灼烧、熔珠、焰色反应等试验。

(1) 灼烧试验

取试样约 0.1～0.3 g，置于干燥的硬质小试管中，在火上缓缓加热，观察试样颜色的变化及有无气体发生。若有气体发生，注意它的颜色和气味，并设法鉴定它是什么气体。如果试样在灼烧时会升华，根据升华物的颜色和形状初步推断可能存在的物质(附注 1)。

(2) 熔珠试验

将一根熔在玻棒中的铂丝，弯成一个小圈，直径约 2～3 mm。洗净铂丝，在煤气灯氧化焰中烧红后，蘸硼砂少许，置氧化焰中烧成透明无色的熔珠，再蘸取少量的固体试样于熔珠上，置于氧化焰中灼烧熔融，观察灼烧时的颜色和冷却后熔珠的颜色(附注 2)。

(3) 焰色试验

将试样先制备成溶液，用干净铂丝蘸取试液置于氧化焰中灼烧，观察焰色。也可将少量样品放在小试管中，加入浓盐酸湿润，再用铂丝蘸取少许用盐酸湿润的试样，置于氧化焰中灼烧，观察焰色(附注 3)。

通过熔珠、焰色反应等试验，对某些典型的试样，可以作出初步判断，但对某些非典型的试样，只能提供一些旁证。要确证未知无机固体盐所含的阴、阳离子，必须用特征反应来鉴定。

3. 制备溶液

称取未知无机固体盐 1 g 于小烧杯中，加入去离子水 10～20 mL，搅拌，观察溶解性以及所得溶液的颜色(附注 4)，试验溶液的酸碱性。如有水解产物，观察水解产物的颜色和形状。

若不溶于水，可用盐酸，硝酸试验其溶解性，记录加入的阴离子；若溶于水，则可直接配制。有时需要将未知试样分别配制阴离子与阳离子的分析试液。阴离子试液一般制成中性或微碱性溶液。

根据试验结果，制备分析试液。

4. 阴离子的鉴定

取制备好的分析试液，按下列步骤做性质检验，可初步判断哪些阴离子可能存在，那些阴离子不存在。在大多数情况下，阴离子共存时，彼此不妨碍鉴定，采用个别检出方法即可。有时可能遇到离子间的相互干扰，但总可以用两个或多个反应进行判别，予以鉴定。

1) 取未知样的水溶液，试验酸碱性。若溶液呈强酸性，则易被酸分解的阴离子 CO_3^{2-}、NO_2^-、$S_2O_3^{2-}$ 等不可能存在。如果溶液酸性不强，或呈中性、弱碱性，则在试液中加入稀 H_2SO_4 或稀 HCl，如果有气体产生，则可能有 CO_3^{2-}、SO_3^{2-}、$S_2O_3^{2-}$、S^{2-}、NO_2^- 等阴离子，根据产生的气体的气味、颜色，设计相关的化学反应，判断可能存在的阴离子。

2) 在中性或弱碱性试液中，加入 $BaCl_2$ 溶液，如果有沉淀产生，则可能有 SO_4^{2-}、SO_3^{2-}、$S_2O_3^{2-}$、CO_3^{2-}、PO_4^{3-} 等阴离子。

3) 在试液中加入 $AgNO_3$，有沉淀产生，加入稀 HNO_3，沉淀不溶解，可能有 Cl^-、Br^-、I^-、S^{2-}、$S_2O_3^{2-}$ 等阴离子。

4) 在酸化的试液中加入 KI 溶液和 CCl_4，振荡后 CCl_4 层呈紫色，则可能有 NO_2^- 等氧化性阴离子存在。同样，在酸化的试液中加入 $KMnO_4$ 溶液，若紫色褪去，则可能存在 S^{2-}、SO_3^{2-}、$S_2O_3^{2-}$、Br^-、I^-、NO_2^- 等阴离子。

经初步试验，对试液中可能存在的阴离子作出判断，并按各阴离子的特征反应对试液中所存在的阴离子进行鉴定。

5. 阳离子的鉴定

取制备好的分析试液，先做若干初步试验。

1) 用气室法先检验是否有 NH_4^+。

2) 取几滴试液置于离心试管中，加入 6 mol·L^{-1} HCl 溶液 2～3 滴，如有沉淀产生，可能有 Ag^+、Hg_2^{2+}、Pb^{2+}，根据沉淀是否溶于氨水、浓 HNO_3、热水或 NaOH 溶液中，进一步判断具体存在的离子。

如果原试液中有水解产物存在，加入浓盐酸后，沉淀会溶解，则可能存在 Sn^{2+}、Sn(Ⅳ)、As(Ⅲ)、Sb(Ⅲ)、Sb(Ⅴ)等元素或离子的化合物。例如：

$$SnCl_2 + 2HCl = H_2[SnCl_4]$$

$$SnCl_4 + 2HCl = H_2[SnCl_6]$$

$$AsCl_3 + 3HCl = H_3[AsCl_6]$$

$$SbCl_3 + 3HCl = H_3[SbCl_6]$$

$$BiCl_3 + 2HCl = H_2[BiCl_5]$$

3) 在少量试液中加入 6 mol·L^{-1} H_2SO_4 溶液数滴,如有沉淀生成,则可能存在 Ba^{2+}、Sr^{2+}、Ca^{2+}、Pb^{2+}、Ag^+,因为这些离子的硫酸盐都是白色沉淀,其中 $PbSO_4$ 能溶解于 NaOH、NH_4Ac(饱和)溶液,Ag_2SO_4 溶解度较大,在热水中有一定溶解度。

4) 在少量试液中加入$(NH_4)_2CO_3$ 溶液数滴,观察反应现象。

Ba^{2+}、Sr^{2+}、Ca^{2+}与$(NH_4)_2CO_3$ 生成 $BaCO_3$、$CaCO_3$、$SrCO_3$ 白色沉淀。

Hg^{2+}、Mg^{2+}、Pb^{2+}、Bi^{3+}、Ni^{2+}、Co^{2+}、Zn^{2+}、Cd^{2+}与$(NH_4)_2CO_3$ 生成白色的碱式碳酸盐沉淀,例如:$Zn_2(OH)_2CO_3$、$Hg_2(OH)_2CO_3$ 等等。

Cu^{2+}生成蓝色的 $Cu_2(OH)_2CO_3$ 沉淀。

Al^{3+}、Sn^{2+}、Sb^{3+}与$(NH_4)_2CO_3$ 生成白色的氢氧化物沉淀。

其中 $BaCO_3$、$SrCO_3$、$CaCO_3$ 可溶解于盐酸。Cu^{2+}、Ag^+、Zn^{2+}、Cd^{2+}、Ni^{2+}、Co^{2+}的碳酸盐或碱式碳酸盐可溶解于氨水中,生成 $Ag(NH_3)_2^+$、$Zn(NH_3)_4^{2+}$ 等。

5) 取少量试液,在不同条件下,加入硫代乙酰胺溶液数滴,观察反应现象。

Ag^+		$AgS\downarrow$(黑)
Cu^{2+}		$CuS\downarrow$(黑)
Pb^{2+}		$PbS\downarrow$(黑)
Cd^{2+}	HCl条件下	$CdS\downarrow$(黄)
Hg^{2+}	$\xrightarrow{\text{加硫代乙酰胺}}$	$HgS\downarrow$(黑)
Sn(Ⅱ)		$SnS\downarrow$(棕)
Sn(Ⅳ)		$SnS_2\downarrow$(黄)
Sb(Ⅲ)		$Sb_2S_3\downarrow$(棕)

又如:

Co^{2+}		$CoS\downarrow$(黑)
Ni^{2+}		$NiS\downarrow$(黑)
Fe^{2+}		$FeS\downarrow$(黑)
Mn^{2+}	NH_3+NH_4Cl条件下	$MnS\downarrow$(浅粉红)
Zn^{2+}	$\xrightarrow{\text{加硫代乙酰胺}}$	$ZnS\downarrow$(白)
Cr^{3+}		$Cr(OH)_3\downarrow$(灰绿)
Al^{3+}		$Al(OH)_3\downarrow$(白色胶状)

经初步试验,可以对试样溶液中可能存在的阳离子作出初步判断。然后按实验十五所做的阳离子特征反应对试液中所含的阳离子作出鉴定。

三　附注

1. 常见有色固体物质的颜色(见表Ⅲ.16.1)。

表Ⅲ.16.1 常见固体物质的颜色

颜色	物 质
紫色	高锰酸盐及某些铬盐(例如:$KMnO_4$、$Cr_2(SO_4)_3$、$CoCl_2 \cdot 2H_2O$等)
蓝色	铜盐、无水钴盐($CuSO_4 \cdot 5H_2O$、$CuCl_2 \cdot 2H_2O$、$CoCl_2$)
绿色	镍盐、某些铬盐及铜盐(Cr_2O_3、$Cr(OH)_3$、$Cr(SO_4)_3 \cdot 6H_2O$、NiO、$Ni_2(OH)_2CO_3$)
橙色	许多重铬酸盐、Sb_2S_3、Sb_2S_5等
黄色	许多铁盐、铬酸盐、碘化物(例如:$BaCrO_4$、$PbCrO_4$、PbI_2、AgI、$FeC_2O_4 \cdot 2H_2O$、As_2S_3、As_2S_5、SnS_2、CdS等)
粉红色	锰盐、水合钴盐等($CoCl_2 \cdot 6H_2O$、MnS等)
红色	HgS、Sb_2S_3、Fe_2O_3、HgO、Pb_3O_4、$Ag_2Cr_2O_7$、$(NH_4)_2Cr_2O_7$、HgI_2、$K_3Fe(CN)_6$、Cu_2O、CrO_3
棕色	Ag_2O、CdO、PbO_2、$FeCl_3 \cdot 6H_2O$、SnO等
黑色	Ag_2S、Hg_2S、HgS、PbS、CuS、FeS、CoS、NiS、CuO、NiO、Fe_3O_4、FeO、MnO_2

2. 硼砂熔珠试验及可能存在的离子(见表Ⅲ.16.2)。

表Ⅲ.16.2 硼砂熔珠试验及可能存在的离子

颜 色	可能存在的物质	
	热时	冷时
从黄到棕	Fe	Ni
	Cr	
绿	Cu	Cr
蓝	Co	Co
紫	Mn	Mn
	Ni	

3. 焰色反应与可能存在的阳离子(见表Ⅲ.16.3)。

表Ⅲ.16.3 焰色反应与可能存在的阳离子

颜 色	透过钴玻璃	可能存在的离子
红色	紫	Li^+
砖红	绿	Ca^{2+}
猩红	紫	Sr^{2+}
黄色	吸收	Na^+
黄绿		Ba^{2+}
绿		Cu^{2+}
蓝		Pb^{2+}、Cd^{2+}
紫	紫红	K^+

4. 水溶液中常见离子的颜色(见表Ⅲ.16.4)。

表Ⅲ.16.4 水溶液中常见离子的颜色

颜色	常见离子
无色	K^+、Na^+、NH_4^+、Mg^{2+}、Ca^{2+}、Sr^{2+}、Ba^{2+}、Al^{3+}、AlO_2^-、Sn^{2+}、SnO_2^{2-}、Zn^{2+}、ZnO_2^-、Cd^{2+}、Hg^{2+}、Hg_2^{2+}、Ag^+、Bi^{3+}、Pb^{2+}、PbO_2^{2-}、Sb^{3+}、SbO_2^-、SbO_4^{3-}、As^{3+}、AsO_2^-、AsO_4^{3-}、$B(OH)_4^-$、$C_2O_4^{2-}$、Ac^-、CO_3^{2-}、SiO_3^{2-}、NO_3^-、NO_2^-、PO_4^{3-}、SO_4^{2-}、S^{2-}、$S_2O_3^{2-}$、F^-、Cl^-、ClO_3^-、Br^-、BrO_3^-、I^-、SCN^-
蓝色	$[Cu(H_2O)_4]^{2+}$(浅)、$[Cu(NH_3)_4]^{2+}$(深)、$[Ni(NH_3)_6]^{2+}$、$[Co(SCN)_4]^{2-}$、$[Cr(H_2O)_6]^{2+}$
绿色	$[Ni(H_2O)_6]^{2+}$、$[Fe(H_2O)_6]^{2+}$、CrO_2^-、$[Cr(H_2O)_5Cl]^{2+}$
黄色	$[Cr(NH_3)_6]^{3+}$、CrO_4^{2+}、$[Fe(CN)_6]^{4-}$、$[Fe(CN)_6]^{3-}$(浅)、$[Fe(H_2O)_5OH]^{2+}$、$[Fe(H_2O)_4(OH)_2]^+$
橙色	$Cr_2O_7^{2-}$、$[Co(NH_3)_6]^{3+}$、$[Cr(NH_3)_4(H_2O)_2]^{3+}$、$[Cr(NH_3)_5H_2O]^{2+}$(浅)
粉红色	$[Mn(H_2O)_6]^{2+}$、$[Co(H_2O)_6]^{2+}$、$[Co(NH_3)_5(H_2O)]^{3+}$
紫色	MnO_4^-、$[CoCl(NH_3)_5]^{2+}$

实验十七 气体摩尔体积的测定

1摩尔理想气体在标准状况下(273 K, 101.3 kPa)占有的体积称为气体摩尔体积,其数值为22.41 L。一般气体如氧气、氮气和一氧化碳等,在常温下的行为与理想气体非常接近;而那些临界温度较高、常温下加压容易液化的气体,其行为则与理想气体偏差较大。

本实验测定氧气在标准状况下的摩尔体积。氧气由加热分解氯酸钾而制得,反应式为:

$$2KClO_3 \xrightarrow{MnO_2} 2KCl + 3O_2\uparrow$$

加热前后混合物的质量之差,即为氧气的质量。氧气在实验条件下所占的体积等于它所排开水的体积。由于氧气是在水面上收集的,所以在氧气中混有饱和水蒸气,计算时应予以扣除。从测得的氧气质量、体积及实验时的温度与压力,根据理想气体状态方程式和分压定律,可以计算氧气在标准状况下的摩尔体积。

$$V_0 = \frac{V}{1000} \times \frac{p - p_{H_2O}}{101.3} \times \frac{273.15}{t + 273.15} \times \frac{1}{n}$$

一 实验用品

$KClO_3$(固体)　　MnO_2(固体)

试管(连导管)　　气压计

量气装置一套(量气管,水准管,橡皮管)

二 实验内容

1. 取样

称取干燥的$KClO_3$固体1.5 g和MnO_2固体0.3 g,用玻棒轻轻压碎,混匀,转入一洁净干燥试管中,使之均匀地铺展成薄层。

2. 安装测定装置

按图Ⅲ.17.1所示,装配好测定装置。旋转量气管上方的三通活塞,使量气管与大气相通。往水准管内注入适量水,并将水准管上下移动,以除尽附着在橡皮管和量气管内壁的气泡。然后,将准备好的反应试管通过橡皮塞和导管连接到三通活塞口的橡皮管上,塞紧橡皮塞。连接时试管口略微向上倾斜,以免熔融的$KClO_3$流到橡皮塞处与之反应。

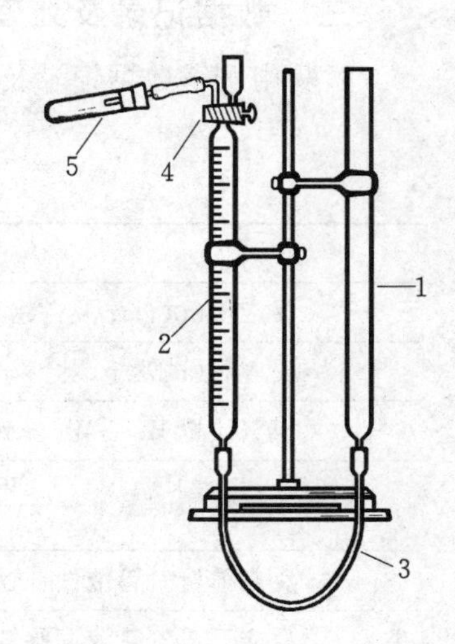

图Ⅲ.17.1 气体摩尔体积测定装置图

1. 水准管 2. 量气管 3. 橡皮管 4. 三通活塞 5. 试管

3. 系统检漏

将量气管通向大气,并提高水准管,使量气管内液面升至接近顶端刻度处。再旋转三通活塞,使量气管通向试管。然后将水准管向下移动,使两管内的液面高度保持较大差距。固定水准管位置,观察量气管内液面是否变化。若数分钟后液面高度保持不变,则表示系统不漏气,如果液面下降,则表示系统漏气。检查各接口处并调整,直至系统不漏气为止。

4. 驱除水分并练习控制 $KClO_3$ 分解速度

为进一步除去 $KClO_3$ 和 MnO_2 固体中的水分,用小火缓缓加热试管。先从试管上部开始,逐渐向下移动。由于 $KClO_3$ 受热分解放出氧气,量气管内的液面渐渐下降(注意:必须小心控制加热分解的速度,切勿使氧气发生过快)。为了避免系统内外压差太大,在量气管内液面下降时,水准管也应相应地向下移动,使两管内液面始终保持在近似同一水平面。当氧气产生约 50～60 mL 时,停止加热。

5. 称量

待反应试管冷却至室温后,取下试管,置于天平上准确称量,得 W_1。注意称量过程中要始终保持试管外壁洁净,不能用手直接触摸。

6. 测定

将称量后的试管再连接到装置上,调整量气管内液面保持在略低于顶端刻度的位置,检查测定装置。在确证系统不漏气后,将水准管与量气管的液面持平,记录量气管内液面的初读数 V_1。然后,小火加热试管(操作与前相同),使 $KClO_3$ 缓慢分解放出氧气。待氧气体积达到 60～70 mL 时,停止加热。待试管冷却至室温后,再次将水准管与量气管的液面持平,记录量气管内液面的终读数 V_2。取下试管,准确称量,得 W_2。

将称量后的试管再连接到装置上,重复测定一次。

记录室温及大气压。

三　数据记录及处理

实验中测得数据记录及处理见表Ⅲ.17.1。

表Ⅲ.17.1　气体摩尔体积的测定

室温________大气压力________

	第一次	第二次
反应前(试管＋混合物)质量 W_1/g		
反应后(试管＋混合物)质量 W_2/g		
氧气质量 $W = W_1 - W_2$		
氧气物质的量 $n = \frac{W}{32.00}$		
反应前量气管液面初读数 V_1/mL		
反应后量气管液面终读数 V_2/mL		
反应产生的氧气体积 $V = V_2 - V_1$		
温度 t/℃		
大气压力 p/kPa		

（续表）

	第一次	第二次
实验温度下水的饱和蒸汽压 p_{H_2O}/kPa		
标准状况下氧气的摩尔体积 $V_0=\frac{V}{1000}\times\frac{p-p_{H_2O}}{101.3}\times\frac{273.15}{t+273.15}\times\frac{1}{n}$		
摩尔体积平均值		
准确度 $\left(\frac{V_{测}-V_{理}}{V_{理}}\times 100\%\right)$		
误差产生的主要原因		

四 思考题

1. 简述气体摩尔体积测定的实验原理。

2. $KClO_3$ 受热分解时除主要产物 O_2 外，还可能有极少量的 Cl_2 等副产物，这对实验结果有何影响？

3. 为何试管内 $KClO_3$ 和 MnO_2 混合物要铺展成薄层？为何试管口要向上倾斜？

4. 读取量气管内液面高度时，需要注意哪几点？

5. 量气管内的气压是否就等于 O_2 的压力？为什么？

6. 如果在 25 ℃、101.3 kPa 下每测定一次约放出 O_2 90 mL，问：开始时所称取的 1.5 g $KClO_3$ 可供测定多少次？

7. 考虑下列情况对实验结果有何影响？

① 量气管没有洗净，排水后内壁上附有水珠。

② 读取液面位置 V_2 时，量气管和水准管中的液面不在同一水平。

③ 读数时未完全冷却，反应试管的温度还高于室温。

④ 第一次称量前，$KClO_3$ 和 MnO_2 中的水分未除尽。

8. 利用本实验装置和操作还可以测定哪些物理常数？写出简单的原理和计算方法及需要测量的数据。

实验十八 反应速率和速率常数的测定

化学反应不仅有能否发生的问题,而且还有发生快慢的问题。如:铁置于空气中会慢慢生锈,若有酸存在,生锈的速率会加快。在生产和科研中,经常通过反应速率的测定来研究反应物性质、浓度、温度及催化剂等对反应的影响。

测定反应速率的方法很多,可以直接分析反应物或产物浓度的变化,也可以利用反应前后颜色的变化及导电性的改变等来测定。概括地说,任何性质只要它与反应物或产物的浓度有函数关系,便可用来测定反应速率。但是对于反应速率很高的反应,如在 10^{-1} s 以下的反应,其速率的测定需用特殊方法。

反应速率可分为瞬时速率 v 和平均速率 $\bar{v}$。

在某个瞬时时刻 dt,反应物或产物的浓度发生变化 dc,则:$v=-\dfrac{\mathrm{d}c_{反}}{\mathrm{d}t}=\dfrac{\mathrm{d}c_{产}}{\mathrm{d}t}$。

在一段时间间隔 Δt 内反应物或产物的浓度发生变化 Δc,则:$\bar{v}=-\dfrac{\Delta c_{反}}{\Delta t}=\dfrac{\mathrm{d}c_{产}}{\Delta t}$;

实验测定的反应速率往往都是反应的平均速率 $\bar{v}$。

本实验测定过硫酸铵 $(NH_4)_2S_2O_8$ 和 KI 的反应的平均速率,是利用一个计时反应测得反应物 $S_2O_8^{2-}$ 的浓度变化来确定的。

在水溶液中,过硫酸铵 $(NH_4)_2S_2O_8$ 和 KI 可发生如下反应:

$$S_2O_8^{2-}+3I^- \longrightarrow 2SO_4^{2-}+I_3^- \qquad (Ⅲ.18.1)$$

根据速率方程,该反应的平均速率 $\bar{v}$ 可表示为:

$$\bar{v}=\left|\frac{\Delta[S_2O_8^{2-}]}{\Delta t}\right|=k[S_2O_8^{2-}]^m\cdot[I^-]^n$$

式中 $\Delta[S_2O_8^{2-}]$为 Δt 时间内 $S_2O_8^{2-}$ 的浓度变化,$[S_2O_8^{2-}]$和$[I^-]$分别为 $S_2O_8^{2-}$ 和 I^- 的起始浓度,k 为反应速率常数,m、n 为反应级数。

为了能测出反应在 Δt 时间内 $S_2O_8^{2-}$ 浓度的改变值,在混合$(NH_4)_2S_2O_8$ 和 KI 溶液时,同时加入一定体积已知浓度的 $Na_2S_2O_3$ 溶液和一定体积的淀粉指示剂,这样在反应(Ⅲ.18.1)进行的同时,也进行着如下反应:

$$2S_2O_3^{2-}+I_3^- \longrightarrow S_4O_6^{2-}+3I^- \qquad (Ⅲ.18.2)$$

由于反应(Ⅲ.18.2)的速率比反应(Ⅲ.18.1)的速率快得多,因此由反应(Ⅲ.18.1)生成的 I_3^- 会立即与 $S_2O_3^{2-}$ 反应,生成无色的 $S_4O_6^{2-}$ 和 I^-。在反应开始的一段时间内看不到 I_3^- 与淀粉显示的蓝色。但当 $Na_2S_2O_3$ 耗尽时,由反应(Ⅲ.18.1)继续生成的微量 I_3^- 就很快与淀粉作用显示蓝色。

从反应(Ⅲ.18.1)和反应(Ⅲ.18.2)可以看出,$S_2O_8^{2-}$ 浓度的减少量为 $S_2O_3^{2-}$ 浓度减少

量的一半,即

$$\Delta[S_2O_8^{2-}]=\frac{\Delta[S_2O_3^{2-}]}{2}$$

记录从反应开始到溶液出现蓝色所需的时间 Δt。由于在 Δt 内 $S_2O_3^{2-}$ 离子全部耗尽,所以 $\Delta[S_2O_3^{2-}]$实际上为 $Na_2S_2O_3$ 的起始浓度。因此可根据 Δt 和$[S_2O_3^{2-}]$计算出反应速率:

$$\bar{v}=\left|\frac{\Delta[S_2O_8^{2-}]}{\Delta t}\right|=\left|\frac{\Delta[S_2O_3^{2-}]}{2\Delta t}\right|$$

若固定 $S_2O_8^{2-}$ 的浓度,改变 I^- 浓度,根据下式:

$$\bar{v}=\left|\frac{\Delta[S_2O_3^{2-}]}{2\Delta t}\right|=k[S_2O_8^{2-}]^m\cdot[I^-]^n$$

比较不同浓度 I^- 时的反应时间 Δt,即可求得 n。同理,固定 I^- 离子的浓度,比较不同浓度 $S_2O_8^{2-}$ 的反应时间 Δt,则可求得 m。

根据 Arrhenius 公式可知,反应速率常数与反应温度有如下关系:

$$\lg k=-\frac{E_a}{2.303RT}+C$$

式中 E_a 为反应活化能,R 为摩尔气体常数($8.31\ J\cdot mol^{-1}\cdot K^{-1}$),$C$ 为给定反应的特征常数。因此只要测得不同温度时的 k 值,再以 $\lg k$ 对 $1/T$ 作图,得一直线,则有:

$$斜率=-\frac{E_a}{2.303R}$$

由上式可求得反应的活化能 E_a 。

一 实验用品

$(NH_4)_2S_2O_8$(0.20 mol·L^{-1})
$Na_2S_2O_3$(0.010 mol·L^{-1})
KNO_3(0.20 mol·L^{-1})
$(NH_4)_2SO_4$(0.20 mol·L^{-1})
秒表
KI(0.20 mol·L^{-1})
淀粉(0.2%水溶液)
$Cu(NO_3)_2$(0.02 mol·L^{-1})
磁力搅拌器

二 实验内容

1. 浓度对反应速率的影响及反应级数的测定

在室温下,取 3 个量筒分别量取 0.20 mol·L^{-1} KI 溶液 10 mL、0.2%淀粉溶液 1 mL 和 0.010 mol·L^{-1} $Na_2S_2O_3$ 溶液 4 mL,置于 50 mL 烧杯中,调节磁力搅拌器的搅拌速度(附注 1),搅拌混匀。然后,再用另一量筒量取 0.20 mol·L^{-1} $(NH_4)_2S_2O_8$ 溶液 10 mL,迅速加到烧杯中,同时按下秒表,当溶液出现蓝色时,立即停止计时。记录时间和温度。

用同样的方法,按表Ⅲ.18.1 所列试剂用量进行实验编号 2~5 的实验。为了使每次实验中离子强度和总体积保持一致,减少的 KI 或 $(NH_4)_2S_2O_8$ 的用量可分别用 0.20 mol·L^{-1} KNO_3 溶液和 0.20 mol·L^{-1} $(NH_4)_2SO_4$ 溶液补足。各次的实验条件(如温度、搅拌速度等)

应尽量一致。

表Ⅲ.18.1　浓度、温度和催化剂对化学反应速率的影响

室温(T)________℃

实验编号		1	2	3	4	5	6	7	8	9
反应温度/K		T_1	T_1	T_1	T_1	T_1	T_2	T_3	T_4	T_1
试剂用量/mL	KI 0.20 mol·L^{-1}	10	10	10	5	2.5	5	5	5	5
	$Na_2S_2O_3$ 0.010 mol·L^{-1}	4	4	4	4	4	4	4	4	4
	0.2%淀粉溶液	1	1	1	1	1	1	1	1	1
	KNO_3 0.20 mol·L^{-1}	/	/	/	5	7.5	5	5	5	5
	$(NH_4)_2SO_4$ 0.20 mol·L^{-1}	/	5	7.5	/	/	/	/	/	/
	$(NH_4)_2S_2O_8$ 0.20 mol·L^{-1}	10	5	2.5	10	10	10	10	10	10
	$Cu(NO_3)_2$ 0.02 mol·L^{-1}	/	/	/	/	/	/	/	/	1滴
起始浓度/mol·L^{-1}	KI溶液									
	$Na_2S_2O_3$ 溶液									
	$(NH_4)_2S_2O_8$ 溶液									
反应时间 Δt/s										
反应速率 $\bar{v}$										
lg $\bar{v}$										
速率常数 k										
反应级数 m										
反应级数 n										
活化能 E_a										
结论	浓度对反应速率的影响									
	温度对反应速率的影响									
	催化剂对反应速率的影响									

2. 温度对反应速率的影响及活化能的测定

按表Ⅲ.18.1中实验编号4的用量，把KI、$Na_2S_2O_3$、KNO_3和淀粉的混合溶液置于50 mL烧杯中，把$(NH_4)_2S_2O_8$溶液置于另一大试管中。把烧杯和试管同时放入水浴，待试液达到设定温度时(附注2)，将$(NH_4)_2S_2O_8$溶液迅速加到烧杯中并同时计时。保持水浴温度，均匀搅拌，待溶液出现蓝色时，停止计时，记录反应温度和时间。

改变不同的反应温度，重复上述实验。

3. 催化剂对反应速率的影响

催化剂如Cu^{2+}可以改变$(NH_4)_2S_2O_8$氧化KI的反应速率。

按表Ⅲ.18.1中实验编号4的用量，将KI、$Na_2S_2O_3$、KNO_3和淀粉的混合溶液置于50 mL烧杯中，加入1滴0.02 mol·L^{-1} $Cu(NO_3)_2$溶液，然后迅速加入$(NH_4)_2S_2O_8$溶液10 mL，并同时计时。均匀搅拌，当溶液刚刚出现蓝色时，停止计时，记录反应时间。

三 数据处理

1. 计算反应级数和速率常数

根据式 $\bar{v}=k[S_2O_8^{2-}]^m\cdot[I^-]^n$，将表中试样编号1和2(或1和3，2和3)的结果代入，可得

$$\frac{\bar{v}_1}{\bar{v}_2}=\frac{\Delta t_2}{\Delta t_1}=\frac{k[S_2O_8^{2-}]_1^m\cdot[I^-]_1^n}{k[S_2O_8^{2-}]_2^m\cdot[I^-]_2^n}$$

因为$[I^-]_1=[I^-]_2$，所以有：

$$\frac{\bar{v}_1}{\bar{v}_2}=\frac{\Delta t_2}{\Delta t_1}=\left[\frac{k[S_2O_8^{2-}]_1}{k[S_2O_8^{2-}]_2}\right]^m$$

即可求出 m(取最接近的整数)。

同理，将表Ⅲ.18.1中编号1和4(或1和5，4和5)的结果代入并整理，可得：

$$\frac{\bar{v}_1}{\bar{v}_4}=\frac{\Delta t_4}{\Delta t_1}=\left[\frac{[I^-]_1}{[I^-]_4}\right]^n$$

即可求出 n(取最接近的整数)。总反应级数为 $m+n$。

将求得的 m 和 n 值代入式 $\bar{v}=k[S_2O_8^{2-}]^m\cdot[I^-]^n$，可求得反应速率常数 k 值。

也可采用作图法求出 m 和 n 值，方法如下：用表中实验编号1，2，3的数据，以 $\lg\bar{v}$ 对 $\lg[S_2O_8^{2-}]$ 作图，可得一直线，斜率即为 m；用实验编号1，4，5的数据以 $\lg\bar{v}$ 对 $\lg[I^-]$ 作图，所得直线的斜率即为 n。

2. 活化能的计算

依据实验编号4、6、7、8的数据，以 $\lg k$ 为纵坐标、$1/T$ 为横坐标作图，可得一直线，直线斜率 $=-E_a/2.303R$，即可求得反应的活化能 E_a。

四 思考题

1. 实验中为什么可以根据反应溶液蓝色出现的时间来计算$(NH_4)_2S_2O_8$与KI的反应速率？溶液出现蓝色后，$(NH_4)_2S_2O_8$反应是否就终止了？

2. 本实验条件下，在反应溶液蓝色出现的时间内，消耗的$(NH_4)_2S_2O_8$浓度与$Na_2S_2O_3$溶液的浓度关系如何？

3. 为什么采用KNO_3溶液或$(NH_4)_2SO_4$溶液补足反应体系的体积？能否用水补充？

4. 下列情况对实验结果有何影响？

① 先加$(NH_4)_2S_2O_8$溶液，最后加KI溶液。

② 慢慢加入$(NH_4)_2S_2O_8$溶液。

③ $Na_2S_2O_3$溶液的用量过多或过少。

5. 对于反应 $S_2O_8^{2-}+3I^-=\!=\!=2SO_4^{2-}+I_3^-$，若是不用$S_2O_8^{2-}$而用$I^-$或$I_3^-$的浓度变化来表示反应速率，反应速率常数是否一样？

五 附注

1. 磁力搅拌器的搅拌速度不宜太快，以防容器内溶液溅出。整个实验过程中磁力搅拌

器的搅拌速度应保持一致。

2. 反应时温度过高(接近 35 ℃),体系不稳定,且反应进行很快,难以正确计时;温度太低(接近 0 ℃),则反应进行很慢,时间太长,也不适宜。一般根据实验时的室温,选择升高或降低 8～10 ℃的各点作为反应温度。

实验十九 浓硫酸稀释热的测定

稀释热是指一定温度和压力下，含 1 mol 溶质的溶液 A（含 n_1 mol 溶剂）稀释至溶液 B（含 n_2 mol 溶剂）时所产生的热效应，它与测定时的温度、压力以及溶液的初始浓度和最终浓度有关。浓硫酸有很强的吸水性，用水稀释时放出大量的热。本实验是在恒压下测定 98%硫酸的稀释热 $\Delta H_{稀}$。稀释反应在量热计中进行，量热计的主要部件是一个绝热较好的保温瓶，反应释放的热量几乎全部被量热计中的溶液及其他部件所吸收。由取用的硫酸量、稀释前后量热计的温度变化及量热计的热容量，即可计算硫酸的稀释热。

1. 量热计热容量的测定

量热计热容量又称为量热计常数 K，即量热计各部件（包括其中的水及溶液）热容量的总和，它的物理意义是使量热计温度升高 1 ℃所需的热量，可以通过向量热计输入已知的一定量的热量，然后测量体系温度的上升值来求算。常用的方法有化学标定法和电标定法，两者的差别在于输入热量的方法不同。前者是将已知反应热效应的标准样品放在量热计内进行反应；后者是用电加热法。本实验采用电加热法，即在量热计内装入电加热器，从通入电流的时间 t、电压 V 及电流强度 I，计算输入的热量 Q，并测得量热计温度上升值 ΔT，通过下式求得量热计常数 K。

$$K = Q/\Delta T = I \cdot V \cdot t/\Delta T$$

各量热计的常数 K 是不相同的。

2. 浓硫酸稀释热的测定及计算

取一定体积的 $a\%$硫酸，在量热计中与一定量的水反应，测量反应后量热计的温度上升值 ΔT，由 ΔT、量热计常数 K，以及硫酸的体积和密度等，可算得 1 mol 纯硫酸从浓度为 $a\%$稀释至另一浓度时的稀释热 $\Delta H_{稀}$，计算式如下：

$$\Delta H_{稀} = \frac{K \cdot \Delta T \cdot M_{H_2SO_4}}{W_{H_2SO_4}} = \frac{K \cdot \Delta T \cdot M_{H_2SO_4}}{V_{H_2SO_4} \cdot d_{H_2SO_4} \cdot a\%}$$

式中 $M_{H_2SO_4}$、$V_{H_2SO_4}$、$d_{H_2SO_4}$ 分别为硫酸的摩尔质量、体积和密度。

硫酸稀释热除了用实验方法测定外，也可以通过溶解热来计算。溶解热是指 1 mol 纯溶质溶于一定量的溶剂中所产生的热效应，它与溶解时的压力、温度及溶剂量有关。常温常压下 1 mol 纯硫酸在 x mol 水中的溶解热可由下列经验公式计算，即：

$$H_2SO_4 + xH_2O = H_2SO_4 \cdot xH_2O$$

$$\Delta H_{稀} = 17860x/(x + 1.789)$$

若分别算得 1 mol 纯硫酸在 x_1 mol 和 x_2 mol 水中的溶解热 ΔH_1 和 ΔH_2，即

$$H_2SO_4 + x_1H_2O = H_2SO_4 \cdot x_1H_2O \qquad \Delta H_1$$

$$H_2SO_4 + x_2H_2O = H_2SO_4 \cdot x_2H_2O \qquad \Delta H_2$$

根据盖斯定律，就可以计算从 $H_2SO_4 \cdot x_1 H_2O$ 稀释至 $H_2SO_4 \cdot x_2 H_2O$ 时的稀释热 $\Delta H_{稀}$ 为

$$\Delta H_{稀} = \Delta H_2 - \Delta H_1$$

一　实验用品

硫酸	移液管(10 mL)
量热计一套	量筒(500 mL)
交流电压表(0～50 V)	交流电流表(0～1 A)
调压变压器(0.2 kVA)	放大镜

二　实验内容

1. 装置量热计

如图Ⅲ.19.1所示，量热计由保温瓶及固定在保温瓶软木塞上的0.1 ℃刻度温度计、玻球管、电加热器和环状搅拌棒等组成。装置时要求温度计离瓶底约2.5～3 cm，环状搅拌器能上下自由搅动。

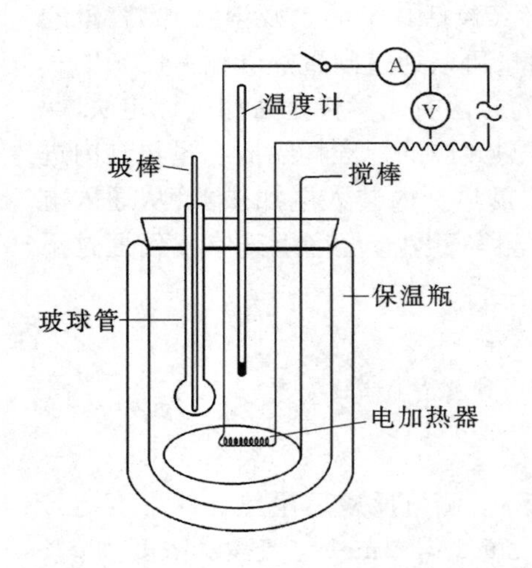

图Ⅲ.19.1　浓硫酸稀释热的测定装置

用移液管移取10 mL浓硫酸置于玻球管内。移入硫酸时，将玻璃管连同量热计一起略微倾斜，移液管管口紧贴管壁。由于浓硫酸黏度较大，故待硫酸流完后，移液管要继续停留20 s。然后，在玻璃管内插入一根玻棒。

2. 量热计热容量的测定

连接电加热器，暂勿接通电源。调节调压变压器，使电压表读数为35 V左右。

用量筒量取500 mL水置于量热计保温瓶内(注意:玻球管内硫酸的液面应低于水面)。在缓缓搅拌下每隔一分钟测量温度一次(读数时可借助放大镜)。待连续三次温度稳定不变后，接通电源，开始加热，记录电压表及电流表读数，并记下通电时间(精确至秒)。关闭电源，仍每隔一分钟测量温度一次，直至温度不再上升时为止。在测定过程中，搅拌速度应尽量保持恒定。测定完毕后，倒去量热计中的水，用水冷却量热计。

重复测定一次。

3. 浓硫酸稀释热的测定

在量热计中注入500 mL水，开始记录温度，在缓缓搅拌下每分钟测量温度一次，直至温度恒定。用玻棒将玻球管底部击破(小心，勿使玻棒触及保温瓶底部!)。继续搅拌并记录温度，直至温度上升至最高值为止。

拆除量热计。注意:应先将玻棒取出，然后打开软木塞，将酸液、碎玻片及玻球管弃于废液缸内，将量热计冲洗干净。

三　数据记录与处理

1. 实验中测得数据的记录与处理见表Ⅲ.19.1及表Ⅲ.19.2。

室温________大气压力________

表Ⅲ.19.1　量热计的热容量测定

	第一次	第二次
电压 V/V		
电流强度 I/A		
通电时间 t/s		
水的体积/mL		
通电前水温 T_1/℃		
通电后水温 T_2/℃		
水温上升值 ΔT/℃		
$Q = I \cdot V \cdot t$		
量热计常数 $K = \frac{Q}{\Delta T}$		
平均 K 值		

表Ⅲ.19.2　浓硫酸稀释热的测定

	第一次	第二次
水的体积 V_{H_2O}/mL		
浓硫酸的体积 $V_{H_2SO_4}$/mL		
浓硫酸密度 $d_{H_2SO_4}$/g·cm^{-3}		
浓硫酸百分浓度 $a\%$		
稀释前水温 T_1/℃		
通电稀释后水温 T_2/℃		
水温上升值 ΔT/℃		
$\Delta H_{稀} = \frac{K \cdot \Delta T \cdot M_{H_2SO_4}}{V_{H_2SO_4} \cdot d_{H_2SO_4} \cdot a\%}$		

2. 浓硫酸稀释热计算

稀释前含1 mol硫酸的溶液中溶剂为 x_1 mol

$$x_1(H_2O) = \frac{(100 - a\%)/M_{H_2O}}{a\%/M_{H_2SO_4}} = \frac{(100 - a)/18.0}{a/98.0}$$

稀释后含1 mol硫酸的溶液中溶剂为 x_2 mol

$$x_2(H_2O) = n_1 - \frac{500/18.0}{(V_{H_2SO_4} \cdot d_{H_2SO_4} \cdot a\%)/98.0}$$

1 mol 硫酸在 x_1 mol 水中的溶解热 $\Delta H_1 = 17860 \cdot \dfrac{x_1}{x_1 + 1.789}$

1 mol 硫酸在 x_2 mol 水中的溶解热 $\Delta H_2 = 17860 \cdot \dfrac{x_2}{x_2 + 1.789}$

浓硫酸稀释热 $\Delta H_{稀} = \Delta H_2 - \Delta H_1$

四　思考题

1. 为何各个量热计常数 K 不等？

2. 如果量热计玻球管内酸的液面高于水面，对测定结果有何影响？

3. 本实验在测定量热计常数 K 和稀释热 $\Delta H_{稀}$ 时，要求通电后或反应后量热计的温度不超出室温 2 ℃，为什么？

实验二十 稀溶液的依数性

在一定温度下,难挥发、非电解质的稀溶液的蒸气压下降、沸点升高、凝固点降低及渗透压等性质,与一定量溶剂中的溶质的粒子数成正比,而与溶质的本性无关。这些性质称为稀溶液的依数性。

一定温度下,非电解质的稀溶液的蒸气压下降 Δp 与溶液中溶质 A 的摩尔分数 x_A 成正比:$\Delta p = p_B^0 \cdot x_A$ 其中 p_B^0 为纯溶剂 B 的蒸气压。

溶液沸点上升 ΔT_b 和溶质 A 的质量摩尔浓度 m_A 成正比:$\Delta T_b = K_b \cdot m_A$, K_b 称为溶剂的摩尔沸点上升常数。

而一定温度下,溶液的渗透压 Π 与溶质 A 的浓度 c_A 成正比:$\Pi = c_A \cdot RT$。

纯溶剂的凝固点 T_f^0 是纯溶剂的液相和固相共存时的平衡温度,在此温度下,液相的蒸气压与固相的蒸气压相等。而溶液的凝固点 T_f 则是溶液和纯溶剂固相两相共存的平衡温度。溶液的凝固点低于纯溶剂就是由于溶液的蒸气压小于纯溶剂的蒸气压之故。凝固点的下降值 ΔT_f 近似地与溶液的质量摩尔浓度 m 成正比:

$$\Delta T_f = T_f^0 - T_f = K_f \cdot m$$

式中 K_f 为溶剂的摩尔凝固点降低常数,它是一个与溶剂特性有关的常数。

若取一定量溶质 W_1 和溶剂 W_2,配成稀溶液,则溶液的质量摩尔浓度为

$$m = \frac{W_1 \times 1000}{W_2 \times M}$$

式中 M 是溶质的摩尔质量。将上式代入 $\Delta T_f = K_f \cdot m$, 得:

$$M = \frac{K_f W_1}{\Delta T_f W_2} \times 1000$$

所以,只要测得溶剂和溶液的凝固点,并且已知溶剂的 K_f 值,即可求得溶质的摩尔质量。

将溶剂或溶液置于冷冻剂中缓慢冷却,观察体系温度随时间的变化,可获得它们的冷却曲线,见图Ⅲ.20.1。本实验中溶剂和溶液的凝固点就是通过冷却曲线来确定的。从纯溶剂的冷却曲线(图中曲线Ⅰ)可见,在凝固点以上时,体系温度随时间均匀下降;到达凝固点时,溶剂晶体开始析出,析出晶体所放出的热量(熔化热)可以补偿体系散失的热量,从而使体系的温度保持相对恒定,直至溶剂全部凝固后才会继续下降。冷却曲线中这段平台所示的温度即为该溶剂的凝固点 T_f^0。而溶液的冷却曲线(图中曲线Ⅲ)显示:凝固点以上时,溶液体系温度亦是均匀下降的;到达凝固点后,尽管体系散失的热量仍可由析出晶体所放出的热量来补偿,但由于溶剂晶体析出使溶液的浓度不断增大,凝固点亦随之不断下降,所以体系的温度并不保持在原溶液的凝固点处,而是逐步下降,只是下降的速度比没有溶剂晶体析出时减慢(因为熔化热的放出)。因而,溶液的冷却曲线在析出晶体时产生一个转折点,这就是溶

液的凝固点 T_f;待溶液中的溶剂完全凝固后,体系温度的下降速度又加快了。

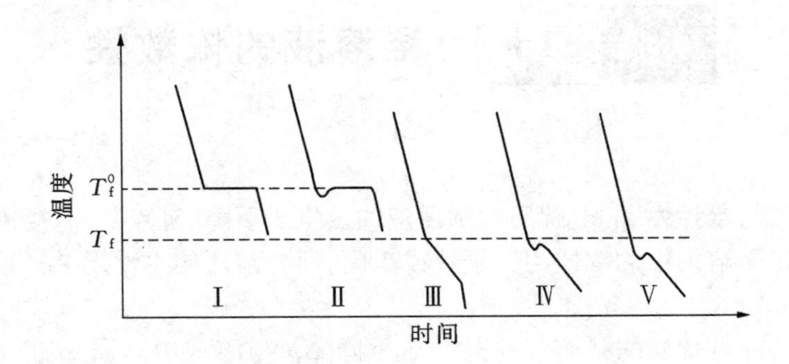

图Ⅲ.20.1 冷却曲线图

溶液在凝固点以下某一温度时才开始析出晶体,这种现象称为过冷。当过冷现象不太严重时,纯溶剂一旦析出晶体,放出的熔化热会使体系温度回升至凝固点 T_f^0,并在溶剂未完全凝固前维持不变,见图中曲线Ⅱ。而溶液的情况则不同,过冷之后,晶体的析出使溶液浓度增大,放出的热量只能使体系温度回升至浓度增大后的凝固点,见图中曲线Ⅳ。此时可以将温度回升的最高点近似看作原溶液的凝固点 T_f。但若溶液的过冷严重,则测得的凝固点偏低,如曲线Ⅴ。

一 实验用品

葡萄糖溶液(15.0%)	凝固点测定装置
蔗糖溶液(红色)	放大镜 1 块
食盐	0.1 ℃分度温度计(−30～20 ℃)1 支

二 实验内容

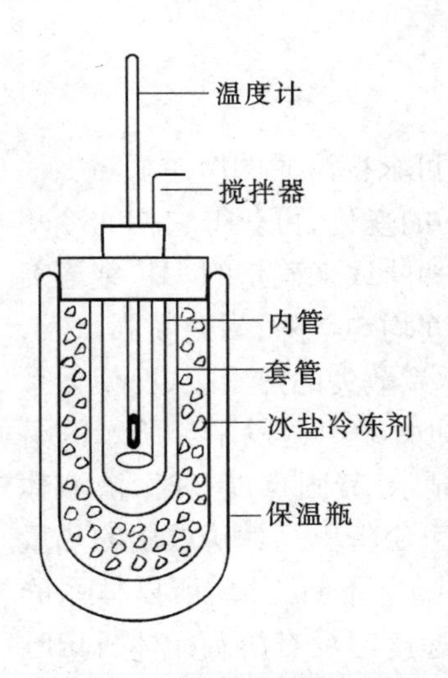

图Ⅲ.20.2 凝固点测定实验装置

1. 渗透压

制备半透膜:将适量的醋酸纤维素与乙醇 30 mL、乙醚 10 mL置于一干净的 100 mL 烧杯中,混合,溶解。使溶液均匀的涂布在烧杯内壁。待自然晾干后,小心地将薄膜从壁上剥离。

取一长颈漏斗,将半透膜套于长颈漏斗的漏斗口,用细绳扎紧。将红色蔗糖溶液注入漏斗,放入盛水的大烧杯中。观察漏斗中红色液面的变化情况。

2. 沸点升高

取一个 50 mL 烧杯,加入 40 mL 水,加热至沸,用温度计测定其沸点。再向沸水中加入食盐 4 g,同时注意观察加入食盐后温度的变化。继续加热至沸,记录此时溶液的温度,比较两者沸点的差别,并解释之。

3. 凝固点下降法测定葡萄糖的摩尔质量

1) 按图Ⅲ.20.2 安装凝固点测定实验装置。本实验使用冰盐水作为冷冻剂(附注1)。

2) 纯水冰点的测定:

在大试管中加入纯水15 mL,不断搅拌,观察处于冰盐浴中纯水的温度变化,直至稳定,此温度即为水的冰点。

将试管取出,用手握住试管温热,待冰完全熔化后,重复测定,测量时使用放大镜读数(附注2)。要求前后两次测量的误差不超过0.05 ℃(附注3)。

3) 葡萄糖溶液冰点的测定:

将大试管中的水换成15.0%葡萄糖溶液,如上测定。

4) 根据实验数据计算葡萄糖的摩尔质量(附注4),并与理论值比较,求出相对误差(见表Ⅲ.20.1)。

表Ⅲ.20.1 葡萄糖溶液的冰点及葡萄糖的摩尔质量

室温________

实验次数		1	2	3
T_f(水)	测量值			
	平均值			
T_f(葡萄糖溶液)	测量值			
	平均值			
ΔT_f				
葡萄糖的摩尔质量	实验值			
	理论值			
	相对误差%			

三 思考题

1. 为什么纯溶剂和溶液两者的冷却曲线有所不同?如何根据冷却曲线确定凝固点?

2. 用凝固点降低法测定物质的摩尔质量时,为什么溶液太浓或太稀都会使实验结果产生较大误差?

3. 由公式 $M=\frac{K_f W_1}{\Delta T_f W_2}\times 1000$ 分析,引起实验误差的因素有哪些?

四 附注

1. 当食盐、冰及少量水混合在一起时,由于同温度下冰的蒸气压大于饱和食盐水的蒸气压,所以冰要溶化,溶化时会吸收周围热量而使温度下降,故冰盐水可做冷冻剂,温度最低可降至258 K。

2. 0.1 ℃分度的温度计可以估读至0.01 ℃。若温度计被冰冻住,不可用力拔,而应用手握住试管温热,待冰溶化后再小心取出。

3. 为了保证凝固点测定的准确性,每次测定应尽可能控制到相同的过冷程度,使析出晶体的量差不多,才有可能使回升温度一致,从而测得较为准确的凝固点。

4. 水的摩尔凝固点降低常数 K_f 值为1.855 $K\cdot kg\cdot mol^{-1}$。

实验二十一　醋酸电离常数的测定

进行酸碱滴定时,可以加入适当的指示剂,由指示剂的颜色变化来判断是否达到滴定终点,也可以用 pH 计直接测量溶液中 pH 值的变化来判定滴定终点。前者仅适合于无色溶液,后者还适用于有颜色的甚至浑浊的溶液,如日常生活中经常接触到的各种不同的弱酸性饮料:牛奶、啤酒、柠檬汁和可乐等。本实验以醋酸为研究对象,通过 pH 滴定法测定醋酸的电离常数。

HAc 是一元弱酸,在水溶液中存在着下列电离平衡:

$$HAc \rightleftharpoons H^+ + Ac^-$$

其电离常数的表达式为:

$$K_{HAc} = \frac{[H^+][Ac^-]}{[HAc]}$$

如以对数式表示,则为

$$\lg K_{HAc} = \lg[H^+] + \lg\frac{[Ac^-]}{[HAc]}$$

当 $[Ac^-] = [HAc]$ 时:

$$\lg K_{HAc} = \lg[H^+] = -pH$$

如果在一定温度下测得 HAc 溶液在 $[HAc]=[Ac^-]$ 时的 pH 值,即可计算醋酸的电离常数 K_{HAc}。

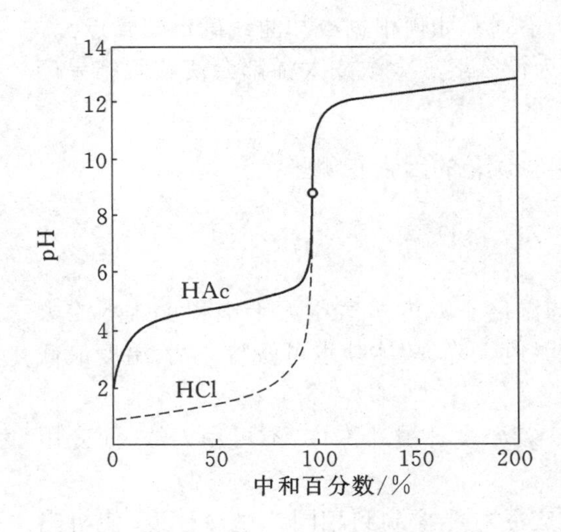

图Ⅲ.21.1　滴定曲线图

0.10 mol·L^{-1} NaOH 滴定 0.10 mol·L^{-1} HAc 和 0.10 mol·L^{-1} HCl

强碱弱酸的滴定曲线和强碱强酸的滴定曲线不同(见图Ⅲ.21.1),其特点如下:①由于弱酸的酸性较强酸为弱,因此在化学计量点以前的各点,溶液的 pH 值都比滴定强酸时的 pH 值要大。②在化学计量点前,由于溶液中有弱酸盐生成,形成了一个缓冲溶液。开始时,弱酸盐的量较少,溶液的缓冲容量较小,随着弱酸盐的含量增多,缓冲比接近 1∶1,溶液的缓冲容量增大;接近化学计量点时,弱酸的量降低,溶液的缓冲容量又变小。③化学计量点时,由于弱酸盐的水解,使溶液呈碱性,因而其滴定突跃范围也偏于碱性区域。④化学计量点后过量的碱抑制了弱酸盐的水解,因此溶液的 pH 值主要由过量的碱来决定,与强碱滴定强酸时相同。

本实验用酸度计测定 NaOH 溶液滴定

HAc 溶液过程中的 pH 变化，然后以 NaOH 溶液的滴定体积(mL)或中和百分数为横坐标，以溶液的 pH 值为纵坐标，画出滴定过程中的 pH 值变化曲线，即滴定曲线。若完全中和(取化学计量点或实际滴定中的滴定终点)时加入的 NaOH 溶液体积为 V，从滴定曲线上找出加入 NaOH 体积为 $\frac{1}{2}V$ 时的溶液的 pH 值，根据 $\lg K_{HAc} = -pH$ 的关系，即可求得 HAc 的电离常数 K_{HAc}。

一 实验用品

HAc($0.10\ mol\cdot L^{-1}$)
NaOH($0.10\ mol\cdot L^{-1}$)
酚酞(0.1%乙醇溶液)
碱式滴定管(50 mL)
移液管(25 mL)
高型烧杯(100 mL)
电磁搅拌器
酸度计(附电极)

二 实验内容

1. 酸度计的校正

记录实验室室温和水温。

以 pH 6.86(25 ℃，10 ℃时 pH 6.92)的标准缓冲溶液校正酸度计的读数。

2. 滴定

用移液管移取 $0.10\ mol\cdot L^{-1}$ HAc 溶液 25.00 mL，置于高型烧杯中，加入适量蒸馏水及酚酞指示剂 2 滴，将烧杯放在电磁搅拌器上。烧杯内放入 1 支洗净的搅拌磁棒。

取 1 支 50 mL 的碱式滴定管，注入 $0.10\ mol\cdot L^{-1}$ NaOH 溶液，调节液面高度为 0.00 mL。将滴定管固定在烧杯的上方。

洗净电极，小心地插入盛有 $0.10\ mol\cdot L^{-1}$ HAc 溶液的烧杯内，固定电极的位置。注意：电极的下端必须高于杯底 1 cm 左右，以免磁棒搅拌时触及电极、损坏电极。

开启电磁搅拌器，调节适当的转速，使溶液平稳地搅拌。切勿搅拌太快，以免溶液溅失。

待酸度计读数稳定后，记录滴定开始前溶液的 pH 值(精确至 0.01)。

由滴定管依次加入一定体积的 NaOH 溶液。每次加入 NaOH 溶液后，记下滴定管的体积读数(精确至 0.01 mL)，待酸度计读数稳定后，再记录溶液此时的 pH 值。滴定过程中观察到酚酞变色时，注意记录溶液 pH 值。

加入 NaOH 溶液的量依次如下：

第一次加 1 mL，然后每次加 2 mL；

当溶液的 pH 值上升至 5.75 后，每次加 0.5 mL；

当溶液的 pH 值上升至 6.2 后，每次加 0.2 mL；

当溶液的 pH 值上升至 6.5 后，每次加 1 滴(约 0.04～0.05 mL)；

当溶液的 pH 值上升至 7.5 后，每次加半滴(约 0.02～0.03 mL)；

当溶液的 pH 值上升至 9.5 后，每次加 0.1 mL；

当溶液的 pH 值超过 11.0 后，每次加 0.5 mL；

待溶液的 pH 值升到 12 后，每次加 2 mL，直至 NaOH 溶液加入体积为 40.0 mL 止。

洗净烧杯与搅拌磁棒，重复测定一次。关闭电磁搅拌器，取出电极，用蒸馏水冲洗干净。

洗净滴定管，灌满蒸馏水。

三　数据记录与处理

滴定过程中溶液的 pH 值变化记录见表Ⅲ.21.1。

表Ⅲ.21.1　醋酸滴定过程的 pH 值变化

室温________℃，　水温________℃

V_{NaOH}/mL	pH	V_{NaOH}/mL	pH
0.00	2.73	……	……
1.00	3.18		
3.00	……		
……			

以 V_{NaOH} 为横坐标，溶液 pH 值为纵坐标，绘制滴定曲线图。

运用切线法，查得 $V_{NaOH,终点}$，根据 $\lg K_{HAc} = -pH_{\frac{1}{2}V}$，计算 K_{HAc}（见表Ⅲ.21.2）。

表Ⅲ.21.2　数据处理与结果

$V_{NaOH,终点}$/mL	$\frac{1}{2}V_{NaOH}$/mL	对应于$\frac{1}{2}V_{NaOH}$的 pH 值	$\lg K_{HAc}$	K_{HAc}

四　思考题

1. NaOH 溶液滴定 HAc 溶液的过程中，什么时候溶液中的 [HAc] = [Ac^-]，为什么？

2. 化学计量点前溶液的 pH 值应如何计算？

3. 为何本实验中所得到的滴定曲线在开始时 pH 上升较快(曲线较陡)，后来逐渐减缓(曲线较平坦)，接近 pH 突跃时又上升变快？

五　附注

参见化学实验基础知识中 p.26 移液、滴定基本操作及 p.42 酸度计的使用等有关内容。

实验二十二 缓冲溶液的性质

许多化学反应,尤其是一些生物化学反应,往往需要在稳定的 pH 范围内进行,例如生理生化过程中起重要作用的酶,就需要在特定的 pH 条件下,才能发挥有效的作用,如果 pH 值稍有偏离,酶的活性就大为降低,甚至丧失其活性。人的血液 pH 值约为 7.4,稍有偏离就会生病,pH 若降至 7.0 或增至 7.8,就将导致死亡。缓冲溶液具有抵御少量外来酸碱、维持体系 pH 值基本不变化的特性,从而使一些对酸碱度敏感的化学反应可以在适宜而稳定的 pH 条件下顺利进行。

缓冲溶液通常由弱酸与其共轭碱或者弱碱与其共轭酸(亦称缓冲对)的混合溶液组成,亦可为高浓度的强酸或强碱。共轭酸碱混合溶液的 pH 值(或 pOH 值)可以由下式近似计算:

$$\mathrm{pH} = \mathrm{p}K_{\mathrm{a}} - \lg\frac{c_{酸}}{c_{碱}} \qquad \mathrm{pOH} = \mathrm{p}K_{\mathrm{b}} - \lg\frac{c_{碱}}{c_{酸}} \tag{Ⅲ.22.1}$$

式中的 K_a、K_b 为共轭酸、碱电离常数,$c_{酸}$ 和 $c_{碱}$ 分别为共轭酸、碱的浓度。从上式可见,缓冲溶液的 pH 值(或 pOH 值)主要取决于弱酸(或碱)的 $\mathrm{p}K_a$(或 $\mathrm{p}K_b$)。同时,它还与缓冲比——酸(或碱)和其共轭碱(或共轭酸)的浓度比值有关。当向缓冲溶液中加入酸(或碱)时,体系中的共轭碱(或酸)即会与之作用,生成相应的共轭酸(或碱)。只要加入的酸、碱量不多,缓冲比就不会发生很大变动,溶液的 pH 值也就能保持稳定。适量稀释缓冲溶液时,由于缓冲比不变,pH 值亦无甚变化。

配制一定 pH 值的缓冲溶液时,要选择合适的缓冲对。一般来说,所选的共轭酸的 $\mathrm{p}K_a$ 值应与所需 pH 值相近(通常在 pH±1 左右)。当然,具体选择缓冲体系时还要考虑到缓冲对的引入是否会对所研究的体系产生不良影响。

一些常用的缓冲体系见附注 1。许多化学手册中也可查到各种不同 pH 值缓冲溶液的配制方法。

利用式(Ⅲ.22.1),将所需 pH 值和选定共轭酸的 $\mathrm{p}K_a$ 值代入,计算缓冲比,按该比例即可配得近似于所需 pH 值的缓冲溶液。若要求 pH 值较精确,尚需对此缓冲比作适当调整。因为式(Ⅲ.22.1)中是用所加入酸、碱的浓度代替溶液达到平衡时的酸、碱之活度,用式(Ⅲ.22.1)算得的缓冲溶液 pH 值就与实验值有着一定偏差。

缓冲溶液抵御外来酸、碱的能力称缓冲容量。缓冲容量愈大,使同样量缓冲溶液的 pH 值改变一定值时,所需加入的酸或碱量愈多。缓冲容量的大小既和缓冲对的总浓度有关,亦和缓冲比有关。总浓度愈大,缓冲容量愈大。若总浓度一定,共轭酸、碱的缓冲比为 1∶1 时,缓冲容量最大。如果缓冲溶液中共轭酸的浓度大于共轭碱的浓度,溶液对碱的缓冲能力将大于对酸的缓冲能力,反之亦然。

一 实验用品

HCl(0.1 $mol\cdot L^{-1}$, 2 $mol\cdot L^{-1}$) $NaOH$(0.1 $mol\cdot L^{-1}$, 2 $mol\cdot L^{-1}$)

HCl(～pH 5)
NaOH(～pH 9)
HAc(1 mol·L^{-1})
NaAc(1 mol·L^{-1})
氨水(0.1 mol·L^{-1})
NH_4Cl(0.1 mol·L^{-1})
KH_2PO_4(0.1 mol·L^{-1})
甲基红(0.1%乙醇溶液)
pH 计
pH 试纸

二　实验内容

1. 缓冲溶液的配制

1) 用浓度均为0.1 mol·L^{-1}的 HAc 和 NaAc 溶液(用1 mol·L^{-1} HAc 和1 mol·L^{-1} NaAc 溶液稀释),配制总浓度为 0.1 mol·L^{-1}的缓冲溶液 A(pH 5)40 mL,用浓度均为0.1 mol·L^{-1}的氨水和 NH_4Cl 溶液,配制总浓度为0.1 mol·L^{-1} 的缓冲溶液 B(pH 9) 40 mL,配制用量按式(Ⅲ.22.1)计算。用 pH 试纸和酸度计分别测定 A、B 溶液的 pH 值。溶液保留待用。

2) 用浓度均为0.1 mol·L^{-1}的 KH_2PO_4 和 NaOH 溶液配制缓冲溶液 C(pH 6.00)和缓冲溶液 D(pH 6.90)各 50 mL,配制方法参照附注 2。用酸度计分别测定两溶液的 pH 值。由 C、D 溶液中缓冲对的浓度,按式(Ⅲ.22.1)计算它们的近似 pH 值。溶液保留待用。

2. 缓冲溶液的性质

1) 取4支试管,在试管1和试管3中加入缓冲溶液 A 5 mL,在试管2和试管4中加入 pH 5的稀 HCl 溶液 5 mL。然后,在试管1和试管2中各加入 0.1 mol·L^{-1} HCl 溶液 10 滴;在试管3和试管4中各加入0.1 mol·L^{-1} NaOH 溶液10滴。用 pH 试纸分别测定各试管内溶液在加入 HCl 或 NaOH 溶液前后的 pH 值,比较之。

2) 用缓冲溶液 B 和 pH 9 的稀 NaOH 溶液,分别代替上述实验中的缓冲溶液 A 和 pH 5的稀 HCl 溶液,同样试验它们在加入 0.1 mol·L^{-1} HCl 或 NaOH 溶液 10 滴前后的 pH 值变化情况。

3) 取缓冲溶液 A 10 mL,加水稀释至100 mL。混合均匀后,用 pH 试纸测定其 pH 值,并与稀释前的 pH 试纸测定值比较。

3. 缓冲能力

(1) 缓冲能力与缓冲总浓度的关系

用浓度均为1 mol·L^{-1}的 HAc 和 NaAc 溶液,按照缓冲溶液 A 的缓冲比,配制总浓度为1 mol·L^{-1}的缓冲溶液 E 10 mL。

取2支试管,1支加入缓冲溶液 A 5 mL, 1支加入缓冲溶液 E 5 mL。在 A、E 两溶液内各滴加甲基红指示剂1滴,然后,分别滴加2 mol·L^{-1} NaOH 溶液,每加入1滴需充分振荡,直至指示剂呈黄色。记录两试管中加入 NaOH 溶液的体积(以滴数计)。

(2) 缓冲能力与缓冲比的关系

将缓冲溶液 C 倒入小烧杯内,用酸度计测定溶液的 pH 值。然后,逐滴加入 0.1 mol·L^{-1} NaOH 溶液,每加入1滴即充分摇匀,直至溶液的 pH 值上升 0.1 单位为止。记录加入的 NaOH 溶液的体积(以滴数计)。

按同样方法测定使缓冲溶液 D 的 pH 值上升 0.1 单位时加入的 NaOH 溶液的体积(以

滴数计)。

(3) 不同缓冲比的溶液对酸和碱的缓冲能力

取 0.1 mol·L^{-1} HAc 溶液 50 mL,加入 0.1 mol·L^{-1} NaAc 溶液 5 mL,配制成缓冲溶液 F。另取 0.1 mol·L^{-1} NaAc 溶液 50 mL,加入 0.1 mol·L^{-1} HAc 溶液5 mL,配制成缓冲溶液 G。用酸度计测定两溶液的 pH 值,然后,分别滴加2 mol·L^{-1} HCl 溶液至溶液的 pH 值下降约 1 个单位。记录加入的 HCl 溶液体积(以滴数计)。

同样配制上述两种不同缓冲比的溶液 F 和 G,测定使它们的 pH 值上升约 1 个单位时所需加入的 2 mol·L^{-1} NaOH 溶液的体积(以滴数计)。

三 思考题

1. 简述缓冲作用的原理。

2. 若配制 40 mL pH 值为 5 的缓冲溶液,需要 0.1 mol·L^{-1} HAc 和 0.1 mol·L^{-1} NaAc 各多少毫升?若配制 40 mL pH 值为 9 的缓冲溶液,需要 0.1 mol·L^{-1}氨水和 0.1 mol·L^{-1} NH_4Cl 溶液各多少毫升?

3. 计算缓冲溶液 F、G 的 pH 值。用 pH 计测量缓冲溶液 F、G 时,所用 pH 计应该以酸性标准缓冲溶液校正还是以碱性标准缓冲溶液校正?

4. 什么是缓冲容量?简述影响缓冲容量的主要因素。

5. 同一缓冲对,当总浓度一定而缓冲比不等时,缓冲溶液对酸、碱的缓冲能力有何不同?为什么?

6. 配制缓冲溶液时,为何要求共轭酸的 pK_a 与溶液的 pH 值相近?还要考虑其他什么因素?

7. 为何用式(Ⅲ.22.1)计算所得缓冲溶液的 pH 值是一个近似值?

四 附注

1. 常用的缓冲溶液见表Ⅲ.22.1。

表Ⅲ.22.1 常用的缓冲溶液体系

缓冲系统	缓冲对	pK_a	缓冲范围
HCOOH - NaOH	$HCOOH - HCOO^-$	3.77	2.77～4.77
HAc - NaAc	$HAc - Ac^-$	4.75	3.75～5.75
$NaH_2PO_4 - Na_2HPO_4$	$H_2PO_4^- - HPO_4^{2-}$	7.21	6.21～8.21
$Na_2B_4O_7$ - HCl	$H_3BO_3 - H_2BO_3^-$	9.24	8.24～10.24
$NH_3 \cdot H_2O - NH_4Cl$	$NH_4^+ - NH_3$	9.25	8.25～10.25
$NaHCO_3 - Na_2CO_3$	$HCO_3^- - CO_3^{2-}$	10.25	9.25～11.25
Na_2HPO_4 - NaOH	$HPO_4^{2-} - PO_4^{3-}$	12.66	11.66～13.66

2. 不同 pH 值(从 5.80～8.00)缓冲溶液的配制方法:0.10 mol·L^{-1} KH_2PO_4 溶液 50 mL 中加入 0.10 mol·L^{-1} NaOH 溶液 x mL,再稀释至 100 mL,见表Ⅲ.22.2。

表Ⅲ.22.2　不同 pH 值缓冲溶液的配制

pH	x/mL	pH	x/mL	pH	x/mL
5.80	3.6	6.60	16.4	7.40	39.1
5.90	4.6	6.70	19.3	7.50	40.9
6.00	5.6	6.80	22.4	7.60	42.4
6.10	6.8	6.90	25.9	7.70	43.5
6.20	8.1	7.00	29.1	7.80	44.5
6.30	9.7	7.10	32.1	7.90	45.3
6.40	11.6	7.20	34.7	8.00	46.1
6.50	13.9	7.30	37.0		

3. 参见化学实验基础知识中 p.42 pH 计(酸度计)的使用方法。

实验二十三 配位化合物的性质

由中心离子(或原子)与配体按一定组成和空间构型以配位键结合所形成的化合物称为配位化合物(简称配合物),也称为络合物。

配合反应是分步进行的可逆反应,每一步反应都存在着配位平衡。配合物的稳定性可由各级稳定常数 $K_{稳}$ 表示,多级配位反应还可用累积常数 β_n 表示,例如:

$$Cu^{2+} + NH_3 \rightleftharpoons [Cu(NH_3)]^{2+} \qquad K_{稳,1} = \frac{[Cu(NH_3)^{2+}]}{[Cu^{2+}][NH_3]}$$

$$[Cu(NH_3)]^{2+} + NH_3 \rightleftharpoons [Cu(NH_3)_2]^{2+} \qquad K_{稳,2} = \frac{[Cu(NH_3)_2^{2+}]}{[Cu(NH_3)^{2+}][NH_3]}$$

$$[Cu(NH_3)_2]^{2+} + NH_3 \rightleftharpoons [Cu(NH_3)_3]^{2+} \qquad K_{稳,3} = \frac{[Cu(NH_3)_3^{2+}]}{[Cu(NH_3)_2^{2+}][NH_3]}$$

$$[Cu(NH_3)_3]^{2+} + NH_3 \rightleftharpoons [Cu(NH_3)_4]^{2+} \qquad K_{稳,4} = \frac{[Cu(NH_3)_4^{2+}]}{[Cu(NH_3)_3^{2+}][NH_3]}$$

$$\beta_4 = K_{稳,1} \cdot K_{稳,2} \cdot K_{稳,3} \cdot K_{稳,4} = \frac{[Cu(NH_3)_4]^{2+}}{[Cu^{2+}][NH_3]^4}$$

对于同种类型的配合物而言,$K_{稳}$ 值越大,配合物越稳定。

金属离子在形成配离子后,其一系列性质如颜色、溶解度、氧化还原性都会发生改变。利用配合物的生成及其性质的改变,不仅可以鉴定某些金属离子,还能选择性地掩蔽反应中的某些离子,消除干扰,在化合物制备、提纯和分析等方面都有重要的作用。

一 实验用品

$CuSO_4 \cdot 5H_2O$(固体)
$CuSO_4$($0.1\ mol \cdot L^{-1}$)
Na_2S($0.1\ mol \cdot L^{-1}$)
$FeSO_4$($0.1\ mol \cdot L^{-1}$)
$K_3[Fe(CN)_6]$($0.1\ mol \cdot L^{-1}$)
$CaCl_2$($0.1\ mol \cdot L^{-1}$)
EDTA 二钠盐($0.1\ mol \cdot L^{-1}$)
NH_4SCN(25%)
$NaOH$($2\ mol \cdot L^{-1}$)
$NaCl$($0.1\ mol \cdot L^{-1}$)
$Na_2S_2O_3$($0.1\ mol \cdot L^{-1}$)
氨水(浓,稀,$2\ mol \cdot L^{-1}$, $6\ mol \cdot L^{-1}$)
$BaCl_2$($0.1\ mol \cdot L^{-1}$)
Na_2CO_3($0.1\ mol \cdot L^{-1}$)
$FeCl_3$($0.1\ mol \cdot L^{-1}$)
$K_4[Fe(CN)_6]$($0.1\ mol \cdot L^{-1}$)
H_2SO_4($1\ mol \cdot L^{-1}$)
NaF(饱和溶液)
HCl($2\ mol \cdot L^{-1}$)
$AgNO_3$($0.1\ mol \cdot L^{-1}$)
KBr($0.1\ mol \cdot L^{-1}$)
KI($0.1\ mol \cdot L^{-1}$)

$CrCl_3$(0.1 mol·L^{-1})
$CoCl_2$(0.1 mol·L^{-1}, 1 mol·L^{-1})
KSCN(0.10 mol·L^{-1})
丁二酮肟(1%乙醇溶液)
乙醇(95%)
酚酞(0.1%乙醇溶液)
硫酸铁铵(0.1 mol·L^{-1})
$NiSO_4$(0.1 mol·L^{-1})
邻二氮菲(0.25%)
CCl_4
丙酮

二　实验内容

1. 配合物的生成和组成

(1) 配合物的生成

称取 $CuSO_4·5H_2O$ 固体 1 g,加水 5 mL,搅拌溶解,加入浓氨水 2.5 mL,混匀。再加入 95%乙醇 5 mL,搅拌混匀,静置 2～3 min 后减压过滤,用少量乙醇洗涤晶体 1～2 次,并用滤纸吸干,记录其形状。

(2) 配合物的组成

取 2 支试管,各加入 0.1 mol·L^{-1} $CuSO_4$ 溶液数滴,然后分别加入 0.1 mol·L^{-1} $BaCl_2$ 和 0.1 mol·L^{-1} Na_2CO_3 溶液 1～2 滴,观察现象。

另取 2 支试管,各加入少量$[Cu(NH_3)_4]SO_4$ 产品,逐滴加入少量水溶解,再分别加入 0.1 mol·L^{-1} $BaCl_2$ 和 0.1 mol·L^{-1} Na_2CO_3 溶液 1～2 滴,观察现象。

通过以上实验现象的比较,分析该配合物的内界和外界组成。

2. 配合物的解离平衡

1) 取少量$[Cu(NH_3)_4]SO_4$ 产品,逐滴加水溶解,观察溶液颜色变化。

2) 取少量$[Cu(NH_3)_4]SO_4$ 产品,加水溶解,逐滴加入 1 mol·L^{-1} H_2SO_4 溶液至过量,观察现象。

3) 取少量$[Cu(NH_3)_4]SO_4$ 产品,加水溶解,加入 0.1 mol·L^{-1} Na_2S 溶液,观察现象。

解释以上实验现象。

3. 配离子与简单离子性质的比较

1) 取 2 支小试管,分别滴加 0.1 mol·L^{-1} $FeCl_3$ 和 0.1 mol·L^{-1} $K_3[Fe(CN)_6]$溶液各 3 滴,然后各加入 0.1 mol·L^{-1} KSCN 溶液 1 滴,观察现象并解释之。

2) 取 2 支小试管,分别滴加 0.1 mol·L^{-1} $FeSO_4$ 和 0.1 mol·L^{-1} $K_4[Fe(CN)_6]$溶液各 3 滴,然后各加入 0.1 mol·L^{-1} Na_2S 溶液 2 滴,观察是否都有 FeS 沉淀生成并解释之。

3) 设计一个实验,证明铁氰化钾是配合物,而硫酸铁铵是复盐。

4. 配合平衡与酸碱平衡

(1) 形成配合物时溶液 pH 值的变化

取 2 支试管,分别加入 0.1 mol·L^{-1} $CaCl_2$ 溶液和 0.1 mol·L^{-1} EDTA 二钠盐溶液 1 mL,各滴加酚酞指示剂 1 滴,然后分别用稀氨水调至溶液呈浅红色。将两溶液混合,观察现象并解释之。

(2) 溶液 pH 值对配合平衡的影响

取 2 支试管,各加入 0.1 mol·L^{-1} $FeCl_3$ 溶液 2 滴,再各加入 0.1 mol·L^{-1} KSCN 溶液 1 滴,然后分别加入 2 mol·L^{-1} HCl 溶液或 2 mol·L^{-1} NaOH 溶液,观察现象。比较

$[Fe(SCN)_6]^{3-}$分别在酸性或碱性溶液中的稳定性。

5. **配合平衡与沉淀平衡**

在离心试管中加入 0.1 $mol \cdot L^{-1}$ $AgNO_3$ 溶液和 0.1 $mol \cdot L^{-1}$ NaCl 溶液各 2 滴，离心后弃去上层清液，然后加入 6 $mol \cdot L^{-1}$氨水至沉淀刚好溶解。

向上述溶液中加入 0.1 $mol \cdot L^{-1}$ NaCl 溶液 1 滴，观察是否有白色沉淀生成。再加入 0.1 $mol \cdot L^{-1}$ KBr 溶液 1 滴，观察现象。继续滴加 KBr 溶液，至不再产生沉淀为止。离心后弃去上层清液，向沉淀中加入 0.1 $mol \cdot L^{-1}$ $Na_2S_2O_3$ 溶液至沉淀刚好溶解为止。

向上述溶液中加入 0.1 $mol \cdot L^{-1}$ KBr 溶液 1 滴，观察有无 AgBr 沉淀生成。再加入 0.1 $mol \cdot L^{-1}$ KI 溶液 1 滴，观察现象。

根据上述实验现象，讨论沉淀平衡与配合平衡的关系，并比较 AgCl、AgBr、AgI 的 K_{sp} 大小及$[Ag(NH_3)_2]^+$、$[Ag(S_2O_3)_2]^{3-}$两种配离子稳定性的相对大小。

6. **配合平衡与氧化还原平衡**

取 2 支试管，各加入 0.1 $mol \cdot L^{-1}$ $FeCl_3$ 溶液 3 滴，然后向其中 1 支试管滴加 NaF 饱和溶液至溶液呈无色，向另 1 支试管中加入相同滴数的水，混匀后，各加入 0.1 $mol \cdot L^{-1}$ KI 溶液 2～3 滴，观察现象。再向试管中各加入 CCl_4 数滴，振荡，观察 CCl_4 层的颜色变化并解释之。

7. **螯合物的生成和应用**

1）在试管中加入 0.1 $mol \cdot L^{-1}$ $NiSO_4$ 溶液 2 滴，再加入 2 $mol \cdot L^{-1}$氨水 1～2 滴和丁二酮肟溶液 1 滴，观察现象。

此法是检验 Ni^{2+} 的灵敏反应，反应式如下：

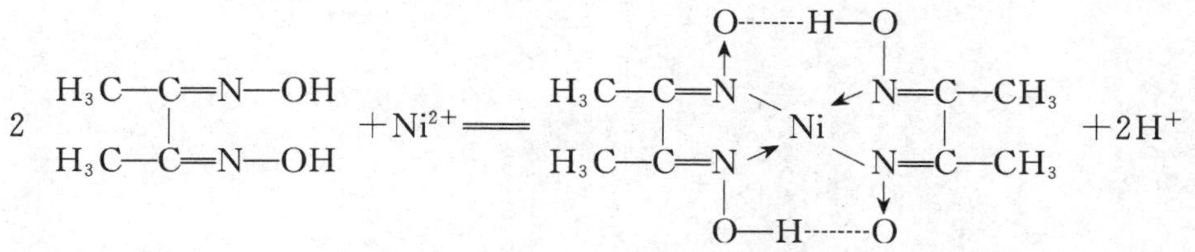

$$2\begin{array}{l} H_3C-C{=}N-OH \\ \qquad\ \ | \\ H_3C-C{=}N-OH \end{array} + Ni^{2+} = \begin{array}{c} O\cdots\cdots H-O \\ \uparrow \qquad\qquad | \\ H_3C-C{=}N \searrow \quad \swarrow N{=}C-CH_3 \\ |\qquad\quad Ni \quad\qquad | \\ H_3C-C{=}N \nearrow \quad \nwarrow N{=}C-CH_3 \\ | \qquad\qquad \downarrow \\ O-H\cdots\cdots O \end{array} + 2H^+$$

2）在点滴板上滴加 0.1 $mol \cdot L^{-1}$ $FeSO_4$ 溶液和 0.25%邻二氮菲溶液各 1 滴，观察现象。

此反应可作为 Fe^{2+} 离子的鉴定反应。反应式如下：

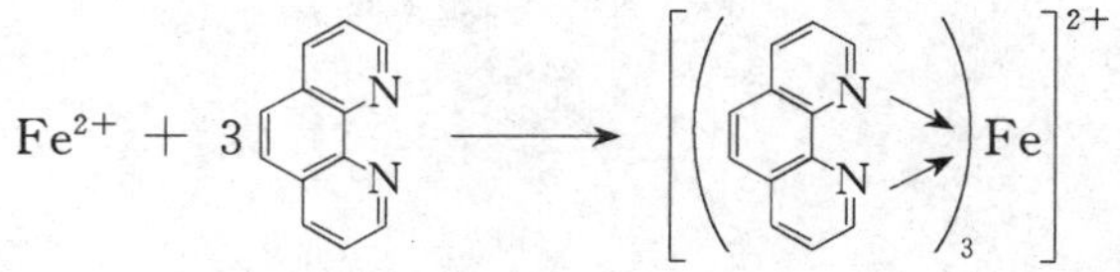

$$Fe^{2+} + 3\,(\text{邻二氮菲，N N}) \longrightarrow \left[\left(\text{N}\rightarrow,\ \text{N}\rightarrow\right)_3 Fe\right]^{2+}$$

8. **配合物的掩蔽作用**

在试管中加入 0.1 $mol \cdot L^{-1}$ $CoCl_2$ 溶液和 25% NH_4SCN 溶液各 2 滴，再加入等体积的丙酮（附注），观察实验现象。

该反应也是检验 Co^{2+} 离子的灵敏反应，但少量 Fe^{3+} 离子的存在会干扰反应。

设计一个简单实验，在 Fe^{3+} 离子存在的情况下检验溶液中的 Co^{2+} 离子。

9. **配合物的水合异构现象**

1）在试管中加入 0.1 $mol \cdot L^{-1}$蓝色 $CrCl_3$ 溶液 0.5 mL，加热试管，观察溶液颜色的变化，然后将溶液冷却，观察现象。反应式如下：

$$[Cr(H_2O)_6]^{3+} + 2Cl^- \xlongequal{} [Cr(H_2O)_4Cl_2]^+ + 2H_2O$$

2）在试管中加入 1 mol·L^{-1} $CoCl_2$ 粉红色溶液 0.5 mL，加热，然后冷却，观察现象。反应方程式如下：

$$[Co(H_2O)_6]^{2+} + 4Cl^- \xlongequal{} [Co(H_2O)_2Cl_4]^{2-} + 4H_2O$$

三　思考题

1. 影响配合物稳定性的主要因素有哪些？
2. 哪些类型的配合物在形成过程中会引起溶液 pH 值的变化？
3. 用丁二酮肟鉴定 Ni^{2+} 离子时，溶液酸度过高或过低对鉴定反应有何影响？
4. 为什么硫化钠溶液不能使亚铁氰化钾溶液产生 FeS 沉淀，但却能使 $[Cu(NH_3)_4]^{2+}$ 配合物溶液产生 CuS 沉淀？

四　附注

该反应为：$Co^{2+} + 4SCN^- \xlongequal{} Co(SCN)_4^{2-}$

生成的蓝色配离子并不稳定，易返回为粉红色钴离子。若加入丙酮或醇-醚混合液，将变得更为灵敏与稳定。

实验二十四 氧化还原反应

氧化还原反应是一类以电子转移或电子对的偏移为特征的化学反应。这类反应的通式可表示为:

$$Ox_1 + Red_2 = Red_1 + Ox_2$$

式中 Ox_1、Red_1 分别表示作为氧化剂的物质 1 的氧化态和还原态,Ox_2、Red_2 分别表示作为还原剂的物质 2 的氧化态和还原态。

如果将反应设计成一个原电池,原电池的两个电极分别就是电对 Ox_1/Red_1 和电对 Ox_2/Red_2,根据电极电势(一般以还原电势表示)的相对高低可以判断氧化还原反应的方向。电极电势越高(正),电对中氧化态的氧化能力越强;电极电势越低(负),电对中还原态的还原能力越强。

通常在手册中查到的是标准电极电势。在一定浓度条件下,如果两电极的标准电势相差较大(大于 0.2 V),仅仅根据标准电极电势就可以大致判断氧化还原反应的方向。如果两电极的标准电极电势比较接近,则必须按照 Nernst 方程式计算它们在实际浓度条件下的电势,然后作出判断。有些氧化还原反应从标准电极电势看来,似乎是不能进行的,但由于形成了难溶沉淀或稳定的络合物,使参与电极反应的物质浓度明显改变,导致反应方向的逆转,或发生其他氧化还原反应。还有些反应由于有氢离子或氢氧根离子的参与,当介质的酸碱性发生变化时,亦会改变反应方向或反应产物。

某些元素的中间氧化态在一定条件下会发生歧化反应(自身氧化还原反应)。这类反应能否发生,可以从元素电势图(见附注)来判断:当中间氧化态作氧化剂时的电势高于作还原剂时的电势(即元素电势图中 $E_{右} > E_{左}$),歧化反应即能自发进行。

一 实验用品

H_2SO_4(3 mol·L^{-1})
HCl(6 mol·L^{-1})
HAc(6 mol·L^{-1}, 0.5 mol·L^{-1}, 0.1 mol·L^{-1})
NaOH(40%, 2 mol·L^{-1})
H_2O_2(3%)
KBr(0.1 mol·L^{-1})
KI(0.1 mol·L^{-1})
$KMnO_4$(0.1 mol·L^{-1})
$K_4[Fe(CN)_6]$(0.1 mol·L^{-1})
$K_3[Fe(CN)_6]$(0.1 mol·L^{-1})
$Na_2S_2O_3$(0.1 mol·L^{-1})
Na_2SO_3(0.1 mol·L^{-1})
Na_3AsO_3(0.1 mol·L^{-1})
Na_3AsO_4(0.1 mol·L^{-1})
$NaHCO_3$(饱和溶液)
$(NH_4)_2C_2O_4$(饱和溶液)
$FeCl_3$(0.1 mol·L^{-1})
$Fe(NO_3)_3$(0.1 mol·L^{-1})
$FeSO_4$(0.1 mol·L^{-1})
$MnSO_4$(0.1 mol·L^{-1})
$CuSO_4$(0.1 mol·L^{-1})
$Co(NO_3)_2$(0.1 mol·L^{-1})

氯水
碘水
乙二胺
酚酞(0.1%乙醇溶液)
$KClO_3$(固体)
溴水
CCl_4
淀粉(0.5%水溶液)
KOH(固体)
MnO_2(固体)

二　实验内容

1. 氧化剂、还原剂的强弱与电极电势

1) 取2支试管,分别加入0.1 mol·L^{-1} KBr溶液和0.1 mol·L^{-1} KI溶液各1滴,加水5滴,再各加入CCl_4 5滴,并滴加氯水,边加边振荡,观察CCl_4层的颜色变化。

2) 在试管中加入0.1 mol·L^{-1} $FeSO_4$溶液1滴,振荡并加入0.1 mol·L^{-1} $K_4[Fe(CN)_6]$溶液1滴,观察现象。另取1支试管,加入0.1 mol·L^{-1} $FeSO_4$溶液1滴,再加入溴水2滴,经振荡后滴加0.1 mol·L^{-1} $K_4[Fe(CN)_6]$溶液1滴,观察现象并解释之。

3) 在试管中加入0.1 mol·L^{-1} $FeCl_3$溶液和0.1 mol·L^{-1} $K_3[Fe(CN)_6]$溶液各1滴,观察现象。另取1支试管,加入0.1 mol·L^{-1} $FeCl_3$溶液1滴、0.1 mol·L^{-1} KI溶液2滴和CCl_4 1 mL,振荡,再加入0.1 mol·L^{-1} $K_3[Fe(CN)_6]$溶液1滴,观察现象并解释之。

4) 在试管中加入碘水2滴和CCl_4 0.5 mL,再逐滴加入0.1 mol·L^{-1} $Na_2S_2O_3$溶液,边加边振荡,观察CCl_4层颜色的变化。

从以上实验结果,比较Cl_2/Cl^-、Br_2/Br^-、I_2/I^-、Fe^{3+}/Fe^{2+}和$S_4O_6^{2-}/S_2O_3^{2-}$电对中氧化态的氧化能力强弱,并与它们的标准电极电势次序相对照。

2. 介质的酸碱性对氧化还原反应的影响

(1) 对反应速度的影响

取2支试管,各加入$(NH_4)_2C_2O_4$饱和溶液5滴,再分别加入6 mol·L^{-1} HAc溶液5滴或3 mol·L^{-1} H_2SO_4溶液5滴,摇匀后,各加入0.1 mol·L^{-1} $KMnO_4$溶液1滴,观察现象,比较反应速度的快慢,并解释之。

(2) 对反应产物的影响

取3支试管,分别加入下列溶液5滴:3 mol·L^{-1} H_2SO_4溶液、水和40% NaOH溶液,然后,各加入0.1 mol·L^{-1} $KMnO_4$溶液1滴和0.1 mol·L^{-1} Na_2SO_3溶液数滴,观察现象并解释之。

(3) 对反应方向的影响

在离心试管中依次加入0.1 mol·L^{-1} $MnSO_4$、2 mol·L^{-1} NaOH及3% H_2O_2溶液各2滴,观察沉淀的生成。将沉淀离心分离并吸去溶液后,用水洗涤2次。在沉淀上滴加3 mol·L^{-1} H_2SO_4溶液2滴和3% H_2O_2溶液3~4滴,若沉淀不消失,则在水浴中加热。观察现象并解释H_2O_2在这两个反应中各起什么作用。

(4) 对反应方向的影响

在试管中加入0.1 mol·L^{-1} Na_3AsO_3溶液4滴,滴加0.1 mol·L^{-1} HAc溶液,调节酸度至pH8~9(用pH试纸检验),然后加入碘水2滴。另取1支试管,加入0.1 mol·L^{-1} Na_3AsO_4溶液3滴和6 mol·L^{-1} HCl溶液2滴,再加入0.1 mol·L^{-1} KI溶液2滴。观察现象并用电极电势说明之。

3. **生成沉淀对氧化还原反应的影响**

在试管中，加入 0.1 $mol \cdot L^{-1}$ $CuSO_4$ 溶液 3 滴和 0.1 $mol \cdot L^{-1}$ KI 溶液 6 滴。待生成的沉淀沉降后，吸取上层溶液 1 滴，转移至另一试管内，加水稀释，并加入淀粉溶液 1 滴，观察现象。另在留有沉淀的试管中，加入 0.1 $mol \cdot L^{-1}$ $Na_2S_2O_3$ 溶液数滴以还原 I_2，观察所留下沉淀的颜色。用电极电势解释相关反应。

4. **生成络合物对氧化还原反应的影响**

1）在试管中加入 0.1 $mol \cdot L^{-1}$ $Co(NO_3)_2$ 溶液 5 滴和乙二胺 2 滴；另取 1 支试管，加入 $Co(NO_3)_2$溶液 5 滴和水 5 滴。然后各加入 3% H_2O_2 溶液 5 滴，观察现象并解释之。

2）在试管中加入 0.1 $mol \cdot L^{-1}$ $Fe(NO_3)_3$ 溶液和$(NH_4)_2C_2O_4$ 饱和溶液各 5 滴；另取 1 支试管，加入 $Fe(NO_3)_3$ 溶液和水各 5 滴。再各加入 0.1 $mol \cdot L^{-1}$ KI 溶液 5 滴和 CCl_4 0.5 mL，振荡，观察 CCl_4 层的颜色，并解释之。

5. **歧化反应**

1）在试管中加入碘水 2 滴，再加入 2 $mol \cdot L^{-1}$ NaOH 溶液数滴，观察现象并解释之。

2）在干燥的试管中加入少许 KOH、$KClO_3$ 和 MnO_2 固体，小火加热使之熔融。反应片刻后停止加热，待熔块冷却，加 1 mL 水浸取。取出少许该溶液，置于另一试管中，用 3 $mol \cdot L^{-1}$ H_2SO_4 溶液酸化，观察溶液颜色的变化，并解释之。

三　思考题

1. 如何用电极电势比较氧化剂和还原剂的强弱？

2. 电极反应中，若氧化态或还原态形成难溶沉淀或稳定络合物，将会对电极电势发生什么影响？

3. 含氧酸作氧化剂时，它的氧化能力与溶液酸度有何关系？

4. 根据锰在酸性溶液中的元素电势图，指出除 $HMnO_4^-$ 外，还有哪个中间氧化态能发生歧化反应？

四　附注

1. 碘在碱性溶液中的元素电势图：

$$IO_3^- \xrightarrow{0.56} IO^- \xrightarrow{0.44} I_2 \xrightarrow{0.56} I^-$$

2. 锰在酸性溶液中的元素电势图：

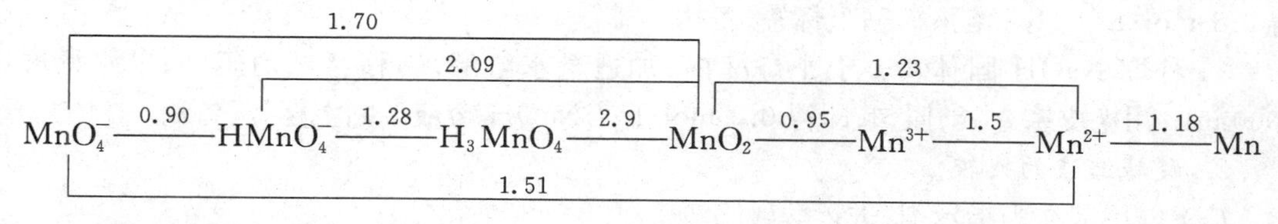

锰在碱性溶液中的元素电势图：

0.60

0.62　　　　−0.05

$$MnO_4^- \xrightarrow{0.56} MnO_4^{2-} \xrightarrow{0.27} MnO_4^{3-} \xrightarrow{0.96} MnO_2 \xrightarrow{0.15} Mn_2O_3 \xrightarrow{-0.25} Mn(OH)_2 \xrightarrow{-1.56} Mn$$

0.34

实验二十五　盐酸溶液中氯化氢含量的测定

滴定分析是最基本的定量分析技术之一，分析速度快，准确度高，应用十分广泛。通常将已知浓度的标准溶液装入滴定管作为滴定剂，滴加至被分析体系，与被测物质发生符合特定化学计量关系的定量反应。测量出恰好与被测物质完全反应时所需的滴定剂体积，就可计算被测物质的量。

为保证酸碱滴定分析的准确进行，应根据酸碱反应恰好符合化学计量关系时的 pH 值(化学计量点)选用合适的指示剂，由指示剂变色而指示滴定终止，该终点的 pH 值应与化学计量点 pH 值尽量接近。酸碱滴定中常用的指示剂有酚酞、甲基红、甲基橙等。

本实验中，以硼砂作为基准物质，以盐酸操作溶液来滴定，获得该盐酸溶液的浓度，这一过程称作标定。再以标定过的盐酸标准溶液与氢氧化钠操作溶液相比较，可求得氢氧化钠溶液的浓度。最后用氢氧化钠标准溶液来滴定未知试液，测得未知试液中氯化氢的含量。整个滴定过程中，选择甲基红为指示剂。

一　实验用品

HCl (1∶1)

NaOH(固体)

硼砂($Na_2B_4O_7 \cdot 10H_2O$，基准物质)

甲基红(0.2%乙醇溶液)

酚酞(0.1%乙醇溶液)

甲基橙(0.1%水溶液)

二　实验内容

1. 操作溶液配制

1) 用量筒量取 1∶1 HCl 溶液 17 mL 于磨口试剂瓶中，以水稀释至 1000 mL，摇匀，即得 0.1 $mol \cdot L^{-1}$ HCl 溶液。贴上标签，备用。

2) 称取 NaOH 固体 4 g 于小烧杯内，加适量水溶解，转移至试剂瓶中，以水稀释至 1000 mL，用橡皮塞塞紧，摇匀，即得 0.1 $mol \cdot L^{-1}$ NaOH 溶液。贴上标签，备用。

2. 酸碱溶液的比较

(1) 以甲基红为指示剂，进行酸碱比较

自碱式滴定管放 NaOH 溶液约 25 mL 于 250 mL 锥形瓶中，记录体积。加入甲基红指示剂 1～2 滴，以 HCl 溶液滴定至黄色溶液变为橙红色，即为终点。重复三次。

如滴定过量，可用 NaOH 溶液回滴，直至加入少许酸或碱使溶液颜色突变为橙红色为止。

(2) 以酚酞为指示剂，进行酸碱比较

自酸式滴定管放 HCl 溶液约 25 mL 于锥形瓶中，加入酚酞指示剂 2 滴，以 NaOH 溶液滴定至溶液出现浅红色且 30 s 不褪，即为终点。重复三次。如滴定过量，也可用回滴处理。

(3) 以甲基橙为指示剂，进行酸碱比较

自碱式滴定管放 NaOH 溶液约 25 mL 于锥形瓶中，加入甲基橙指示剂 1～2 滴，以 HCl 溶液滴定至黄色溶液刚变橙即为终点。重复三次。如滴定过量，也可用回滴处理。

以上滴定结果以 V_{HCl}/V_{NaOH} 表示之。

计算各组平均值及相对平均偏差，比较使用不同指示剂时的 V_{HCl}/V_{NaOH} 值。

3. 盐酸溶液浓度的标定

准确称取硼砂 0.50～0.60 g 三份于 250 mL 锥形瓶中，加 50 mL 水溶解(必要时可微热溶解再冷却)。加入甲基红指示剂 1～2 滴，以 HCl 溶液滴定至黄色溶液变为橙红色，即为终点。

根据下列计算式计算 HCl 溶液的浓度

$$c_{HCl}(\text{mol}\cdot\text{L}^{-1})=\frac{W_{\text{硼砂}}\times 2000}{M_{\text{硼砂}}\times V_{HCl}}$$

式中$W_{\text{硼砂}}$为硼砂称取量；$M_{\text{硼砂}}$为硼砂的摩尔质量(381.4)。

计算得到 HCl 溶液浓度的平均值及相对平均偏差后，再根据以甲基红为指示剂时的酸碱体积比数据，计算 NaOH 溶液的浓度。

4. 未知盐酸试液中 HCl 含量的测定

准备 1 个 250 mL 容量瓶，向指导教师领取未知试液，加水稀释至标线，摇匀。

准确移取试液三份于 250 mL 锥形瓶中，加入甲基红指示剂 1～2 滴，以 NaOH 标准溶液滴定至红色溶液刚变成黄色(微带橙)即为终点。

根据所耗的 NaOH 溶液的体积，计算容量瓶中试液的 HCl 浓度及相对平均偏差。

三　思考题

1. HCl、NaOH 标准溶液为什么不直接配制？

2. 写出甲基红、甲基橙、酚酞三种指示剂的变色范围。使用甲基红、甲基橙、酚酞三种不同指示剂进行酸碱比较时，酸碱体积比 V_{HCl}/V_{NaOH} 值是否相等？哪个最小？为什么？

3. 滴定中指示剂的加入量是否越多越好？

4. 以硼砂为基准物质标定 HCl 溶液时，为什么要选择甲基红为指示剂？

5. 若将基准物质硼砂保存于内置硅胶的干燥器中一段时期后，再取出用以标定 HCl 溶液，结果将会如何？

四　附注

1. 参见化学实验基础知识中 p.28 滴定管、p.26 移液管和 p.31 容量瓶使用的有关内容。

2. 在分析工作中，一般取三份样品平行测定，取其平均值报告分析结果，并以相对平均偏差来说明其精密度。

例如：用硼砂标定 HCl 操作溶液浓度时，若测得结果分别为

$c_{HCl}(mol \cdot L^{-1})$　　0.1006　　0.1004　　0.1005

$$平均值\ \bar{c}_{HCl}(mol \cdot L^{-1}) = \frac{0.1006 + 0.1004 + 0.1005}{3} = 0.1005$$

绝对偏差分别为　　0.0001，0.0001，0

$$平均偏差 = \frac{0.0001 + 0.0001 + 0}{3} = 0.00007$$

$$相对平均偏差 = \frac{0.00007}{0.1005} \times 100\% = 0.07\%$$

实验二十六 法拉第定律
——铜库仑计的应用

1. *法拉第电解定律*

1833—1834年期间，法拉第(M. Faraday)发表了自己大量的研究成果，确定了通过溶液的电量和在电极上析出的金属或其他物质的重量之间的关系，其结果可用下列两个基本规则来表示：

① 在电流的作用下，化学分解的物质的量与通过电解质溶液的电量成正比。

② 由相同电量所析出的不同物质的量与其化学当量成正比。

上述规则①即为法拉第第一定律，其数学表达式为：

$$\Delta m = k_e It = k_e q \qquad (\text{Ⅲ}.26.1)$$

式中 Δm 为化学反应物质的量；k_e 为比例因子；q 为通过电解质溶液的电量，等于电流 I 和时间 t 的乘积。若 $q = It = 1$，则 $\Delta m = k_e$，即比例因子 k_e 表示单位电量所产生的化学变化量。比例因子 k_e 又称为电化当量。表Ⅲ.26.1列出了一些物质的电化当量数值。

表Ⅲ.26.1 一些物质的电化当量

元 素	相对原子质量	半反应	价态变化	电化当量/$g \cdot F^{-1}$
Ag	107.87	$Ag^+ + e = Ag$	1	107.87
Al	26.981	$Al^{3+} + 3e = Al$	3	8.993
Cl	35.453	$\frac{1}{2}Cl_2 + e = Cl^-$	1	35.453
Cu	63.546	$Cu^+ + e = Cu$	1	63.546
Cu	63.546	$Cu^{2+} + 2e = Cu$	2	31.773
Sn	118.71	$Sn^{4+} + 4e = Sn$	4	29.678

另一个规则②称为法拉第第二定律。

人们通常将这两个定律合并统称为法拉第电解定律，其数学表达式为：

$$\Delta m = (q/F) \times (M/n) \qquad (\text{Ⅲ}.26.2)$$

式中 F 为法拉第常数，即1 mol电子的电量：

$$F = N_A e = 6.0220 \times 10^{23} \times 1.6022 \times 10^{-19} = 9.6485 \times 10^4 \ (C \cdot mol^{-1})$$

式中 M 是分子或原子的摩尔质量，n 为电极反应进行时电荷数的变化。

法拉第电解定律是由实验总结得出，它是电化学中最普遍而又严格的定量定律。在任何温度和压力下，水溶液、非水溶液或熔盐中进行的电解过程，其电极反应所得产物的量都必然严格服从法拉第定律。

2. *电流效率和库仑计*

虽然法拉第定律是电化学中最普遍而严格的定量规律，但是，在多数实际情况下，发生电化学变化的一定物质的量都小于根据法拉第定律估计应得的量。这主要是由于物质发生电化学反应时,往往伴随发生副反应(如杂质的沉积、气体的产生等),致使应得到的物质的量要小于理论值。人们通常用电流效率来衡量该差值。

电流效率是指通过电解池的一定的电量 It、实际得到的产物重量 Δm 与理论产量 $m_{理}$ 比值的百分数,其关系式为:

$$B = (\Delta m / m_{理}) \times 100\% \qquad (Ⅲ.26.3)$$

式中理论产量:

$$m_{理} = (It/96485) \times k_e \qquad (Ⅲ.26.4)$$

对于有些反应体系,其通过的全部电流都作用于一种电化学反应。这一类电化学体系可被用于测量电量,称为库仑计。典型的库仑计有铜、银等,其电流效率几乎可达100%。

本实验采用铜库仑计,在室温下利用恒电流 I 沉积铜,同时准确记录时间 t,根据法拉第定律计算理论值,再根据铜阴极反应前后重量的变化得到实际值,最后求出电流效率。

一 实验用品

铜盐溶液(每升溶液中含 190 g $CuSO_4 \cdot 5H_2O$ 和 75 g 硫酸)

硝酸溶液(6 $mol \cdot L^{-1}$)	无水乙醇
恒电位/恒电流仪	电吹风
铜片	秒表

二 实验内容

1) 取 80 mL 铜盐溶液置于 100 mL 烧杯中。

2) 将铜阴极放在硝酸溶液中漂洗一下(不要直接用手拿铜阴极!),依次用自来水、蒸馏水冲洗,再用少量无水乙醇淋洗后,快速干燥。准确称量得 m_1,然后将其放入盛有铜盐溶液的烧杯中。

3) 将两块铜阳极放入上述烧杯,按图Ⅲ.26.1 连接好测量线路。

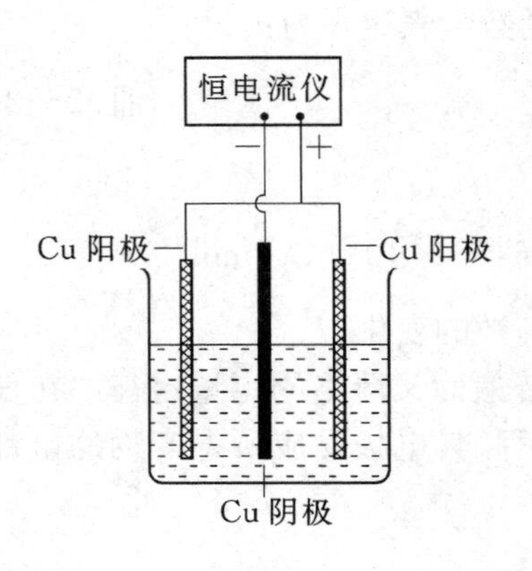

图Ⅲ.26.1 电解装置示意图

4) 开启恒电流仪电源,将"量程"开关置于"200 mA"档;"参比-电流"开关置于"电流"档。

5) 检查接线和开关的位置无误后,将"电极"开关拨向"通"。此时,显示屏上出现数字,通过调节"给定"旋钮使显示屏上显示的电流值为 30.0 mA,同时按下计时秒表记录时间。

6) 注意观察电流值,保证实验过程中电流维持恒定。

7) 通电 30 min 后,将"电极"开关拨向"断",同时按下秒表,停止计时,记录准确的实验时间 t。

8) 取出铜阴极(不要直接用手拿铜阴极!),依次用自来水、蒸馏水清洗,再用少量无水乙醇淋洗后,快速干燥,准确称量得 m_2。

9) 关闭仪器电源,取出铜阳极并用水冲洗干净,回收铜盐溶液,洗净烧杯。

三 数据处理

1. 实际电解得到的产物重量: $\Delta m = m_2 - m_1$。
2. 根据式(Ⅲ.26.4)计算理论产量,注意:电流单位须用安培(A),时间单位用秒(s)。
3. 根据式(Ⅲ.26.3)计算实验的电流效率。

四 思考题

1. 写出实验中阳极和阴极上分别发生反应的反应式。
2. 实验中为何要将铜阴极清洁与干燥?
3. 整个电解过程中,为何要维持电流恒定?

实验二十七 可乐饮料中磷酸含量的测定
——电导法的应用

电化学分析是一类经典的仪器分析技术，具有准确、灵敏、快速、操作简便、成本低廉、易于实现自动化等特点，广泛应用于环境科学、卫生检验、矿物分析、食品分析以及农、林、水产科学等领域。

电化学分析法是建立在溶液的电化学性质基础上的。溶液的电化学性质是指电解质溶液构成电化学电池时，其化学组成和浓度随电位、电流、电导或电量等电学特性而变化的性质。通过测量化学电池的电导(率)来求得物质含量的方法称为电导分析法，可分为直接电导法和电导滴定法。

电解质溶液的导电能力可以用电导 G 来衡量。电导定义为电阻 R 的倒数，单位为 S(西门子)，即在一定温度下，对于一段截面积为 A、长度为 l 的均匀导体，有

$$R = \rho \cdot l/A$$

$$G = 1/R = k \cdot A/l$$

式中 ρ 为该导体的电阻率，单位为 $\Omega \cdot cm$；k 为电导率或比电导，单位为 $S \cdot cm^{-1}$。

溶液的电导来自离子的移动。凡是离子均能导电，只是在程度上有所不同。溶液的导电能力大小与下列因素有关：

① 溶液中离子的种类和浓度。

② 测量所用电极的有效面积。

③ 测量所用电极间的距离与电位差。

④ 溶液的温度。

若将②、③、④项的因素固定，离子浓度即可以由所测得的电流而换算得到。

电导(率)仪可以测定溶液的浓度，因此可以应用于溶解度测定、水纯度测定、反应速率测定与各种滴定。酸碱滴定中，用电导(率)仪测量其电导 G，由于到达滴定终点前后所含离子(主要是 H_3O^+ 与 OH^-)的浓度急剧变化，从而使溶液的电导 G 急速改变，这样就可以测得滴定的化学计量点。

溶液中并非所有离子的导电能力都相同，以 NaOH 溶液滴定 HCl 为例，H_3O^+ 与 OH^- 的电导 G 就远高于 Na^+ 与 Cl^-。化学计量点前随着 NaOH 的加入，虽然 Na^+ 逐渐增加，但是 H_3O^+ 被 OH^- 中和消耗，因而大大降低溶液的导电性；到达化学计量点时，溶液的电导 G 降至最低；越过化学计量点后，过量的 OH^- 开始主导溶液的导电性而使电导 G 再次回升。所以在酸碱滴定过程中，高导电性的 H_3O^+ 与 OH^- 几乎主导了电导滴定曲线的变化。

本实验以 NaOH 溶液滴定可乐饮料中所含的磷酸，以溶液电导 G 的变化指示滴定终点，并绘制电导滴定曲线，测得磷酸含量。

一 实验用品

可乐饮料(自备) NaOH(固体)

邻苯二甲酸氢钾(基准物质)
酚酞(0.1%乙醇溶液)
电导(率)仪
电导电极(铂黑电极)
滴定管(50 mL)

二 实验内容

1. *标定 NaOH 溶液*

配制 0.05 mol·L^{-1} NaOH 溶液 500 mL。

准确称取邻苯二甲酸氢钾 0.20～0.30 g 三份于 250 mL 锥形瓶中,加 50 mL 水溶解,以酚酞为指示剂,用 NaOH 溶液滴定至微红色出现并在 30 s 内不褪,即为终点。根据所耗 NaOH 溶液的体积,计算 NaOH 溶液的浓度。

2. *测定*

将可乐饮料略加搅拌以除去气泡,取 250 mL 于 400 mL 烧杯中,小火加热微沸 30 min,搅拌,除去 CO_2。

将冷却后的可乐饮料完全转移至 250 mL 容量瓶中,以水稀释至标线,摇匀,移取50 mL 于 100 mL 烧杯中。将电导电极洗净,用吸水纸吸干后,浸没于该溶液中。轻轻摇动烧杯,待平衡后记录电导 G 值。

用 NaOH 标准溶液滴定可乐试液,每次加入的 NaOH 溶液体积为 0.50～1.00 mL,并同时记录电导 G 值;待接近化学计量点时(即电导 G 值变化加快),每次加入的 NaOH 溶液体积宜为 0.20 mL,以避免电导 G 值变化过快而错过化学计量点。在化学计量点后,仍需再滴定 3～4 个数据。

重复测定一次。

测量结束后,将电导电极洗净,浸于水中。

三 数据处理

以 NaOH 溶液的加入体积为横坐标,测得的电导 G 值为纵坐标,绘制电导滴定曲线,求得第一化学计量点和第二化学计量点,并计算可乐饮料中所含磷酸的浓度。

四 思考题

1. 为何测定前要除去可乐饮料中的 CO_2?
2. 写出实验中相关的计算式。

五 附注

参见化学实验基础知识中 p.45 DDS-307 型电导率仪及电导电极的有关内容。

实验二十八 有机混合物的分离分析
——气相色谱法的应用

运动员赛前是否服用过兴奋剂？航空煤油中是否掺入了其他燃料油？瓜果蔬菜中是否还残留着微量杀虫剂？你所喜爱的某种香气是由什么物质调制的？……这些问题常常可以借助于气相色谱或液相色谱法来进行分析鉴定。

一种流动相(气相或液相)携带着需分析的混合物质流经色谱柱,柱中的固定相就会与这些物质发生不同程度的作用,使它们在固定相和流动相之间进行反复分配。由于各物质在两相间的分配系数不同,致使它们流出色谱柱的先后也不同,从而得到分离。根据各物质的热导率、化学性质、电或光等性质的不同,采用相应的检测器,将各物质先后流出的信号峰记录下来,得到信号随时间变化的曲线,称为色谱流出曲线,或称色谱图(见图Ⅲ.28.1)。色谱峰流出的时间(柱内保留时间)与物质性质有关,可用以定性分析;色谱峰的面积或高度与物质的含量有关,可用以定量分析。

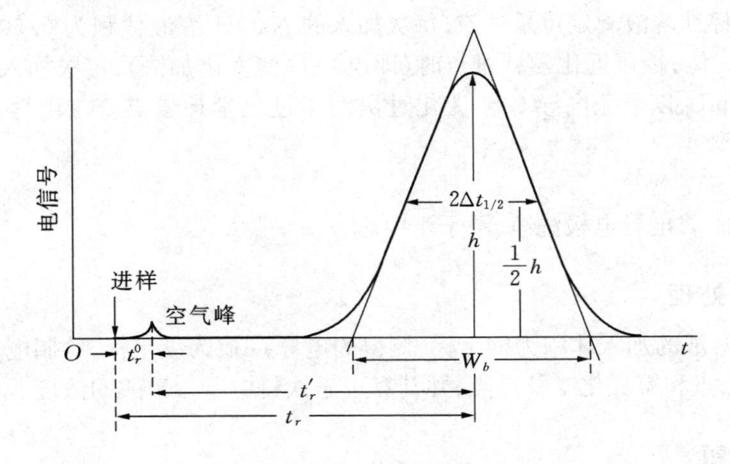

图Ⅲ.28.1 色谱流出曲线

Ot. 基线 t_r^0. 死时间 t_r. 保留时间 t'_r. 调整保留时间
$2\Delta t_{1/2}$. 半峰宽时间 h. 峰高 W_b. 峰底宽时间

在一定的色谱条件(色谱柱和温度、载气流速等操作条件)下,物质均有各自确定不变的保留值(保留时间或保留体积)。对于较简单的多组分混合物,若其色谱峰均能互相分开,则可将各个峰的保留值与各相应标准样品在同一条件所测的保留值一一对照,可以定性地确定各色谱峰所代表的物质。

在一定的色谱条件(色谱柱和温度、载气流速等操作条件)下,检测信号(色谱峰的面积或峰高)的大小与进入检测器组分的量成正比,其表达式为

$$m_i = f'_i h_i \qquad (Ⅲ.28.1)$$

式中 m_i 为 i 组分的量，h_i 为 i 组分的色谱峰高，f'_i为比例常数，又称 i 组分的校正因子，表示了单位峰高所代表的 i 组分的量。

在实际应用时，由于各组分在检测器上的响应不同，即等含量的各组分得到的峰高不同，它们的峰高不能直接相加，因此，不能用单一组分峰高与各组分峰高之和的比值来确定各组分含量。为了使各组分的峰高能相互比较，必须先确定各组分单位量所得峰高的相互比例关系。可选用某一标准组分 s 的校正因子 f'_s为相对标准，引入相对校正因子 f_i(即一般所说的校正因子)，表达为

$$f_i = f'_i / f'_s \tag{Ⅲ.28.2}$$

设 $f'_s = 1$，则式(Ⅲ.28.2)为

$$m_i = f_i h_i \tag{Ⅲ.28.3}$$

或

$$m_i = h_i / S_i \tag{Ⅲ.28.4}$$

式中 S_i 为 i 组分的响应值，与 f_i 互为倒数。这样，混合物中各组分的百分含量，就能用单一组分峰高与其校正因子的乘积在混合物各个组分峰高与相应校正因子乘积的总和中所占的百分比求得，这就是归一化方法。

使用归一化法进行定量，优点是简便，定量结果与进样量无关，操作条件变化对结果影响较小。但样品的全部组分都必须流出并可测出其信号，对于某些不需要测定的组分，也必须测出其信号并计算校正因子。

本实验用氮气作载气(流动相)，邻苯二甲酸二壬酯作固定液(固定相)，采用热导池检测器，分离检测未知试样中的指定组分，并对苯、甲苯、二甲苯混合试样中各组分进行定量测定。在给定实验条件下，色谱图按苯、甲苯、二甲苯次序全部出峰。

用归一化法定量测定时，首先测量响应值或校正因子。配制苯、甲苯、二甲苯的等体积混合物，测量其色谱图的各峰高。如果选定苯的组分为标准，即设苯的响应值 $S_{苯}$ 为 1。由于实验取各组分等体积混合，由式(Ⅲ.28.4)，通过苯、甲苯、二甲苯组分峰高的比例，即可得到它们各自的响应值 $S_{甲苯}$，$S_{二甲苯}$。

然后绘制被测混合试样的色谱图，测得苯、甲苯、二甲苯的峰高分别为 $h_{苯}$、$h_{甲苯}$、$h_{二甲苯}$，用归一化法求出组分的体积百分含量 $V_i\%$，其计算公式为

$$V_i\% = \frac{h_i/s_i}{h_{苯} + (h_{甲苯}/s) + (h/s)} \times 100\% \tag{Ⅲ.28.5}$$

一　实验用品

正戊烷	正己烷	正庚烷
正辛烷	环己烷	苯
甲苯	对二甲苯	滴管
磨口塞试管	氮气钢瓶	微量注射器(1 μL, 100 μL)

102G 型气相色谱仪(使用热导池检测器，内径 3 mm、长 2 m 的螺旋状色谱柱，上试 102 白色担体 60～80 目，涂渍邻苯二甲酸二壬酯为固定液，液担比为 15：100，氮气为载气)。

二 实验内容

1. 色谱仪的调节

调节氮气流量为 20～30 mL·min^{-1}，柱温为 90 ℃，汽化室温度为 160 ℃左右，热导电流为 120 mA，选择合适的记录纸速和衰减(附注 1)。

2. 色谱图的测绘

用 1 μL 微量注射器吸取下列各组溶液，进样(附注 2)，绘制色谱图。

① 取正戊烷、正己烷各 5 滴，正庚烷、正辛烷各 10 滴于磨口塞试管中混合均匀，取混合液 1.0 μL 进样，得到按以上次序出峰的色谱图。

② 取环己烷、苯各 5 滴于磨口塞试管中混合均匀，取混合液 0.5 μL 进样，得到按以上次序出峰的色谱图。

③ 将贮存有定性未知试样的玻管用小砂轮割开，取 1.0 μL 进样。

④ 用微量注射器取苯、甲苯、对二甲苯各 100 μL 混合于细颈玻璃瓶，取混合液 1.0 μL 进样，重复三次。

⑤ 将贮存有苯、甲苯、对二甲苯未知混合试样的玻管用小砂轮割开，取 1.0 μL 进样，重复三次。

三 数据及处理

1) 记录色谱操作条件，包括：检测器类型、桥电流、衰减、固定液、色谱柱长及内径，恒温室温度、汽化室温度、载气、流速、柱前压、进样量、记录纸速等。

2) 未知样组分检测

测量①、②两组色谱图中各已知组分的保留值。

把③组未知试样色谱峰依次编号，并测量所有峰的保留值。经与①、②两组已知组分的保留值对照，确定未知试样中有哪些组分。

3) 用归一化法，求出苯、甲苯、对二甲苯混合液未知试样中各组分的体积百分含量。

首先测量④组色谱图的各色谱峰高。设苯的响应值为 1，根据式(Ⅲ.28.4)计算甲苯、对二甲苯的响应值，求出平均值，并计算相对平均偏差。

然后测量⑤组色谱图的各色谱峰高，根据式(Ⅲ.28.5)求出未知试样中苯、甲苯、对二甲苯的体积百分含量，求出平均值，并计算相对平均偏差。

四 思考题

1. 简述气相色谱分离的原理。
2. 如果实验中苯、甲苯、对二甲苯不是等体积混合，其响应值应该如何计算？
3. 你认为本实验的操作关键是什么？

五 附注

1. 参见化学实验基础知识中 p. 50 102G 型气相色谱仪和 p. 52 微量注射器的有关内容。

2. 实验所得色谱图应附于实验报告中。在色谱图上标明数据处理中的测量值及其测量方法，并标注姓名、日期。

实验二十九 吸光光度法测定铁
——分光光度测定技术的应用

铜溶液是蓝色的,因为它能从白光中吸收蓝色的互补色——黄色光,让蓝光透射。表Ⅲ.29.1给出了溶液颜色与所吸收光颜色的大致关系。铜溶液越浓,溶液的蓝色也就越深,这就是吸光光度法的基础。吸光光度法是根据物质对光的选择性吸收而进行分析的一种方法。

表Ⅲ.29.1 溶液颜色与吸收光颜色的关系

溶液颜色	吸收光		溶液颜色	吸收光	
	颜色	波长/nm		颜色	波长/nm
黄绿	紫	400～450	紫	黄绿	560～580
黄	蓝	450～480	蓝	黄	580～600
橙	绿蓝	480～490	绿蓝	橙	600～650
红	蓝绿	490～500	蓝绿	红	650～750
紫红	绿	500～560			

各种物质的分子都有其特征的吸收光谱,各自对某些特定波长的光发生选择性吸收。测量物质对不同波长光的选择性吸收,可以绘出其吸收程度随波长变化的关系曲线,称作吸收光谱或吸收曲线。吸收光谱反映了被测物质的分子特性,可用以鉴定物质,即进行定性分析;而在特定波长下测量物质对光吸收的程度(用吸光度 A 来描述)与物质浓度的关系,可以进行定量分析。这一吸光度与浓度的关系可用光的吸收定律即比尔(Beer)定律来表述:

$$A = \lg\left(\frac{1}{T}\right) = \lg\left(\frac{I_0}{I}\right) = \varepsilon bc$$

式中 A 为吸光度,T 为透光率,I_0 为入射光的强度,I 为被物质吸收后的透射光强度,ε 为摩尔吸光系数,b 为吸光光程(透光液层的厚度),c 为溶液中被测物质的物质的量浓度。当实验在同一条件下进行,入射光、吸光系数和液层厚度不变时,吸光度只随溶液的浓度而变化,从而可以简单表达为 $A = Kc$。

应用比尔定律进行定量分析时,常常使用下列方法:配制一系列已知浓度的标准溶液,测得它们的吸光度,绘制其 $A \sim c$ 关系曲线即标准曲线(也称校正曲线、工作曲线)。再于同一测量条件下测定未知试液 x 的吸光度 A_x,即可从标准曲线查知其浓度 c_x 值。这一定量测定所用的入射光应选择合适的工作波长,选择原则是吸收最大、干扰最小。

吸光度的测量在分光光度计上进行。实际测量时并不直接测量入射光强度 I_0,而是用一对同样的比色皿,一只盛放待测试液,一只盛放参比溶液(一般常用与待测溶液基体相同但不含被测组分的“空白溶液”作为参比),用同一单色光束分别照射上述二溶液,测量其透射光的强度,进行比较,以消除光程中除被测组分的吸收以外的其他各种光损耗(如比色皿的界面反射等)的影响。这时,以参比溶液的透射光强度 $I_{参比}$ 与待测试液的透射光强度 $I_{试液}$

的比值，获得非常接近溶液真实吸光度的实验吸光度值，即

$$A = \lg\left(\frac{I_0}{I}\right) \approx \lg\left(\frac{I_{参比}}{I_{试液}}\right)$$

在可见光区的吸光度测量中，若被测物质本身有色，就可直接测量。若被测物质本身无色或颜色很浅，则可用显色剂与其反应(即显色反应)，生成有色化合物，再进行吸光度的测量。这一显色反应一般为配合物生成反应。

吸光光度法测铁所用的显色剂很多，例如邻二氮菲、硫氰酸盐、磺基水杨酸钠等，其中邻二氮菲是测定微量铁的较好试剂，它与 Fe^{2+} 反应，生成稳定的橙红色配合物

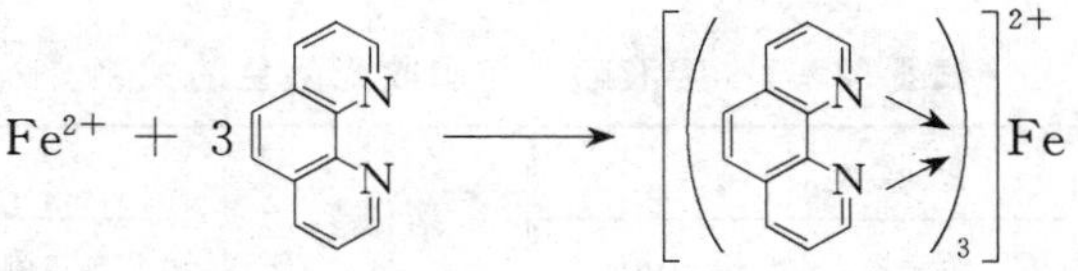

Fe^{2+} + 3 (N, N) ⟶ [(N, N)$_3$]$^{2+}$ Fe

此反应很灵敏，平衡常数 $\lg K_{稳} = 21.3$，摩尔吸光系数 ε 为 1.1×10^4。在 pH 2～9 范围内，颜色深度与酸度无关而且很稳定。显色反应前需加入还原剂如盐酸羟胺或抗坏血酸等，将 Fe^{3+} 还原为 Fe^{2+}。

本实验采用邻二氮菲为显色剂，盐酸羟胺为还原剂。

一　实验用品

铁标准溶液($20\ \mu g \cdot mL^{-1}$)　准确称取 $NH_4Fe(SO_4)_2 \cdot 12H_2O$ 固体 8.634 0 g 置于烧杯中，加入 1∶1 HCl 溶液 20 mL 和少量水。溶解后，定量转移至 1 L 容量瓶中，用水稀释至标线，摇匀，即为含铁 $1\ mg \cdot mL^{-1}$ 的贮存标准液。实验时取此贮存标准液准确稀释 50 倍，即为含铁 $20\ \mu g \cdot mL^{-1}$ 工作标准溶液。

盐酸羟胺溶液(10%，临用时配制)

邻二氮菲(0.15%，临用时配制：先用少许乙醇溶解，再用水稀释)

NaAc($1\ mol \cdot L^{-1}$)

容量瓶(50 mL)

吸量管(1 mL, 2 mL, 5 mL)

移液管(10 mL)

分光光度计(附 1 cm 比色皿一对)

二　实验内容

1. 标准系列溶液的配制

取 6 个 50 mL 容量瓶，分别移取 $20\ \mu g \cdot mL^{-1}$ 铁标准溶液 0、1.00、2.00、3.00、4.00、5.00 mL，然后各加入 10% 盐酸羟胺溶液 1 mL，0.15% 邻二氮菲 2 mL，以及 $1\ mol \cdot L^{-1}$ NaAc 溶液 5 mL，用水稀释至标线，摇匀，得一系列标准溶液。

2. 吸收曲线的测定和工作波长的选择

取以上标准系列中含 $20\ \mu g \cdot mL^{-1}$ 铁标准溶液 3.00 mL 的试液，在分光光度计上，用 1 cm比色皿，以空白溶液(即不含铁的试液)作参比，于波长 450～540 nm 之间，每隔 5 nm

测一次吸光度 A。

以波长为横坐标,吸光度为纵坐标,绘制吸收曲线(附注 2)。选择吸收曲线的峰值波长为以下实验的工作波长。

3. 标准曲线的测定

在选定的工作波长处,用 1 cm 比色皿,以空白溶液作参比,从稀到浓依次测量标准系列中不同浓度溶液的吸光度 A(附注 1)。

以铁浓度为横坐标,吸光度为纵坐标,绘制标准曲线图。

4. 未知试样的测定

取 2 个 50 mL 容量瓶,分别移取同一未知试样溶液 10.00 mL,再加入 10%盐酸羟胺溶液 1 mL, 0.15%邻二氮菲 2 mL,以及 1 $mol \cdot L^{-1}$ NaAc 溶液 5 mL,用水稀释至标线,摇匀。

在选定的工作波长处,用 1 cm 比色皿,以空白溶液作参比,测量试液的吸光度 A_1、A_2。根据测得的吸光度,从标准曲线图查出相应含铁浓度,并计算未知试样的原始浓度,求得平均值。

三 思考题

1. 简述吸光光度法测定物质溶液的基本原理。

2. 为什么测定吸光度时要采用参比溶液? 为什么常常采用空白溶液作参比?

3. 每次改变波长后,再测量吸光度时,要重新调节透光率 T 为“0”和“100%”,这是为什么? 请联系物质对光的吸收与波长的关系。

4. 本实验中,加入盐酸羟胺、醋酸钠的作用是什么?

5. 如何正确使用比色皿? 请列出其注意事项。

四 附注

1. 若比色皿配对合适,测得加铁标准溶液 0 mL 的试液的吸光度应为 0。若有差异,可选择其中吸光度较小的比色皿盛放空白溶液作参比,吸光度较大的比色皿盛放被测溶液,而被测溶液所测得的吸光度值需作校正。

2. 绘制吸收曲线时请使用方格直角坐标纸。注意:①坐标轴应标明变量名称及单位,分度值的有效数字应与测量数据相同;②各测量点可用符号如⊙代表,注意正确读取坐标点;③连接各测量点,所绘曲线应连续、平滑,可先用铅笔轻描出一条曲线,再用曲线板逐段凑合描绘清晰,并注意各段描线的衔接,使整条曲线连续,不出现折线。④图纸应注上图名、测量的主要条件,并标写实验者姓名、日期。

3. 参见化学实验基础知识中 p. 26 移液管和吸量管, p. 31 容量瓶使用以及 p. 47 分光光度计等有关内容。

实验三十 饮料中色素的鉴定
——薄层色谱法的应用

人工合成色素实际就是染料,本身没有任何营养价值。目前用于食品中的仅仅是人工染料中筛选出来相对安全的极少部分。人工合成色素在合成过程中大多要经过硫酸和硝酸处理,而这两种酸中常含有一定量的砷和铅,致使色素成品中也常残留砷和铅。此外,在色素合成过程中还可能受到加工设备和残留的有毒中间体的污染。而且,这些色素可能的潜在危险也并未被人类完全认识。因此,使用人工合成色素很不安全,如 2005 年春季发生的苏丹红事件,就引起了各方面的严重关注。

人工合成色素的鉴别和检测方法很多,本实验采用薄层色谱法。

薄层色谱法又称薄板层析法,装置简单,操作容易,是常用的分离分析方法,特别在有机化学及生物化学中经常使用。

薄层色谱使用涂敷有支持介质硅胶或氧化铝的平板为支撑体,流动相的移动是依靠毛细作用。将试样点在层析板的一端,并将该端浸入作为流动相的溶剂(常称之为展开剂)中,试样点随着溶剂向上移动。由于不同物质在固定相和流动相中具有不同的分配系数,当两相作相对运动时,这些物质也随流动相一起运动,并在两相间进行反复多次的分配,这就使得那些分配系数只有微小差别的物质,在移动速度上产生明显的差别,从而使各组分分离。

通常用比移值 R_f 来标记和比较各斑点的位置,其定义是溶质移动速度与展开剂(流动相)的移动速度之比:

$$R_f = \frac{\text{斑点中心移动的距离}}{\text{展开剂前沿移动的距离}}$$

影响比移值 R_f 的因素很多,如薄层的厚度,吸附剂的粒度、酸碱性、活性,展开剂的组分,温度条件等。要获得再现性好的 R_f 值,各种条件必须一致,但这是比较困难的。一般在鉴定试样时,在同一层析板上用已知成分作对照试验,这样方可得到正确的分析结果。

不同的色素由于组成元素的不同或是结构的不同而造成了分配系数不同,进而在合适的展开剂中能得到很好的分离。本实验的鉴定对象是饮料中常用的人工合成色素:柠檬黄,又名食用黄色 5 号(附注 1);日落黄(附注 2);胭脂红,又名食用红色 1 号、丽春红 4R(附注 3)。三者均为水溶性色素,对光、热、酸及盐均稳定,主要用于饮料、配制酒和糖果等。

一 实验用品

柠檬黄、日落黄、胭脂红(各称取样品 20 mg,分别用 0.02 mol·L^{-1} NH_4Ac 溶液溶解,稀释至 100 mL)。

饮料(自备)	NH_4Ac(0.02 mol·L^{-1})
正丁醇	无水乙醇
石油醚	薄层色谱板
层析缸	容量瓶(100 mL)

紫外灯　　　　　　　　　　　　　　玻璃毛细管(直径约 1 mm)

二　实验内容

1. 准备

将层析板置于烘箱中，于 105 ℃活化 30 min 后，保存于干燥器中备用。

洗净展开缸，晾干待用。

2. 点样

在离层析板的底端 2 cm 处用铅笔轻画一条线，作为原点线，在顶端 2 cm 处也同样画一条线，作为前沿线。然后用管口平整的毛细管分别吸取少量各色素溶液及饮料，按图Ⅲ.30.1点样。毛细管要垂直地轻轻接触到层析板的原点线上点样，斑点直径约为 2～3 mm，间隔约 1 cm。若点样量太多，斑点过大，展开时会造成各种组分交叉或拖尾。若样品量少或溶液太稀时，可以多点样几次，但必须在前一次滴加的溶液干后再点。

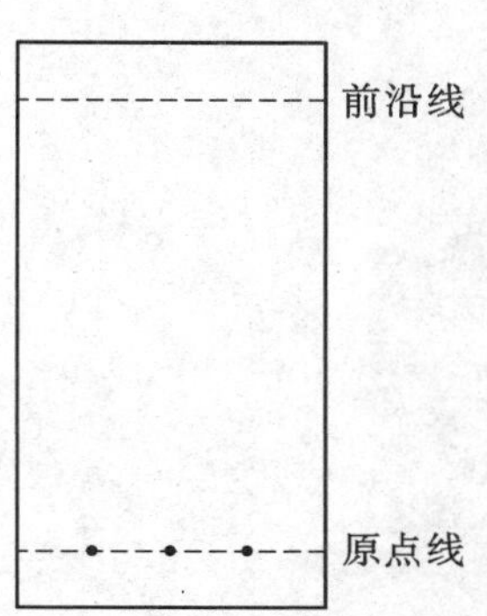

图Ⅲ.30.1　薄板点样示意图

3. 展开

薄层色谱的展开需在密闭的容器中进行。

在层析缸中加入展开剂约 30 mL(在缸中液层约厚1 cm)，盖上层析缸盖。待展开剂蒸气在层析缸内达到饱和(约 15 min)，将点好样的层析板斜搁或近垂直地搁在层析缸中，点有试样的一端浸于展开剂内，注意试样原点处不能浸入。当展开剂上升到前沿线时，取出层析板，晾干，观察有色斑点。如果颜色太浅不容易观察，可以在紫外灯照射下观察。

分别以下列展开剂进行实验，观察现象，计算比移值 R_f：

① 50％水＋50％乙醇；

② 10％水＋90％乙醇；

③ 50％正丁醇＋50％石油醚。

三　思考题

1. 点样时，原点太大对实验有何影响？

2. 层析缸中展开剂的液面高度若超过原点线，对薄层色谱分析有什么影响？

3. 若样品本身不能显色，可用什么方法确定各组分在薄层色谱板的位置？

四　附注

1. 柠檬黄(citron yellow)，化学名称为 3-羟基-5-羧基-2-(对磺苯基)-4-(对磺苯基偶氮)-邻氮茂的三钠盐，分子量：534.38。

结构式如下：

SO₃Na　HO　NaO_3S—⟨苯环⟩—N_2—　N　N　NaOOC

2. 日落黄(sunset yellow FCF),橙黄色均匀粉末或颗粒,化学名称为 1-(4′-磺基-1′-苯偶氮)-2-苯酚-7-磺酸二钠盐,分子量:452.37。

结构式如下:

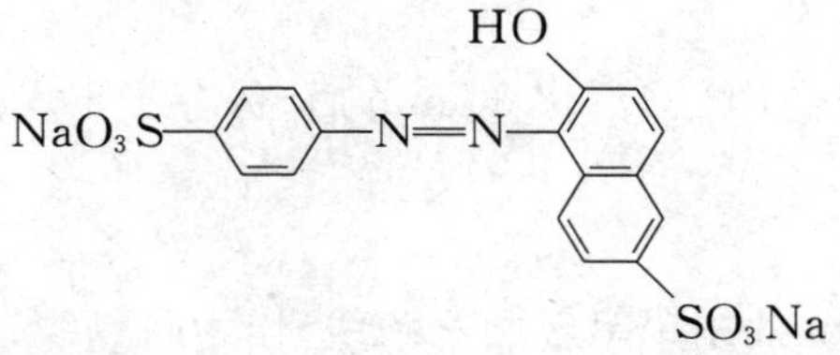

3. 胭脂红(ponceau 4R),化学名称为 1-(4′-磺酸基-1-萘偶氮)-2-萘酚-6,8-二磺酸三钠盐,分子量:604.50。

结构式如下:

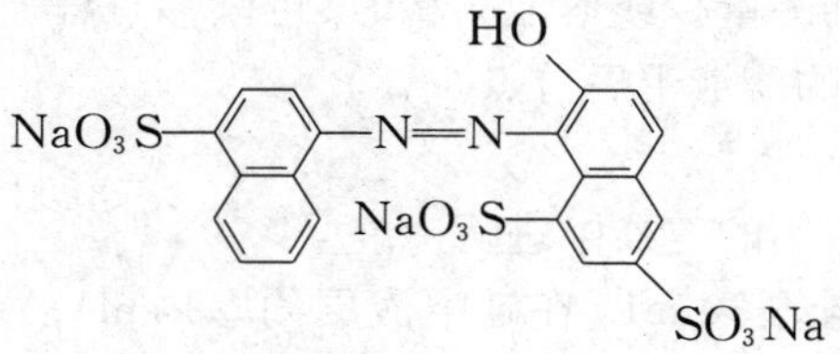

实验三十一 牛奶中蛋白质的简单分析

蛋白质是存在于生物体内的大分子,分子量可以从几千到几百万,主要是由二十种不同的 α-氨基酸(α-aminoacid)为单元,以肽键(peptide bond)所连接的。

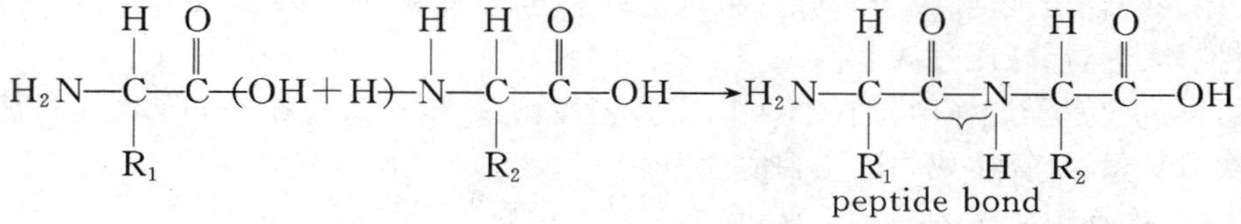

$$H_2N-\underset{R_1}{\overset{H}{C}}-\overset{O}{\overset{\|}{C}}-(OH+H)-\underset{H}{N}-\underset{R_2}{\overset{H}{C}}-\overset{O}{\overset{\|}{C}}-OH \longrightarrow H_2N-\underset{R_1}{\overset{H}{C}}-\underbrace{\overset{O}{\overset{\|}{C}}-\underset{H}{N}}_{\text{peptide bond}}-\underset{R_2}{\overset{H}{C}}-\overset{O}{\overset{\|}{C}}-OH$$

每一个 α-氨基酸至少有一个氨基和一个羧基,所以它们可以一个接一个地延伸下去。例如:

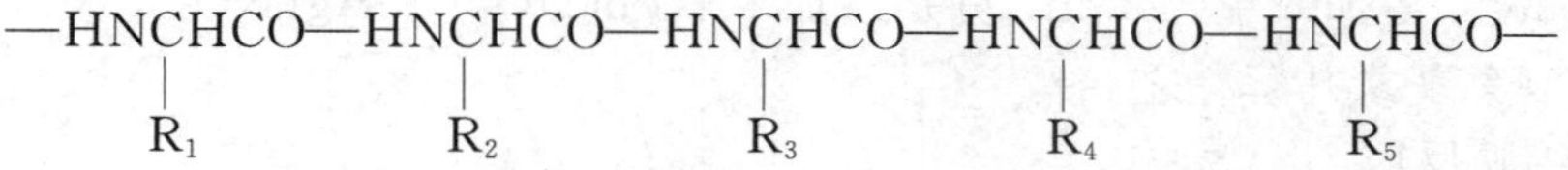

$$-HN\underset{R_1}{C}HCO-HN\underset{R_2}{C}HCO-HN\underset{R_3}{C}HCO-HN\underset{R_4}{C}HCO-HN\underset{R_5}{C}HCO-$$

氨基酸的侧键(side chain)虽然不参与肽键的形成,但是对整个分子的三维空间结构、生化活性和溶解度都有很大的影响,因此 pH 值的改变,会显著影响侧键上的官能团,从而使整个分子的形状也发生改变。

许多蛋白质能与重金属反应生成沉淀,所以当重金属中毒时可以饮用大量的牛奶以减少重金属离子的吸收,达到解毒的目的。

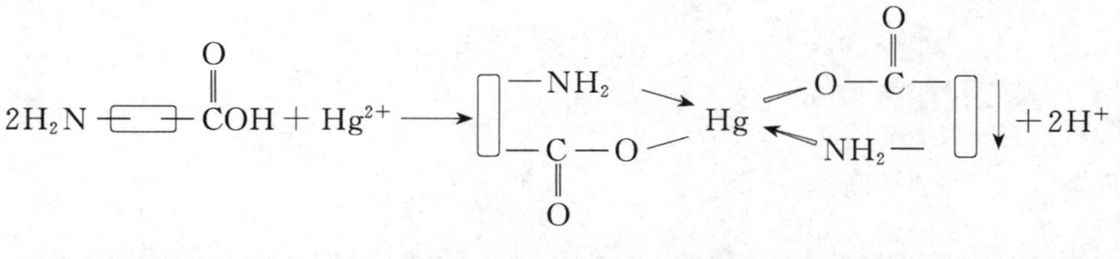

$$2H_2N-\square-\overset{O}{\overset{\|}{C}}OH + Hg^{2+} \longrightarrow \left[\begin{matrix}-NH_2 \rightarrow \\ -\underset{O}{\underset{\|}{C}}-O-\end{matrix}\right] Hg \left[\begin{matrix}-O-\overset{O}{\overset{\|}{C}}- \\ \leftarrow NH_2-\end{matrix}\right]\downarrow + 2H^+$$

当带有苯环侧键的蛋白质加入浓硝酸时,苯环会被硝化而形成黄色产物,此反应称为黄色蛋白反应(Xanthoproteic reaction)。

蛋白质经碱化后,加入铜离子,溶液变为蓝紫色,该反应称为双缩脲反应(Biuret reaction)。

带有对位取代的酚基侧键的蛋白质能与热的硝酸汞反应,生成红色沉淀,该反应称为米伦反应(Millon reaction)。

本实验对牛奶中的蛋白质进行简单分析。牛奶中大部分的蛋白质是酪蛋白,它能经过酸化而得到沉淀,沉淀中除了酪蛋白外还包括一些油脂,油脂可以用乙醇洗去。

一 实验用品

牛奶(自备) 乙醇(95%)

冰醋酸 乙醚

$Pb(NO_3)_2$(1%)
$Hg(NO_3)_2$(1%)
$NaNO_3$(1%)
NaOH(10%)
$CuSO_4$(0.5%)
硝酸
甘氨酸(H_2NCH_2COOH, 10%)

二　实验内容

1. 蛋白质的分离

取牛奶 30 g 左右在水浴上加热至 40 ℃,边搅拌边滴加冰醋酸至酪蛋白沉淀完全。减压过滤,用滤纸轻压沉淀,吸干水分。将沉淀转移至盛有 95%乙醇 25 mL 的 100 mL 烧杯中,充分搅拌,静置,减压过滤。

将所得沉淀置于烧杯中,加入 1∶1 乙醇/乙醚溶液 25 mL,搅拌 5 min,减压过滤。重复处理一次。称量,计算牛奶中酪蛋白的含量。

2. 蛋白质的鉴定

(1) 金属离子与牛奶的反应

取 3 支试管,各加入牛奶 2 mL,分别滴加 1% $Pb(NO_3)_2$、$Hg(NO_3)_2$ 及 $NaNO_3$ 溶液,搅拌,静置,观察现象并解释之。

(2) 双缩脲反应

取 1 支试管,加入牛奶 1 mL,再加入 10% NaOH 溶液 1 mL,然后缓慢滴加 0.5% $CuSO_4$溶液,观察现象。

取甘氨酸(glycine)代替牛奶,重复上述步骤,观察现象。

(3) 黄色蛋白反应

取 1 支试管,加入牛奶 1 mL,滴加浓 HNO_3 数滴,观察现象。

实验三十二 蔬菜中色素的提取及分离

蔬菜中含有多种人体所需要的色素，如胡萝卜素、叶黄素、叶绿素 a 和叶绿素 b 等。这些天然色素可在食品工业中作为添加剂，使食品染色，对人体无害，也可在医药工业中用作原料，如β-胡萝卜素是生产维生素 A 的原料。

这些天然色素不溶于水，易溶于乙醇、石油醚等有机溶剂，因此可用有机溶剂将它们提取，并一一分离。

一 实验用品

新鲜菜叶(自备)	无水乙醇
丙酮	石油醚(60～90 ℃)
氧化铝	碳酸钙
研钵	色谱柱
带塞试管	小漏斗
毛细管	

二 实验内容

实验步骤参见图Ⅲ.32.1。

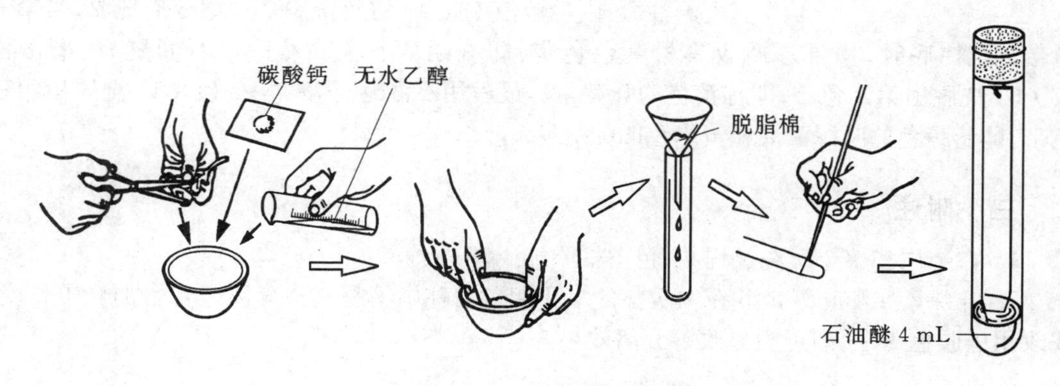

图Ⅲ.32.1 叶绿素提取和分离示意图

1. 色素的提取

称取新鲜菜叶 5 g，剪碎，置于研钵中，加入少量碳酸钙，捣烂成菜泥，加入无水乙醇 10 mL，尽快研磨成浆，以免乙醇挥发。

将绿色叶浆慢慢倒入填有少许脱脂棉的小漏斗中，过滤，滤液接收于大试管中。

在大试管中加入石油醚 10 mL，剧烈振摇，静置分层。用滴管吸去下层的乙醇和水。

2. 纸色谱分离

剪一条长 18 cm、宽 2 cm 的滤纸条，在滤纸末端 1.5 cm 处用铅笔划一直线即原点线，并斜剪去两侧。

用毛细管吸取锥形瓶中的绿色提取液，在原点线上均匀地画出一条溶液细线，吹干使溶剂挥发。重复数次，使溶液线浓度增大。

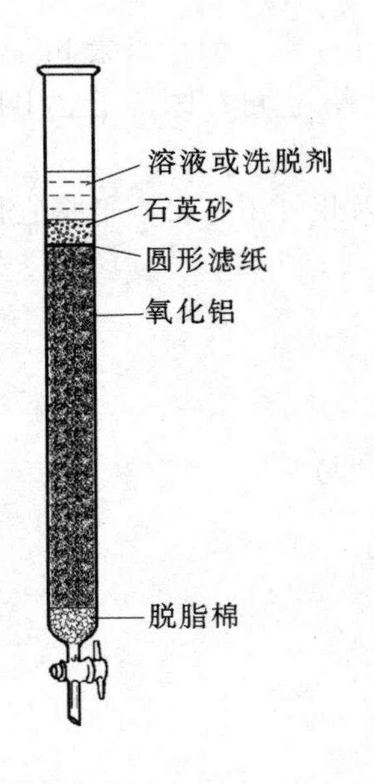

图Ⅲ.32.2 色谱柱装置

将带塞的试管垂直固定于铁架台上，量取石油醚 4 mL，滴加至试管中。将滤纸条挂在管塞的小钩上，慢慢伸入试管，使其下端浸入石油醚，注意石油醚的高度不能超过原点线。

此时，石油醚慢慢向上渗入滤纸条，色素开始分离。待各种色素完全分离后，取出滤纸条，在空气中晾干，仔细观察各色带的颜色。

3. 柱色谱分离

在色谱柱(见图Ⅲ.32.2)中加入约 1/3 柱高的石油醚，用玻棒将少许脱脂棉放入柱的底部。

称取氧化铝 9～10 g 于 100 mL 烧杯中，加入石油醚 15 mL，调匀后缓缓倾入柱内。同时打开活塞，让石油醚流下，氧化铝慢慢自然沉降，加完后用玻棒轻轻敲击柱，使氧化铝填装紧密而均匀，并使柱面平整。剪一小圆滤纸覆盖于氧化铝表面，当石油醚降至滤纸面以上 1 mm 时，关闭活塞。

吸取色素提取液 1 mL，小心地接近滤纸面慢慢滴入。滴完后打开活塞，待液面降至滤纸面以上约 1 mm 处，滴加石油醚-丙酮溶液 (9∶1) 进行洗脱。观察分离现象，当第一色带流至柱底时，用锥形瓶收集橙黄色色带，即 β-胡萝卜素。然后用石油醚-丙酮溶液 (7∶3) 洗脱出第二色带，即棕黄色的叶黄素。最后用石油醚-丙酮溶液 (1∶1) 洗脱出第三色带，即蓝绿色的叶绿素 a 和黄绿色的叶绿素 b。

三　附注

1. 在装柱和整个淋洗过程中，色谱柱不能干涸。

2. 叶绿素 a 和叶绿素 b 在本实验的氧化铝色谱柱中不易完全分离。若增加柱子长度，或改用硅胶色谱柱，则可明显改善分离效果。

实验 三十三 聚苯胺的电化学合成与电显色

导电高聚物是20世纪后期材料科学的热门领域。

导电高聚物是一类经化学或电化学掺杂而由绝缘体转变为导体的具有π-共轭体系的高聚物的统称。典型的导电高聚物有:聚乙炔(PA)、聚吡咯(PPy)、聚噻吩(PTH)、聚苯乙炔(PPV)、聚苯胺(PANI)等。导电高聚物的结构特征和独特的掺杂机制,使其具有优异的物理化学性能,在许多技术领域都有广泛的应用前景,可用于二次电池、光电子器件、电磁屏蔽、隐身技术、分子导线和分子器件及显色指示剂等。

许多导电高聚物在酸碱性不同的溶液中可呈现不同的颜色,或随溶液的组成变化而呈现不同的颜色,即为变色效应,在分析化学中可作为显色指示剂,而且具有不污染溶液的优点。有些导电高聚物随着电化学充/放电进行,可呈现多种可逆的颜色变化,利用这种电致变色性能在军事上可用作伪装材料。

本实验以导电玻璃(附注)为工作电极,铜棒为辅助电极,利用恒电流在苯胺溶液里电化学合成聚苯胺。一般认为,苯胺聚合是一个自催化过程,即只需在苯胺溶液中通过氧化电流(一般小于0.1 $mA\cdot cm^{-2}$)就可得到聚苯胺。苯胺氧化的第一步是失去电子生成自由基阳离子:

$$C_6H_5NH_2 - e \rightleftharpoons C_6H_5\cdot\overset{+}{N}H_2$$

随着反应的进行,且在本实验条件下(苯胺浓度较大,电流密度较小),自由基阳离子发生二聚反应,产物以对氨基二苯胺(头-尾二聚)为主,然后再与其他单体聚合,最后聚合成如表Ⅲ.33.1中B的形式。

表Ⅲ.33.1 聚苯胺的四种形式

编号	名 称	结构式	颜色	注解
A	无色翠绿亚胺 (Leucoemeraldine)	$[-C_6H_4-NH-C_6H_4-NH-C_6H_4-NH-C_6H_4-NH-]_x$	淡黄色(无色)	完全还原
B	翠绿亚胺盐 (Emeraldine Salt)	$[-C_6H_4-\overset{+}{N}H=C_6H_4=\overset{+}{N}H-C_6H_4-NH-C_6H_4-NH-]_x$	绿色	部分氧化
C	翠绿亚胺碱 (Emeraldine Base)	$[-C_6H_4-N=C_6H_4=N-C_6H_4-NH-C_6H_4-NH-]_x$	蓝色	部分氧化
D	过苯胺黑 (Pernigraniline)	$[-C_6H_4-N=C_6H_4=N-C_6H_4-N=C_6H_4=N-]_x$	紫色	完全氧化

将已形成聚苯胺膜的导电玻璃放入盐酸-氯化钾溶液中,改变电流方向(通过氧化或还原电流),使聚苯胺氧化或还原,随着反应的进行,聚苯胺将呈现不同的颜色。

一　实验用品

盐酸-苯胺溶液(每升溶液中含 HCl 3 mol 和苯胺 0.5 mol)
盐酸-氯化钾溶液(每升溶液中含 HCl 0.1 mol 和 KCl 0.5 mol)

导电玻璃　　铜棒
电流表(微安表)　　可变电阻(47 kΩ)
干电池(1 号)　　导线
烧杯(50 mL)

二　实验内容

1) 取 50 mL 烧杯 3 个,1# 加入盐酸-苯胺溶液 30 mL,2# 加入盐酸-氯化钾溶液 30 mL,3# 加入水 50 mL。

2) 以带有导线的夹子夹住导电玻璃的一端(如图Ⅲ.33.1 所示),放入 1# 烧杯中(连盖子),导电玻璃的 4/5 浸入溶液,夹子不要接触到溶液。

3) 按图Ⅲ.33.2 连接测量线路,电源的正极(红色+)接导电玻璃,负极(黑色−)接铜棒,调节可变电阻使电流为 40～50 μA,同时记录电流值和时间。5～10 min 后可观察到导电玻璃上有淡绿色的薄膜出现。继续通电,直至导电玻璃表面形成均匀的绿色薄膜,此过程即为电化学合成聚苯胺。

4) 放开电极夹子,将两个电极连盖子一起放在 3# 烧杯中浸洗,以水淋洗后,用滤纸吸干。连盖子一起转移到 2# 烧杯中,调节导电玻璃的高度,使绿色膜浸没在溶液中。

5) 将电源的负极(−)接导电玻璃,正极(+)接铜棒,调节可变电阻使电流为 30 μA,经过一段时间后绿色膜逐渐变淡黄。当薄膜的颜色接近无色时(A),聚苯胺已完全被还原。对换电源的正极、负极,电流仍为 30 μA。一段时间后薄膜逐渐变绿(B),然后变蓝(C),最后变成紫色(D),此时聚苯胺被完全氧化。该过程称为氧化电显色过程。

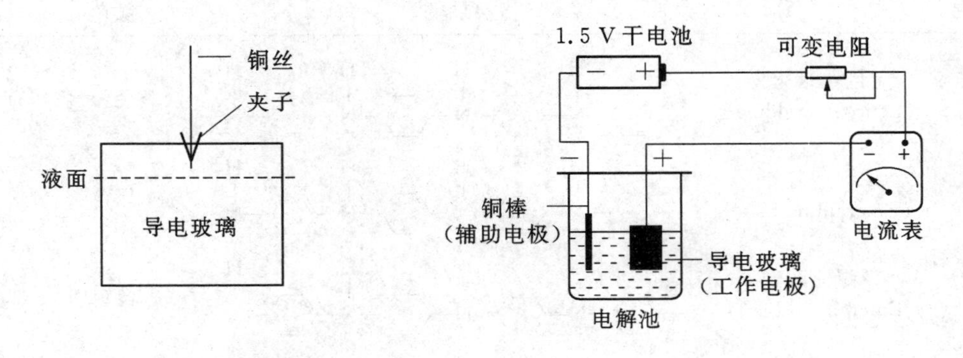

图Ⅲ.33.1　夹导电玻璃示意图　　图Ⅲ.33.2　测量线路

6) 将正、负极对换，电流仍为 30 μA，此时则发生还原电显色过程，即随着通电的时间，导电玻璃上膜的颜色逐渐由紫色→蓝色→绿色→淡黄色(无色)变化。如果将正、负极多次对换，氧化-还原电显色过程可以往复循环。

三 数据处理

记录电流值、时间以及颜色的变化并列表(见表Ⅲ.33.2)。

表Ⅲ.33.2 电显色过程的记录及处理

室温______

阳极过程电流/μA	时间/min	颜色	注 释
阴极过程电流/μA	**时间/min**	**颜色**	**注 释**

四 附注

在普通玻璃上涂覆一薄层二氧化锡(SnO_2)和氧化铟(In_2O_3)的混合物，即为导电玻璃。使用时不要用手捏导电玻璃的正面，应该捏玻璃两边。

实验三十四　热变色材料的制备与性质

热变色材料(thermochromic material)是指温度变化时颜色会随之变化的物质。热变色材料的热变色性可分为两类:化合物的颜色会随着温度的变化而逐渐改变的,称为连续性热变色;化合物的颜色改变只发生于某一特定温度或在一很小的温度范围内,则称为不连续性热变色。在无机固体材料中,不连续性热变色常常涉及固相-固相之间的相转变,而造成变色的原因可能是由于中心金属离子周围的配体几何形状、配体个数或配位原子及晶体场强度等的变化。

有些铜离子的配合物具有变色性,如四氯铜二乙基铵($[(CH_3CH_2)_2NH_2]_2CuCl_4$),在室温下为亮绿色,随着温度升高,会逐渐转变为黄褐色。其热变色的发生是由于$[CuCl_4]^{2-}$配离子的几何形状发生改变而造成的。如图Ⅲ.34.1所示,室温下此配合物结构为四个氯离子在Cu^{2+}四周形成平面四边形,有机铵阳离子则位于$[CuCl_4]^{2-}$配离子的外围;当温度升高时,由于热振动使得N—H……Cl的氢键发生改变,导致原来的平面四边形结构转变成扭曲的四面体结构,从而使其颜色改变。

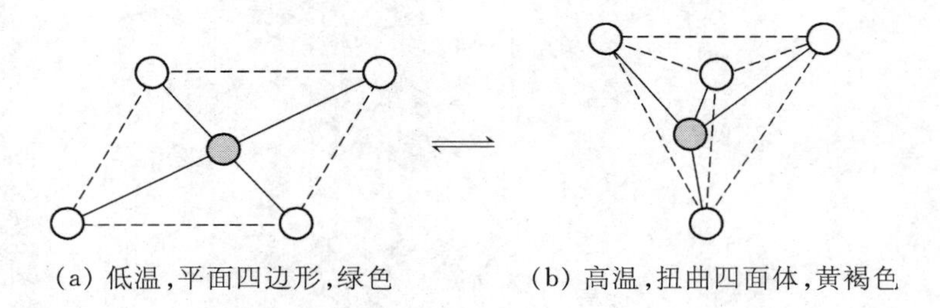

(a) 低温,平面四边形,绿色　　(b) 高温,扭曲四面体,黄褐色

图Ⅲ.34.1　$[CuCl_4]^{2-}$在不同温度时的几何结构

一　实验用品

无水氯化铜($CuCl_2$)　　无水乙醇(CH_3CH_2OH)
氯化二乙基铵($(CH_3CH_2)_2NH_2Cl$)　　异丙醇($CH_3CHOHCH_3$)
毛细管　　锥形瓶(50 mL)

二　实验内容

称取无水氯化铜1.4 g(约0.01 mol)于50 mL锥形瓶(附注1)中,加入无水乙醇2 mL,溶解。另称取氯化二乙基铵2.2 g(约0.02 mol)于另一50 mL锥形瓶中,加入异丙醇6 mL,溶解(如不溶解时可略加热)。

将氯化铜-乙醇溶液逐滴滴加至氯化二乙基铵-异丙醇溶液中,同时加热搅拌。待滴加完毕,继续加热。待溶液的体积蒸发浓缩至约4 mL(附注2),稍冷后,置于冰水浴中冷却,结晶。用倾滗法弃去母液，在沉淀上加入冷的异丙醇（冰水浴中冷却）6 mL，搅拌，减压过滤，用少量冷异丙醇洗涤，抽气干燥。

将产物装入下段已封口的毛细管（附注 3）中，反复振荡使之紧密填塞，至高度约为 2～3 mm，封口。

将装填产物的毛细管置于水浴中缓慢加热，观察现象，记录其变色的温度范围。再将此毛细管置于冰水浴中，观察其颜色变化是否具有可逆性。

三　附注

1. 本实验所制备的配合物遇水易分解，所用的器皿均应干燥无水。
2. 蒸发浓缩应在通风橱内进行。
3. 产物的热变色性质也可在试管内检验，但需用塞子塞住试管口。

实验三十五 珠光洗发香波的配制

香波是外来语Shampoo的谐音。随着生活水平的提高,人们洗发已不仅仅满足于洗干净,还要求洗后感觉良好,易梳理,刺激性小,保护头发,去屑,止痒,促进头发新陈代谢,抑制头皮脂过分分泌等多种功能。

去除头发污垢需用洗涤剂。洗涤剂是一类表面活性剂,它们都是一端有长链的亲脂基团,另一端有亲水基团的化合物。亲脂一端能把污垢分散包在其中,而亲水基团在外面,形成胶束,经搓洗后进入水中。

调理剂可吸附在头发上保护头发,防止静电产生,并产生光泽和柔软感,改善头发的梳理性能,还有一定的定型作用。洗涤剂和调理剂本身是相互矛盾的,必须有好的配置才能达到双重功效,若把洗涤和护理分开处理,效果会更好。

防止头屑,一是采用药物杀菌、防止细菌的滋生,二是采用药物抑制细胞角化的速度,阻止脱落细胞结聚成肉眼可见的块状鳞片,使之分散成肉眼不易察觉的细小粉末。

同时,头发也需要营养。缺少营养的头发干燥无光泽,并会分叉,而人体摄入的头发所需要的营养又难以到达头发,所以香波中常常加入一些营养物。目前主要加入的维生素原B_5,就是本实验中的阳离子泛醇。

香波中加入珠光粉和香精,可以增加成品的美观和芬芳香味,还具有增稠的作用。

一 实验用品

70%AES醇(聚氧乙烯脂醇醚硫酸铵)
70%十二醇硫酸铵
16~18混合醇
椰油酰丙基甜菜碱
月桂酰肌氨酸钠
甘宝素
十一烯酸单乙醇酰胺磺化琥珀酰单钠
阳离子泛醇
乳化硅油
珠光浆
防腐剂
香精

二 实验内容

取250 mL烧杯,称量,加入70%AES醇(聚氧乙烯脂醇醚硫酸铵)5.6 g和水65 mL,置于90 ℃的水浴中加热,缓缓搅拌30 min(搅动过快会产生大量泡沫)。冷却至70 ℃,加入70%十二醇硫酸铵13.6 g(不可超过75 ℃)。然后在70 ℃条件下,依次加入16~18混合醇0.5 g、椰油酰丙基甜菜碱4.0 g、月桂酰肌氨酸钠4.0 g、甘宝素0.6 g、十一烯酸单乙醇酰胺磺化琥珀酰单钠2.0 g及阳离子泛醇2.0 g,冷却至40 ℃,再依次加入乳化硅油4.0 g、珠光浆5.0 g、防腐剂0.05 g和香精4滴。

在整个操作过程中不时缓缓搅拌,停止搅拌时用表面皿盖好烧杯。完成配制后,称量烧杯,若产品重量低于100 g,则加入适量水至100 g。

三　附注

1. 所用试剂的主要功能如下。

70%AES醇(聚氧乙烯脂醇醚硫酸铵)和70%十二醇硫酸铵:主清洗剂。

16～18混合醇:加脂剂。

椰油酰丙基甜菜碱和月桂酰肌氨酸钠:辅助表面活性剂。

甘宝素和十一烯酸单乙醇酰胺磺化琥珀酰单钠:起去屑止痒作用。

阳离子泛醇:营养剂。

乳化硅油:调理剂。

珠光浆:产生珠光效果,增加产品的美观。

防腐剂:对产品起防腐作用。

香精:增加产品的芬芳香味。

2. 加料顺序、温度控制必须严格按操作步骤进行,否则将影响洗发香波的功效。

3. 所有用水均系去离子水。

第四部分 Part 4

附　录

一　常用洗涤剂

实验中特别是分析工作中，所用的玻璃器皿应当仔细洗净。洗净后的器皿应能被水均匀润湿而不挂水珠。洗涤时，一般先将玻璃器皿用水冲洗，若发现不干净，可用刷子蘸皂液或去污粉刷洗，或者选用其他合适的洗涤剂，污染严重的则须浸泡后再洗。用洗涤剂洗过之后，应用自来水充分淋洗干净，再用蒸馏水淋洗三次即可。

分析实验室常用的洗涤剂有下面几种。

1. 合成洗涤剂

洗衣粉：市售洗衣粉以十二烷基苯磺酸钠为主，属于阴离子表面活性剂，适合于洗涤被油脂或某些有机物玷污的容器。

洗涤精：与洗衣粉相类似，适合于洗涤沾有油污的器皿，配合刷子刷洗效果较好。

采用这些洗涤剂洗涤时，加热使用可增强洗涤效果。

2. 铬酸洗涤液

铬酸洗涤液洗涤效果好，对玻璃侵蚀小，但对某些物质如二氧化锰、氧化铁等却无清除能力。

铬酸洗涤液用浓硫酸和重铬酸钾配制，一般含重铬酸钾5%或10%。配制时，称取工业级重铬酸钾约10 g溶于少量水中，再慢慢加入粗硫酸200 mL，边加边搅；或直接将重铬酸钾溶于加热的浓硫酸中，待溶液冷却后转入试剂瓶中，塞紧备用。配制好的铬酸洗涤液应呈深棕色。

使用前，必须先将玻璃器皿初步洗清，倾尽水，再倒入铬酸洗涤液，以免洗涤液被稀释后降低洗涤效率。用过的铬酸洗涤液应倒回原瓶以备反复使用，直至变为绿色、失去洗涤效果后，再另作处理。铬酸洗涤液中的铬能被玻璃吸附，在洗涤微量分析所用的玻璃器皿时应多加注意。

铬酸洗涤液为强氧化剂，腐蚀性很强，且铬有毒，使用时应注意安全。同时须注意使用后含铬废水的处理，以防止对环境的污染。

3. 碱性高锰酸钾洗涤液

称取高锰酸钾10 g溶于少量水中，再慢慢加入10%氢氧化钠溶液100 mL，混匀。此洗涤液适用于洗涤油污及有机物玷污的器皿，洗涤后残留的二氧化锰可用还原性溶液洗去。

4. 氢氧化钾-乙醇溶液

一般配制成10%溶液使用，即称取氢氧化钾6 g溶于6 mL水中，再加入95%乙醇

50 mL。该洗涤液适合于洗涤被油脂或某些有机物玷污的器皿。

5. 还原性洗涤液

如硫酸亚铁酸性溶液、草酸的盐酸溶液等，可用来洗涤残留在器皿壁上的二氧化锰沉淀等，效果特别好。

6. 酸性洗涤液

根据玻璃器皿中污染物的性质和实验要求，可直接使用不同浓度的硝酸、盐酸或硫酸来洗涤以及浸泡，并可适当加热。

对于要求较高的微量分析所用器皿，常在一般洗净后浸泡于稀硝酸或 1∶1 硝酸溶液中，使用时取出冲净，以纯水淋洗后再使用。

7. 盐酸-乙醇溶液

以 1 份盐酸、2 份乙醇配制而成，适于洗涤被有机试剂染上颜色的器皿和比色皿。

8. 有机溶剂

用于洗涤玻璃器皿中的油脂类、聚合体等有机污物，常用的有苯、二甲苯、丙酮、乙醇、乙醚、三氯甲烷、四氯化碳、汽油等。用有机溶剂作洗涤液时，一般先用有机溶剂洗涤两次，再用水冲净，然后用浓碱或浓酸洗涤，最后用水冲净。

二 常用基准物质的干燥、处理和应用

基准物质	分子式	标定对象	使用前的处理及保存
碳酸钠	Na_2CO_3	HCl、H_2SO_4 等强酸	270～300 ℃烘至恒重，干燥器内保存
硼 砂	$Na_2B_4O_7\cdot10H_2O$	HCl、H_2SO_4 等强酸	置于含有 NaCl 和蔗糖饱和溶液的恒湿器内
草 酸	$H_2C_2O_4\cdot2H_2O$	NaOH、KOH、$KMnO_4$	室温，空气干燥
邻苯二甲酸氢钾	$KHC_8O_4H_4$	NaOH、KOH 等强碱	110～120 ℃烘至恒重，干燥器内保存
重铬酸钾	$K_2Cr_2O_7$	还原剂	120 ℃烘 3～4 h，干燥器内保存
溴酸钾	$KBrO_3$	还原剂	130 ℃烘干至恒重，干燥器内保存
碘酸钾	KIO_3	还原剂	130 ℃烘干至恒重，干燥器内保存
铜	Cu	还原剂	稀醋酸、水、乙醇、甲醇依次洗涤，干燥器内保存 24 h 以上
三氧化二砷	As_2O_3	氧化剂	120 ℃烘干至恒重，干燥器内保存
草酸钠	$Na_2C_2O_4$	氧化剂	130 ℃烘干至恒重，干燥器内保存
锌	Zn	EDTA	盐酸 (1∶3)、水、丙酮依次洗涤，干燥器内保存 24 h 以上
氧化锌	ZnO	EDTA	900～1000 ℃灼烧至恒重，干燥器内保存
碳酸钙	$CaCO_3$	EDTA	110 ℃烘干至恒重，干燥器内保存
氯化钠	NaCl	$AgNO_3$	500～600 ℃灼烧至恒重，干燥器内保存
硝酸银	$AgNO_3$	氯化物	硫酸干燥器内干燥至恒重并保存

三　常用酸碱的相对密度和近似浓度

试剂名称	相对密度/g·mL^{-1}	质量分数/%	浓度/mol·L^{-1}
盐　酸	1.18～1.19	36～38	11.6～12.4
硝　酸	1.39～1.40	65～68	14.4～15.2
硫　酸	1.83～1.84	95～98	17.8～18.4
磷　酸	1.69	85	14.6
高氯酸	1.67～1.68	70～72	11.7～12.0
氢氟酸	1.13～1.14	40	22.5
氢溴酸	1.49	47	8.6
冰醋酸	1.05	99.8(优级纯) 99.0(分析纯)	17.4
醋　酸	1.05	36	6.0
氨　水	0.88～0.91	27～30	13.3～14.8
三乙醇胺	1.12	—	7.5

四　一些酸、碱水溶液的 pH 值(室温)

酸		pH 值	碱		pH 值
试　剂	浓度/mol·L^{-1}		试　剂	浓度/mol·L^{-1}	
HAc	0.001	3.9	NH_3	0.01	10.6
HAc	0.01	3.4	NH_3	0.1	11.1
HAc	0.1	2.9	NH_3	1	11.6
HAc	1	2.4	$CaCO_3$	饱和	9.4
H_3BO_3	0.1	5.2	$Ca(OH)_2$	饱和	12.4
H_2CO_3	饱和	3.7	Na_2HPO_4	0.05	9.0
HCOOH	0.1	2.3	$Fe(OH)_3$	饱和	9.5
HCl	0.0001	4.0	$Mg(OH)_2$	饱和	10.5
HCl	0.001	3.0	KCN	0.1	11.0
HCl	0.01	2.0	KOH	0.01	12.0
HCl	0.1	1.0	KOH	0.1	13.0
HCl	1	0.1	KOH	1	14.0
H_2S	0.05	4.1	KOH	50%	14.5
HCN	0.1	5.1	Na_2CO_3	0.05	11.5
HNO_2	0.1	2.2	$NaHCO_3$	0.1	8.4
H_3PO_4	0.033	1.5	NaOH	0.001	11.0
H_2SO_3	0.05	1.5	NaOH	0.01	12.0
H_2SO_4	0.005	2.1	NaOH	0.1	13.0
H_2SO_4	0.05	1.2	NaOH	1	14.0
H_2SO_4	0.5	0.3	Na_3PO_4	0.033	12.0

(续表)

酸			碱		
试 剂	浓度/mol·L^{-1}	pH 值	试 剂	浓度/mol·L^{-1}	pH 值
H_3AsO_3	饱和	5.0	硼 砂	0.05	9.2
$H_2C_2O_4$	0.05	1.6			
乳 酸	0.1	2.4			
苯甲酸	0.01	3.1			
柠檬酸	0.033	2.2			
酒石酸	0.05	2.2			

五 常用试剂的饱和溶液(20 ℃)

试 剂	分子式	比重	浓度/mol·L^{-1}	配制方法	
				试剂/g	水/mL
氯化铵	NH_4Cl	1.075	5.44	291	784
硝酸铵	NH_4NO_3	1.312	10.83	863	449
草酸铵	$(NH_4)_2C_2O_4 \cdot H_2O$	1.030	0.295	48	982
硫酸铵	$(NH_4)_2SO_4$	1.243	4.06	535	708
氯化钡	$BaCl_2 \cdot 2H_2O$	1.290	1.63	398	892
氢氧化钡	$Ba(OH)_2$	1.037	0.228	39	998
氢氧化钡	$Ba(OH)_2 \cdot 8H_2O$	1.037	0.228	72	965
氢氧化钙	$Ca(OH)_2$	1.000	0.022	1.6	1000
氯化汞	$HgCl_2$	1.050	0.236	64	986
氯化钾	KCl	1.174	4.00	298	876
铬酸钾	K_2CrO_4	1.396	3.00	583	858
重铬酸钾	$K_2Cr_2O_7$	1.077	0.39	115	962
氢氧化钾	KOH	1.540	14.50	813	727
碳酸钠	Na_2CO_3	1.178	1.97	209	869
碳酸钠	$Na_2CO_3 \cdot 10H_2O$	1.178	1.97	563	515
氯化钠	$NaCl$	1.197	5.40	316	881
氢氧化钠	$NaOH$	1.539	20.07	803	736

六 水的饱和蒸气压

t/℃	0.0		0.2		0.4		0.6		0.8	
	mmHg	kPa	mmHg	kPa	mmHg	kPa	mmHg	kPa	mmHg	kPa
0	4.579	0.6105	4.647	0.6195	4.715	0.6286	4.785	0.6379	4.855	0.6473
1	4.926	0.6567	4.998	0.6663	5.700	0.6759	5.144	0.6858	5.219	0.6958
2	5.294	0.7058	5.370	0.7159	5.447	0.7262	5.525	0.7366	5.605	0.7473

（续表）

t/℃	0.0		0.2		0.4		0.6		0.8	
	mmHg	kPa	mmHg	kPa	mmHg	kPa	mmHg	kPa	mmHg	kPa
3	5.685	0.7579	5.766	0.7687	5.848	0.7797	5.931	0.7907	6.015	0.8019
4	6.101	0.8134	6.187	0.8249	6.274	0.8365	6.363	0.8483	6.453	0.8603
5	6.543	0.8723	6.635	0.8846	6.728	0.8970	6.822	0.9095	6.917	0.9222
6	7.013	0.9350	7.111	0.9481	7.209	0.9611	7.309	0.9745	7.411	0.9880
7	7.513	1.0017	7.617	1.0155	7.722	1.0295	7.828	1.0436	7.936	1.0580
8	8.045	1.0726	8.155	1.0872	8.267	1.1022	8.380	1.1172	8.494	1.1324
9	8.609	1.1478	8.727	1.1635	8.845	1.1792	8.965	1.1952	9.086	1.2114
10	9.209	1.2278	9.333	1.2443	9.458	1.2610	9.585	1.2779	9.714	1.2951
11	9.844	1.3124	9.976	1.3300	10.109	1.3478	10.244	1.3658	10.380	1.3839
12	10.518	1.4023	10.658	1.4210	10.799	1.4397	10.941	1.4527	11.085	1.4779
13	11.231	1.4973	11.379	1.5171	11.528	1.5370	11.680	1.5572	11.833	1.5776
14	11.987	1.5981	12.144	1.6191	12.302	1.6401	12.462	1.6615	12.624	1.6831
15	12.788	1.7049	12.953	1.7269	13.121	1.7493	13.290	1.7718	13.461	1.7946
16	13.634	1.8177	13.809	1.8410	13.987	1.8648	14.166	1.8886	14.347	1.9128
17	14.530	1.9372	14.715	1.9618	14.903	1.9869	15.092	2.0121	15.284	2.0377
18	15.477	2.0634	15.673	2.0896	15.871	2.1160	16.071	2.1426	16.272	2.1694
19	16.477	2.1967	16.685	2.2245	16.894	2.2523	17.105	2.2805	17.319	2.3090
20	17.535	2.3378	17.753	2.3669	17.974	2.3963	18.197	2.4261	18.422	2.4561
21	18.650	2.4865	18.880	2.5171	19.113	2.5482	19.349	2.5796	19.587	2.6114
22	19.827	2.6434	20.070	2.6758	20.316	2.7086	20.565	2.7418	20.815	2.7751
23	21.068	2.8088	21.324	2.8430	21.583	2.8775	21.845	2.9124	22.110	2.9478
24	22.377	2.9833	22.648	3.0195	22.922	3.0560	23.198	3.0928	23.476	3.1299
25	23.756	3.1672	24.039	3.2049	24.326	3.2432	24.617	3.2820	24.912	3.3213
26	25.209	3.3609	25.509	3.4009	25.812	3.4413	26.117	3.4820	26.426	3.5232
27	26.739	3.5649	27.055	3.6070	27.374	3.6496	27.696	3.6925	28.021	3.7358
28	28.349	3.7795	28.680	3.8237	29.015	3.8683	29.354	3.9135	29.697	3.9593
29	30.043	4.0054	30.392	4.0519	30.745	4.0990	31.102	4.1466	31.461	4.1944
30	31.824	4.2428	32.191	4.2918	32.561	4.3411	32.934	4.3908	33.312	4.4412
31	33.695	4.4923	34.082	4.5439	34.471	4.5957	34.864	4.6481	35.261	4.7011
32	35.663	4.7547	36.068	4.8087	36.477	4.8632	36.891	4.9184	37.308	4.9740
33	37.729	5.0301	38.155	5.0869	38.584	5.1441	39.018	5.2020	39.457	5.2605
34	39.898	5.3193	40.344	5.3787	40.796	5.4390	41.251	5.4997	41.710	5.5609
35	42.175	5.6229	42.644	5.6854	43.117	5.7484	43.595	5.8122	44.078	5.8766
36	44.563	5.9412	45.054	6.0067	45.549	6.0727	46.050	6.1395	46.556	6.2069
37	47.067	6.2751	47.582	6.3437	48.102	6.4130	48.627	6.4830	49.157	6.5537
38	49.692	6.6250	50.231	6.6969	50.774	6.7693	51.323	6.8425	51.879	6.9166
39	52.442	6.9917	53.009	7.0673	53.580	7.1434	54.156	7.2202	54.737	7.2976
40	55.324	7.3759	55.91	7.451	56.51	7.534	57.11	7.614	57.72	7.695

七　纯水的密度(kg·m⁻³)

t/℃	ρ/kg·m⁻³									
	0.0	0.1	0.2	0.3	0.4	0.5	0.6	0.7	0.8	0.9
0	999.839	999.846	999.852	999.859	999.865	999.871	999.877	999.882	999.888	999.893
1	999.898	999.903	999.908	999.913	999.917	999.921	999.925	999.929	999.933	999.936
2	999.940	999.943	999.946	999.949	999.952	999.954	999.956	999.959	999.961	999.962
3	999.964	999.966	999.967	999.968	999.969	999.970	999.971	999.971	999.972	999.972
4	999.972	999.972	999.972	999.971	999.971	999.970	999.969	999.968	999.967	999.965
5	999.964	999.962	999.960	999.958	999.956	999.954	999.951	999.949	999.946	999.943
6	999.940	999.937	999.934	999.930	999.926	999.923	999.919	999.915	999.910	999.906
7	999.901	999.897	999.892	999.887	999.882	999.877	999.871	999.866	999.860	999.854
8	999.848	999.842	999.836	999.829	999.823	999.816	999.809	999.802	999.795	999.788
9	999.781	999.773	999.765	999.758	999.750	999.742	999.734	999.725	999.717	999.708
10	999.699	999.691	999.682	999.672	999.663	999.654	999.644	999.635	999.625	999.615
11	999.605	999.595	999.584	999.574	999.563	999.553	999.542	999.531	999.520	999.509
12	999.497	999.486	999.474	999.462	999.451	999.439	999.426	999.414	999.402	999.389
13	999.377	999.364	999.351	999.338	999.325	999.312	999.299	999.285	999.272	999.258
14	999.244	999.230	999.216	999.202	999.188	999.173	999.159	999.144	999.129	999.114
15	999.099	999.084	999.069	999.054	999.038	999.022	999.007	998.991	998.975	998.958
16	998.943	998.926	998.910	998.894	998.877	998.860	998.843	998.826	998.809	998.792
17	998.775	998.757	998.740	998.722	998.704	998.686	998.668	998.650	998.632	998.614
18	998.595	998.577	998.558	998.539	998.520	998.502	998.482	998.463	998.444	998.425
19	998.405	998.385	998.366	998.346	998.326	998.306	998.286	998.265	998.245	998.224
20	998.204	998.183	998.162	998.141	998.120	998.099	998.078	998.057	998.035	998.014
21	997.992	997.971	997.949	997.927	997.905	997.883	997.860	997.838	997.816	997.793
22	997.770	997.747	997.725	997.702	997.679	997.656	997.632	997.609	997.585	997.562
23	997.538	997.515	997.491	997.467	997.443	997.419	997.394	997.370	997.345	997.321
24	997.296	997.272	997.247	997.222	997.197	997.172	997.146	997.121	997.096	997.070
25	997.045	997.019	996.993	996.967	996.941	996.915	996.889	996.863	996.836	996.810
26	996.783	996.757	996.730	996.703	996.676	996.649	996.622	996.595	996.568	996.540
27	996.513	996.485	996.458	996.430	996.402	996.374	996.346	996.318	996.290	996.262
28	996.233	996.205	996.176	996.148	996.119	996.090	996.061	996.032	996.003	995.974
29	995.945	995.915	995.886	995.856	995.827	995.797	995.767	995.737	995.707	995.677
30	995.647	995.617	995.586	995.556	995.526	995.495	995.464	995.433	995.403	995.372
31	995.341	995.310	995.278	995.247	995.216	995.184	995.153	995.121	995.090	995.058
32	995.026	994.997	994.962	994.930	994.898	994.865	994.833	994.801	994.768	994.735
33	994.703	994.670	994.637	994.604	994.571	994.538	994.505	994.472	994.438	994.405
34	994.371	994.338	994.304	994.270	994.236	994.202	994.168	994.134	994.100	994.066
35	994.032	993.997	993.963	993.928	993.893	993.859	993.824	993.789	993.754	993.719
36	993.684	993.648	993.613	993.578	993.543	993.507	993.471	993.436	993.400	993.364
37	993.328	993.292	993.256	993.220	993.184	993.148	993.111	993.075	993.038	993.002
38	992.965	992.928	992.891	992.855	992.818	992.780	992.743	992.706	992.669	992.631
39	992.594	992.557	992.519	992.481	992.444	992.406	992.368	992.330	992.292	992.254
40	992.215									

八　气体在水中的溶解度

（气体压力和水蒸气压力之和为 101.3 kPa 时，溶解于 100 g 水的气体质量）

气体	溶解度($g/100\ g\ H_2O$)						
	0 ℃	10 ℃	20 ℃	30 ℃	40 ℃	50 ℃	60 ℃
Cl_2		0.9972	0.7293	0.5723	0.4590	0.3920	0.3295
CO	4.397×10^{-3}	3.479×10^{-3}	2.838×10^{-3}	2.405×10^{-3}	2.075×10^{-3}	1.797×10^{-3}	1.522×10^{-3}
CO_2	0.3346	0.2318	0.1688	0.1257	0.0973	0.0761	0.0576
H_2	1.922×10^{-4}	1.740×10^{-4}	1.603×10^{-4}	1.474×10^{-4}	1.384×10^{-4}	1.287×10^{-4}	1.178×10^{-4}
H_2S	0.7066	0.5112	0.3846	0.2983	0.2361	0.1883	0.1480
N_2	2.942×10^{-3}	2.312×10^{-3}	1.901×10^{-3}	1.624×10^{-3}	1.391×10^{-3}	1.216×10^{-3}	1.052×10^{-3}
NH_3	89.5	68.4	52.9	41.0	31.6	23.5	16.8
NO	9.833×10^{-3}	7.560×10^{-3}	6.173×10^{-3}	5.165×10^{-3}	4.394×10^{-3}		3.237×10^{-3}
O_2	6.945×10^{-3}	5.368×10^{-3}	4.339×10^{-3}	3.588×10^{-3}	3.082×10^{-3}	2.657×10^{-3}	2.274×10^{-3}
SO_2	22.83	16.21	11.28	7.80	5.41		

九　部分缓冲溶液在不同温度下的 pH 值

温度/℃	0.05 $mol\cdot L^{-1}$ 草酸三氢钾	25 ℃饱和酒石酸氢钾	0.05 $mol\cdot L^{-1}$ 邻苯二甲酸氢钾	0.025 $mol\cdot L^{-1}$ KH_2PO_4 + 0.025 $mol\cdot L^{-1}$ Na_2HPO_4	0.008695 $mol\cdot L^{-1}$ KH_2PO_4 + 0.03043 $mol\cdot L^{-1}$ Na_2HPO_4	0.01 $mol\cdot L^{-1}$ 硼砂	25 ℃饱和氢氧化钙
0	1.666	—	4.003	6.984	7.534	9.464	13.423
5	1.668	—	3.999	6.951	7.500	9.395	13.207
10	1.670	—	3.998	6.923	7.472	9.332	13.003
15	1.672	—	3.999	6.900	7.448	9.276	12.810
20	1.675	—	4.002	6.881	7.429	9.225	12.627
25	1.679	3.557	4.008	6.865	7.413	9.180	12.454
30	1.683	3.552	4.015	6.853	7.400	9.139	12.289
35	1.688	3.549	4.024	6.844	7.389	9.102	12.133
38	1.691	3.548	4.030	6.840	7.384	9.081	12.043
40	1.694	3.547	4.035	6.838	7.380	9.068	11.984

十 普通缓冲溶液的配制

pH 值	缓冲溶液配制方法
0.0	浓度为 1 $mol\cdot L^{-1}$的 HCl 溶液(不能用盐酸时,可用硝酸)
1.0	浓度为 0.1 $mol\cdot L^{-1}$的 HCl 溶液
2.0	浓度为 0.01 $mol\cdot L^{-1}$的 HCl 溶液
3.6	$NaAc\cdot 3H_2O$ 8 g 溶于适量蒸馏水中,加入 6 $mol\cdot L^{-1}$ HAc 溶液 134 mL,稀释至 500 mL
4.0	$NaAc\cdot 3H_2O$ 20 g 溶于适量蒸馏水中,加入 6 $mol\cdot L^{-1}$ HAc 溶液 134 mL,稀释至 500 mL
4.5	$NaAc\cdot 3H_2O$ 32 g 溶于适量蒸馏水中,加入 6 $mol\cdot L^{-1}$ HAc 溶液 68 mL,稀释至 500 mL
5.0	$NaAc\cdot 3H_2O$ 50 g 溶于适量蒸馏水中,加入 6 $mol\cdot L^{-1}$ HAc 溶液 34 mL,稀释至 500 mL
5.4	六次甲基四胺 40 g 溶于 90 mL 蒸馏水中,加入 6 $mol\cdot L^{-1}$ HCl 溶液 20 mL
5.7	$NaAc\cdot 3H_2O$ 100 g 溶于适量蒸馏水中,加入 6 $mol\cdot L^{-1}$ HAc 溶液 13 mL,稀释至 500 mL
6.0	NH_4Ac 300 g 溶于适量蒸馏水中,加入冰醋酸 10 mL,稀释至 500 mL
7.0	NH_4Ac 77 g 溶于适量蒸馏水中,稀释至 500 mL
7.5	NH_4Cl 60 g 溶于适量蒸馏水中,加入浓氨水 1.4 mL,稀释至 500 mL
8.0	NH_4Cl 50 g 溶于适量蒸馏水中,加入浓氨水 3.5 mL,稀释至 500 mL
8.5	NH_4Cl 40 g 溶于适量蒸馏水中,加入浓氨水 8.8 mL,稀释至 500 mL
9.0	NH_4Cl 35 g 溶于适量蒸馏水中,加入浓氨水 24 mL,稀释至 500 mL
10.0	NH_4Cl 27 g 溶于适量蒸馏水中,加入浓氨水 197 mL,稀释至 500 mL
11.0	NH_4Cl 3 g 溶于适量蒸馏水中,加入浓氨水 207 mL,稀释至 500 mL
12.0	浓度为 0.01 $mol\cdot L^{-1}$ NaOH 溶液(不能有 Na^+ 存在时,可用 KOH)
13.0	浓度为 0.1 $mol\cdot L^{-1}$ NaOH 溶液

注:缓冲溶液配制后可用 pH 试纸检查,若 pH 值不对,可用共轭酸或碱调节。如果要精确调节 pH 值时,可用 pH 计调节。

十一 标准缓冲溶液的配制

pH 基准试剂	配制方法	pH 标准值(25 ℃)
草酸三氢钾 $KH_3(C_2O_4)_2\cdot 2H_2O$ (0.05 $mol\cdot L^{-1}$)	称取在 54±3 ℃下烘干 4～5 h 的$KH_3(C_2O_4)_2\cdot 2H_2O$ 12.61 g,溶于适量蒸馏水后,转入 1 L 容量瓶,稀释至刻度	1.679
酒石酸氢钾 $KHC_4H_4O_6$ (饱和溶液)	在磨口瓶中放入蒸馏水和过量的酒石酸氢钾(约 20 $g\cdot L^{-1}$),温度控制在 25±3 ℃,剧烈摇动 20～30 min,澄清后,用倾滗法取上清液使用	3.577
邻苯二甲酸氢钾 $KHC_8H_4O_4$ (0.05 $mol\cdot L^{-1}$)	称取在 115±5 ℃下烘干 2～3 min 的邻苯二甲酸氢钾 10.12 g,溶于适量蒸馏水后,转入 1 L 容量瓶,稀释至刻度	4.008
磷酸二氢钾 KH_2PO_4(0.025 $mol\cdot L^{-1}$) +磷酸氢二钠 Na_2HPO_4(0.025 $mol\cdot L^{-1}$)	称取在 115±5 ℃下烘干 2～3 min 的磷酸二氢钾 3.39 g 和在同样条件下烘干的磷酸氢二钠 3.53 g,溶于煮沸 15～30 min 后冷却的蒸馏水中,转入 1 L 容量瓶,稀释至刻度	6.865

（续表）

pH 基准试剂	配 制 方 法	pH 标准值(25 ℃)
磷酸二氢钾 KH_2PO_4(0.008695 mol·L^{-1}) ＋磷酸氢二钠 Na_2HPO_4(0.003043 mol·L^{-1})	称取磷酸二氢钾 1.18 g 和磷酸氢二钠 4.32 g（干燥条件同上），溶于煮沸后冷却的蒸馏水中，转入 1 L 容量瓶，稀释至刻度	7.413
硼砂 $Na_2B_4O_7·10H_2O$ (0.01 mol·L^{-1})	称取硼砂 3.80 g(在氯化钠和蔗糖的饱和溶液中干燥至恒重)，溶于煮沸后冷却的蒸馏水中，转入 1 L 容量瓶，稀释至刻度	9.180
氢氧化钙 $Ca(OH)_2$ (饱和溶液)	在磨口瓶或聚乙烯瓶中放入煮沸后冷却的蒸馏水和过量的氢氧化钙粉末(约 5～10 g·L^{-1})，温度控制在 25±3 ℃，剧烈摇动 20～30 min，迅速用抽滤法滤去沉淀，取溶液使用	12.454

十二　配离子的稳定常数 $K^\theta_{稳}$

(293～298 K, $I\approx 0$)

配离子	稳定常数 $K^\theta_{稳}$	lg $K^\theta_{稳}$	配离子	稳定常数 $K^\theta_{稳}$	lg $K^\theta_{稳}$
$[Ag(NH_3)_2]^+$	1.12×10^7	7.05	$[Cu(NH_3)_4]^{2+}$	2.09×10^{13}	13.32
$[Ag(en)_2]^+$	5.01×10^7	7.70	$[Cu(en)_2]^{2+}$	1.0×10^{20}	20.0
$[AgCl_2]^-$	1.10×10^5	5.04	$[CuCl_3]^{2-}$	5.0×10^5	5.7
$[Ag(CN)_2]^-$	1.26×10^{21}	21.1	$[Cu(OH)_4]^{2-}$	3.16×10^{18}	18.5
$[Ag(S_2O_3)_2]^{3-}$	2.88×10^{13}	13.46	$[Cu(C_2H_3O)_4]^{2-}$	1.54×10^3	3.20
$[Ag(C_2H_3O)_2]^-$	4.37	0.64	$[Fe(CN)_6]^{4-}$	1.00×10^{35}	35.0
$[AlF_6]^{3-}$	6.92×10^{19}	19.84	$[Fe(CN)_6]^{3-}$	1.00×10^{42}	42.0
$[Al(OH)_4]^-$	1.07×10^{33}	33.03	$[Fe(SCN)_2]^+$	2.29×10^3	3.36
$[Al(C_2O_4)_3]^{3-}$	2.00×10^{16}	16.30	$[Fe(C_2O_4)_3]^{4-}$	1.66×10^5	5.22
$[BiCl_4]^-$	3.98×10^5	5.6	$[Fe(C_2O_4)_3]^{3-}$	1.58×10^{20}	20.20
$[Cd(NH_3)_4]^{2+}$	1.32×10^7	7.12	$[Hg(NH_3)_4]^{2+}$	1.91×10^{19}	19.28
$[Cd(en)_3]^{2+}$	1.23×10^{12}	12.09	$[HgCl_4]^{2-}$	1.17×10^{15}	15.07
$[CdCl_4]^{2-}$	6.31×10^2	2.80	$[HgI_4]^{2-}$	6.76×10^{29}	29.83
$[CdI_4]^{2-}$	2.57×10^5	5.41	$[Hg(SCN)_4]^{2-}$	1.91×10^{19}	19.28
$[Cd(OH)_4]^{2-}$	4.17×10^8	8.62	$[Ni(NH_3)_6]^{2+}$	5.50×10^8	8.74
$[Co(NH_3)_6]^{2+}$	1.29×10^5	5.11	$[PbCl_4]^{2-}$	39.8	1.60
$[Co(NH_3)_6]^{3+}$	1.58×10^{35}	35.2	$[Pb(OH)_6]^{4-}$	1×10^{61}	61.0
$[Co(en)_3]^{2+}$	8.71×10^{13}	13.94	$[Pb(C_2H_3O)_4]^{2-}$	3.16×10^8	8.50
$[Co(en)_3]^{3+}$	4.90×10^{48}	48.69	$[SnCl_4]^{2-}$	30.2	1.48
$[Co(SCN)_4]^{2-}$	1.00×10^3	3.00	$[Zn(NH_3)_4]^{2+}$	2.88×10^9	9.46
$[Cr(OH)_4]^-$	7.94×10^{29}	29.9	$[Zn(OH)_4]^{2-}$	4.57×10^{17}	17.66
$[Cu(NH_3)_2]^+$	7.24×10^{10}	10.86	$[Zn(SCN)_4]^{2-}$	41.7	1.62

注：(293～298 K, $I\approx 0$) 是指 $K^\theta_{稳}$ 的测量条件为 293～298 K、$I\approx 0$。

十三 无机酸在水溶液中的离解常数(25 ℃)

化合物	分子式	分 步	$I=0$		$I=0.1$	
			K_a	pK_a	K_a^M	pK_a^M
砷 酸	H_3AsO_4	K_1	6.5×10^{-3}	2.19	8×10^{-3}	2.1
		K_2	1.15×10^{-7}	6.94	2×10^{-7}	6.7
		K_3	3.2×10^{-12}	11.50	6×10^{-12}	11.2
亚砷酸	H_3AsO_3	K_1	6.0×10^{-10}	9.22	8×10^{-10}	9.1
		K_2			8×10^{-13}	12.1
		K_3			4×10^{-14}	13.4
硼 酸	H_3BO_3	K_1	5.8×10^{-10}	9.24		
		K_2	1.8×10^{-13}	12.74		
		K_3	1.58×10^{-14}	13.80		
碳 酸	CO_2+H_2O	K_1	4.3×10^{-7}	6.37	5×10^{-7}	6.3
		K_2	4.8×10^{-11}	10.32	8×10^{-11}	10.1
铬 酸	H_2CrO_4	K_1	0.16	0.8	2×10^{-1}	0.7
		K_2	3.2×10^{-7}	6.50	6×10^{-7}	6.2
	$2HCrO_4^-=Cr_2O_7^{2-}+H_2O$		Log $K=1.64$		Log $K=1.5$	
氢氰酸	HCN		4.9×10^{-10}	9.31	6×10^{-10}	9.2
氰 酸	HCNO		2.2×10^{-4}	3.66	3×10^{-4}	3.6
氢氟酸	HF		6.8×10^{-4}	3.17	8.9×10^{-4}	3.05
亚硝酸	HNO_2		5.1×10^{-4}	3.29	6×10^{-4}	3.2
磷 酸	H_3PO_4	K_1	6.9×10^{-3}	2.16	1×10^{-2}	2.0
		K_2	6.2×10^{-8}	7.21	1.3×10^{-7}	6.9
		K_3	4.8×10^{-13}	12.32	2×10^{-12}	11.7
亚磷酸	H_3PO_3	K_1	7.1×10^{-3}	2.15	1×10^{-2}	2.0
		K_2	2.0×10^{-7}	6.70	4×10^{-7}	6.4
硫化氢	H_2S	K_1	8.9×10^{-8}	7.05	1.3×10^{-7}	6.9
		K_2	1.20×10^{-13}	12.92	3×10^{-13}	12.6
硫 酸	H_2SO_4	K_1	1×10^{3}	−3		
		K_2	1.1×10^{-2}	1.94	1.6×10^{-2}	1.8
亚硫酸	H_2SO_3	K_1	1.29×10^{-2}	1.89	1.6×10^{-2}	1.8
		K_2	6.3×10^{-8}	7.20	1.6×10^{-7}	6.8
硅 酸	H_2SiO_3	K_1	1.7×10^{-10}	9.77	3×10^{-10}	9.6
		K_2	1.58×10^{-12}	11.80	2×10^{-13}	12.7
硫氰酸	HSCN		1.41×10^{-1}	0.85		

十四 有机酸在水溶液中的离解常数(25 ℃)

化合物	分子式	分步	$I=0$		$I=0.1$	
			K_a	pK_a	K_a^M	pK_a^M
甲　酸	$HCOOH$		1.7×10^{-4}	3.77	2.2×10^{-4}	3.65
乙　酸	CH_3COOH		1.754×10^{-5}	4.756	2.2×10^{-5}	4.65
氯乙酸	$ClCH_2COOH$		1.38×10^{-3}	2.86	2×10^{-3}	2.7
二氯乙酸	$Cl_2CHCOOH$		5.5×10^{-2}	1.26	8×10^{-2}	1.1
三氯乙酸	Cl_3CCOOH		2.2×10^{-1}	0.66	3×10^{-1}	0.5
苯甲酸	C_6H_5COOH		6.2×10^{-5}	4.21	8×10^{-5}	4.1
苯　酚	C_6H_5OH		1.12×10^{-10}	9.95	1.6×10^{-10}	9.8
草　酸	$H_2C_2O_4$	K_1	5.6×10^{-2}	1.25	8×10^{-2}	1.1
		K_2	5.1×10^{-5}	4.29	1×10^{-4}	4.0
乳　酸	$CH_3CHOHCOOH$		1.32×10^{-4}	3.88	1.7×10^{-4}	3.76
邻苯二甲酸	$C_6H_4(COOH)_2$	K_1	1.122×10^{-3}	2.950	1.6×10^{-3}	2.8
		K_2	3.91×10^{-6}	5.408	8×10^{-6}	5.1
d-酒石酸	CHOHCOOH | CHOHCOOH	K_1	9.1×10^{-4}	3.04	1.3×10^{-3}	2.9
		K_2	4.3×10^{-5}	4.37	8×10^{-5}	4.1
氨基乙酸盐	$^+NH_3CH_2COOH$	K_1	4.5×10^{-3}	2.35	3×10^{-3}	2.5
		K_2	1.7×10^{-10}	9.78	2×10^{-10}	9.7
抗坏血酸	OCOCOHCOHCH- -CHOHCH$_2$OH	K_1	6.8×10^{-5}	4.17	8.9×10^{-5}	4.05
		K_2	2.8×10^{-12}	11.56	5×10^{-12}	11.3
柠檬酸	CH_2COOH | COHCOOH | CH_2COOH	K_1	7.4×10^{-4}	3.13	1×10^{-3}	3.0
		K_2	1.7×10^{-5}	4.76	4×10^{-5}	4.4
		K_3	4.0×10^{-7}	6.40	8×10^{-7}	6.1
乙二胺四乙酸	H_6-$EDTA^{2+}$	K_1			1.3×10^{-1}	0.9
		K_2			3×10^{-2}	1.6
		K_3			8.5×10^{-3}	2.07
		K_4			1.8×10^{-3}	2.75
		K_5	5.4×10^{-7}	6.27	5.8×10^{-7}	6.24
		K_6	1.12×10^{-11}	10.95	4.6×10^{-11}	10.34
水杨酸	$C_6H_4(OH)COOH$		1.05×10^{-3}	2.98	1.3×10^{-3}	2.9
对硝基苯酚	$C_6H_4(OH)NO_2$		7.1×10^{-8}	7.15		

十五 弱碱在水溶液中的离解常数(25 ℃)

化合物	分子式	分步	$I=0$		$I=0.1$	
			K_b	pK_b	K_b^M	pK_b^M
氨	NH_3		1.8×10^{-5}	4.75	2.3×10^{-5}	4.63
联 氨	H_2NNH_2	K_1	9.8×10^{-7}	6.01	1.3×10^{-6}	5.9
		K_2	1.32×10^{-15}	14.88		
羟 氨	NH_2OH		9.1×10^{-9}	8.04	1.6×10^{-8}	7.8
甲 胺	CH_3NH_2		4.2×10^{-4}	3.38		
乙 胺	$C_2H_5NH_2$		4.3×10^{-4}	3.37		
二甲胺	$(CH_3)_2NH$		5.9×10^{-4}	3.23		
二乙胺	$(C_2H_5)_2NH$		8.5×10^{-4}	3.07		
乙醇胺	$HOC_2H_4NH_2$		3×10^{-5}	4.5		
三乙醇胺	$N(C_2H_4OH)_3$		5.8×10^{-7}	6.24	1.3×10^{-8}	7.9
六次甲基四胺	$(CH_2)_6N_4$		1.35×10^{-9}	8.87	1.8×10^{-9}	8.75
乙二胺	$H_2NCH_2CH_2NH_2$	K_1	8.5×10^{-5}	4.07		
		K_2	7.1×10^{-8}	7.15		
吡 啶	C_5H_5N		1.8×10^{-9}	8.74	1.6×10^{-9}	8.79 ($I=0.5$)
尿 素	$(NH_2)_2CO$		1.3×10^{-14} (21 ℃)	1.39		
苯 胺	$C_6H_5NH_2$		4.0×10^{-4}	3.40		

十六 金属羟基配合物的稳定常数

金属离子	离子强度		$\lg\beta$
Al^{3+}	2	$Al(OH)_4^-$	33.3
		$Al_6(OH)_{15}^{3+}$	163
Ba^{2+}	0	$Ba(OH)^+$	0.7
Bi^{3+}	3	$Bi(OH)^{2+}$	12.4
		$Bi_6(OH)_{12}^{6+}$	168.3
Ca^{2+}	0	$Ca(OH)^+$	1.3
Cu^{2+}	0	$Cu(OH)^+$	6.0
Fe^{2+}	1	$Fe(OH)^+$	4.5
Fe^{3+}	3	$Fe(OH)^{2+}$	11.0
		$Fe(OH)_2^+$	21.7
		$Fe_2(OH)_2^{4+}$	25.1
Mg^{2+}	0	$Mg(OH)^+$	2.6

（续表）

金属离子	离子强度	lgβ	
Mn^{2+}	0.1	$Mn(OH)^+$	3.4
Ni^{2+}	0.1	$Ni(OH)^+$	4.6
Pb^{2+}	0.3	$Pb(OH)^+$	6.2
		$Pb(OH)_2$	10.3
		$Pb(OH)_3^-$	13.3
		$Pb_2(OH)^{3+}$	7.6
Zn^{2+}	0	$Zn(OH)^+$	4.4
		$Zn(OH)_3^-$	14.4
		$Zn(OH)_4^{2-}$	15.5

十七　标准电极电位(25 ℃)

半反应	φ^0/V	半反应	φ^0/V
$F_2+2e \rightleftharpoons 2F^-$	2.87	$Hg_2^{2+}+2e \rightleftharpoons 2Hg$	0.792
$O_3+2H^++2e \rightleftharpoons O_2+H_2O$	2.07	$Fe^{3+}+e \rightleftharpoons Fe^{2+}$	0.771
$S_2O_8^{2-}+2e \rightleftharpoons 2SO_4^{2-}$	2.0	$OBr^-+H_2O+2e \rightleftharpoons Br^-+2OH^-$	0.76
$Ag^{2+}+e \rightleftharpoons Ag^+$	1.98	$O_2+2H^++2e \rightleftharpoons H_2O_2$	0.69
$H_2O_2+2H^++2e \rightleftharpoons 2H_2O$	1.77	$I_2+2e \rightleftharpoons 2I^-$	0.621
$MnO_4^-+4H^++3e \rightleftharpoons MnO_2+2H_2O$	1.68	$MnO_4^-+e \rightleftharpoons MnO_4^{2-}$	0.57
$2HClO+2H^++2e \rightleftharpoons Cl_2+2H_2O$	1.63	$H_3AsO_4+2H^++2e \rightleftharpoons HAsO_2+2H_2O$	0.56
$Ce^{4+}+e \rightleftharpoons Ce^{3+}$	1.61	$I_3^-+2e \rightleftharpoons 3I^-$	0.545
$H_5IO_6+H^++2e \rightleftharpoons IO_3^-+3H_2O$	~1.6	$MnO_4^{2-}+2H_2O+2e \rightleftharpoons MnO_2+4OH^-$	0.5
$2HBrO+2H^++2e \rightleftharpoons Br_2+2H_2O$	1.6	$Cu^++e \rightleftharpoons Cu$	0.52
$Bi_2O_4+4H^++2e \rightleftharpoons 2BiO^++2H_2O$	1.59	$H_2SO_3+4H^++4e \rightleftharpoons S+3H_2O$	0.45
$2BrO_3^-+12H^++10e \rightleftharpoons Br_2+6H_2O$	1.5	$O_2+2H_2O+4e \rightleftharpoons 4OH^-$	0.401
$MnO_4^-+8H^++5e \rightleftharpoons Mn^{2+}+4H_2O$	1.51	$VO^{2+}+2H^++e \rightleftharpoons V^{3+}+H_2O$	0.34
$Mn^{3+}+e \rightleftharpoons Mn^{2+}$	1.51	$Cu^{2+}+2e \rightleftharpoons Cu$	0.34
$PbO_2+4H^++2e \rightleftharpoons Pb^{2+}+2H_2O$	1.455	$UO_2^{2+}+4H^++2e \rightleftharpoons U^{4+}+2H_2O$	0.33
$2HIO+2H^++2e \rightleftharpoons I_2+2H_2O$	1.45	$BiO^++2H^++3e \rightleftharpoons Bi+H_2O$	0.32
$Cl_2+2e \rightleftharpoons 2Cl^-$	1.358	$AgCl+e \rightleftharpoons Ag+Cl^-$	0.2223
$Cr_2O_7^{2-}+14H^++6e \rightleftharpoons 2Cr^{3+}+7H_2O$	1.33	$SO_4^{2-}+4H^++2e \rightleftharpoons H_2SO_3+H_2O$	0.17
$MnO_2+4H^++2e \rightleftharpoons Mn^{2+}+2H_2O$	1.23	$Sn^{4+}+2e \rightleftharpoons Sn^{2+}$	0.14
$O_2+4H^++4e \rightleftharpoons 2H_2O$	1.229	$S+2H^++2e \rightleftharpoons H_2S$	0.14
$2IO_3^-+12H^++10e \rightleftharpoons I_2+6H_2O$	1.19	$TiO^{2+}+2H^++e \rightleftharpoons Ti^{3+}+H_2O$	0.1
$Br_2+2e \rightleftharpoons 2Br^-$	1.08	$S_4O_6^{2-}+2e \rightleftharpoons 2S_2O_3^{2-}$	0.09
$2ICl_2^-+2e \rightleftharpoons I_2+4Cl^-$	1.06	$2H^++2e \rightleftharpoons H_2$	0.0000
$VO_2^++2H^++e \rightleftharpoons VO^{2+}+H_2O$	0.999	$Pb^{2+}+2e \rightleftharpoons Pb$	−0.126
$2Hg^{2+}+2e \rightleftharpoons Hg_2^{2+}$	0.907	$Sn^{2+}+2e \rightleftharpoons Sn$	−0.14
$OCl^-+H_2O+2e \rightleftharpoons Cl^-+2OH^-$	0.89	$V^{3+}+e \rightleftharpoons V^{2+}$	−0.255
$Ag^++e \rightleftharpoons Ag$	0.7994	$Cd^{2+}+2e \rightleftharpoons Cd$	−0.403

（续表）

半反应	φ^0/V	半反应	φ^0/V
$Cr^{3+}+e \rightleftharpoons Cr^{2+}$	-0.38	$Sn(OH)_6^{2-}+2e \rightleftharpoons HSnO_2^-+H_2O+3OH^-$	-0.90
$Fe^{2+}+2e \rightleftharpoons Fe$	-0.44	$Al^{3+}+3e \rightleftharpoons Al$	-1.66
$U^{4+}+e \rightleftharpoons U^{3+}$	-0.63	$H_2AlO_3^-+H_2O+3e \rightleftharpoons Al+4OH^-$	-2.35
$AsO_4^{3-}+3H_2O+2e \rightleftharpoons H_2AsO_3^-+4OH^-$	-0.67	$Na^++e \rightleftharpoons Na$	-2.713
$Zn^{2+}+2e \rightleftharpoons Zn$	-0.7628		

十八　某些氧化还原电对的条件电位

半反应	条件电位/V	介质
$Ce(IV)+e \rightleftharpoons Ce(III)$	1.70	1 mol·L⁻¹ $HClO_4$
	1.61	1 mol·L⁻¹ HNO_3
	1.44	1 mol·L⁻¹ H_2SO_4
	1.28	1 mol·L⁻¹ HCl
$MnO_4^-+8H^++5e \rightleftharpoons Mn^{2+}+4H_2O$	1.45	1 mol·L⁻¹ $HClO_4$
$Mn(H_2P_2O_7)_3^{3-}+2H^++e \rightleftharpoons Mn(H_2P_2O_7)_2^{2-}+H_4P_2O_7$	1.15	0.4 mol·L⁻¹ $Na_2H_2P_2O_7$
$Cr_2O_7^{2-}+14H^++6e \rightleftharpoons 2Cr^{3+}+7H_2O$	1.025	1 mol·L⁻¹ $HClO_4$
	1.00	1 mol·L⁻¹ HCl
	1.08	3 mol·L⁻¹ HCl
	1.08	0.5 mol·L⁻¹ H_2SO_4
	1.15	4 mol·L⁻¹ H_2SO_4
$CrO_4^{2-}+2H_2O+3e \rightleftharpoons CrO_2^-+4OH^-$	-0.12	1 mol·L⁻¹ NaOH
$Fe(III)+e \rightleftharpoons Fe(II)$	0.735	1 mol·L⁻¹ $HClO_4$
	0.70	1 mol·L⁻¹ HCl
	0.72	0.5 mol·L⁻¹ HCl
	0.68	1 mol·L⁻¹ H_2SO_4
	0.44	0.3 mol·L⁻¹ H_3PO_4
	0.51	1 mol·L⁻¹ HCl - 0.25 mol·L⁻¹ H_3PO_4
$Fe(EDTA)^-+e \rightleftharpoons Fe(EDTA)^{2-}$	0.12	0.1 mol·L⁻¹ EDTA，pH 4～6
$Fe(CN)_6^{3-}+e \rightleftharpoons Fe(CN)_6^{4-}$	0.72	1 mol·L⁻¹ $HClO_4$
	0.71	1 mol·L⁻¹ HCl
	0.72	1 mol·L⁻¹ H_2SO_4
$H_3AsO_4+2H^++2e \rightleftharpoons H_3AsO_3+H_2O$	0.557	1 mol·L⁻¹ $HClO_4$
	0.557	1 mol·L⁻¹ HCl
$I_2(aq)+2e \rightleftharpoons 2I^-$	0.6276	0.5 mol·L⁻¹ H_2SO_4
$I_3^-+2e \rightleftharpoons 3I^-$	0.5446	0.5 mol·L⁻¹ H_2SO_4
$Sb(V)+2e \rightleftharpoons Sb(III)$	0.75	3.5 mol·L⁻¹ HCl
$Sn(IV)+2e \rightleftharpoons Sn(II)$	0.14	1 mol·L⁻¹ HCl
$Ti(IV)+e \rightleftharpoons Ti(III)$	-0.04	1 mol·L⁻¹ HCl

（续表）

半反应	条件电位/V	介质
	0.04	1 mol·L^{-1} H_2SO_4
	0.12	2 mol·L^{-1} H_2SO_4
	0.00	1 mol·L^{-1} H_3PO_4
V(Ⅴ)+e ⇌ V(Ⅳ)	1.02	1 mol·L^{-1} $HClO_4$
	1.02	1 mol·L^{-1} HCl
	0.94	1 mol·L^{-1} H_3PO_4
V(Ⅳ)+e ⇌ V(Ⅲ)	0.39	1 mol·L^{-1} H_3PO_4
W(Ⅵ)+e ⇌ W(Ⅴ)	0.26	12 mol·L^{-1} HCl

十九　难溶化合物的溶度积(25 ℃)

化合物	$K_{sp}(I=0)$	$K_{sp}(I=0.1)$	化合物	$K_{sp}(I=0)$	$K_{sp}(I=0.1)$
Ag_3AsO_4	1.03×10^{-22}	1.3×10^{-19}	$Co(OH)_2$ 新沉淀	5.92×10^{-15}	4×10^{-15}
AgBr	5.35×10^{-13}	8.7×10^{-13}	$Co(OH)_3$	1.6×10^{-44}	1.6×10^{-44}
Ag_2CO_3	8.46×10^{-12}	4×10^{-11}	α-CoS	4.0×10^{-21}	3×10^{-20}
AgCl	1.77×10^{-10}	3.2×10^{-10}	β-CoS	2.0×10^{-25}	1.3×10^{-24}
Ag_2CrO_4	1.12×10^{-12}	5×10^{-12}	$Cr(OH)_3$	6.3×10^{-31}	5×10^{-31}
AgOH	1.9×10^{-8}	3×10^{-8}	CuBr	6.27×10^{-9}	1×10^{-8}
AgI	8.52×10^{-17}	1.48×10^{-16}	CuCl	1.72×10^{-7}	3×10^{-7}
$Ag_2C_2O_4$	5.40×10^{-12}	4×10^{-11}	CuI	1.27×10^{-12}	2×10^{-12}
Ag_3PO_4	8.89×10^{-17}	2×10^{-15}	CuOH		1×10^{-14}
Ag_2SO_4	1.20×10^{-5}	8×10^{-5}	Cu_2S	2.5×10^{-48}	
Ag_2S	6.3×10^{-50}	6×10^{-49}	CuSCN	4.8×10^{-15}	2×10^{-13}
AgSCN	1.03×10^{-12}	2×10^{-12}	$CuCO_3$	2.3×10^{-10}	1.6×10^{-9}
$Al(OH)_3$	1.3×10^{-33}	3×10^{-32}	$Cu(OH)_2$	2.2×10^{-19}	6×10^{-19}
$BaCO_3$	2.58×10^{-9}	3×10^{-8}	CuS	6.3×10^{-36}	4×10^{-35}
$BaCrO_4$	1.2×10^{-10}	8×10^{-10}	$Fe(OH)_2$	4.87×10^{-17}	2×10^{-15}
BaC_2O_4	1.6×10^{-7}	1×10^{-6}	FeS	6.3×10^{-18}	4×10^{-17}
$BaSO_4$	1.08×10^{-10}	6×10^{-10}	$Fe(OH)_3$	2.79×10^{-39}	1.3×10^{-38}
$Bi(OH)_2Cl$	1.8×10^{-31}		Hg_2Cl_2	1.43×10^{-18}	6×10^{-18}
$CaCO_3$	3.36×10^{-9}	3×10^{-8}	$Hg_2(OH)_2$	2×10^{-24}	5×10^{-24}
CaC_2O_4	2.32×10^{-9}	1.6×10^{-8}	Hg_2I_2	5.2×10^{-29}	2×10^{-28}
CaF_2	3.45×10^{-11}	1.6×10^{-10}	$Hg(OH)_2$	4×10^{-26}	1×10^{-25}
$Ca_3(PO_4)_2$	2.07×10^{-26}	1×10^{-23}	HgS 红色	4×10^{-53}	
$CaSO_4$	4.93×10^{-5}	1.6×10^{-4}	HgS 黑色	1.6×10^{-52}	1×10^{-51}
$CaWO_4$	8.7×10^{-9}		$MgNH_4PO_4$	3×10^{-13}	
$CdCO_3$	1.0×10^{-12}	1.6×10^{-13}	$MgCO_3$	6.82×10^{-6}	6×10^{-5}
$Cd(OH)_2$ 新沉淀	7.2×10^{-15}	6×10^{-14}	MgC_2O_4	4.83×10^{-6}	5×10^{-4}
CdC_2O_4	1.42×10^{-8}	1×10^{-7}	MgF_2	6.5×10^{-9}	3×10^{-8}
CdS	8.0×10^{-27}	5×10^{-26}	$Mg(OH)_2$	5.61×10^{-12}	4×10^{-11}

（续表）

化合物	$K_{sp}(I=0)$	$K_{sp}(I=0.1)$	化合物	$K_{sp}(I=0)$	$K_{sp}(I=0.1)$
$MnCO_3$	2.24×10^{-11}	3×10^{-9}	$PbSO_4$	2.53×10^{-8}	1×10^{-7}
$Mn(OH)_2$	1.9×10^{-13}	5×10^{-15}	PbS	1.3×10^{-28}	1.6×10^{-26}
MnS 粉红	3×10^{-10}	1.6×10^{-9}	$Sn(OH)_2$	5.45×10^{-27}	2×10^{-28}
MnS 绿	3×10^{-13}		SnS	1×10^{-25}	
$Ni(OH)_2$ 新沉淀	5.48×10^{-16}	5×10^{-13}	$Sn(OH)_4$	1×10^{-56}	
α-NiS	3×10^{-19}		$SrCO_3$	5.6×10^{-10}	6×10^{-9}
β-NiS	1×10^{-24}		$SrCrO_4$	2.2×10^{-5}	
γ-NiS	2×10^{-26}		SrC_2O_4	1.6×10^{-7}	3×10^{-7}
$PbCO_3$	7.4×10^{-14}	5×10^{-13}	$SrSO_4$	3.44×10^{-7}	1.6×10^{-6}
$PbCl_2$	1.70×10^{-5}	8×10^{-5}	$TiO(OH)_2$	1×10^{-29}	3×10^{-29}
$PbCrO_4$	2.8×10^{-13}	1.3×10^{-13}	$ZnCO_3$	1.46×10^{-10}	1×10^{-10}
PbF_2	3.3×10^{-8}	1.3×10^{-7}	$Zn(OH)_2$	3×10^{-17}	5×10^{-16}
PbI_2	9.8×10^{-9}	3×10^{-8}	ZnS(闪锌矿)	1.6×10^{-24}	
$Pb(OH)_2$	1.43×10^{-17}	2×10^{-16}	ZnS(纤维锌矿)	5×10^{-25}	

二十　化合物的相对分子质量

（根据 1997 年国际原子量）

化合物	相对分子质量	化合物	相对分子质量	化合物	相对分子质量
Ag_3AsO_4	462.52	$BaCO_3$	197.34	$Ce(NH_4)_4(SO_4)_4\cdot2H_2O$	632.55
AgBr	187.77	$BaCrO_4$	253.32	$Ce(SO_4)_2$	332.24
AgCl	143.32	$Ba(OH)_2$	171.34	$Ce(SO_4)_2\cdot4H_2O$	404.30
Ag_2CrO_4	331.73	$BaSO_4$	233.39	$CoCl_2$	129.84
AgI	234.77	$Bi(NO_3)_3$	395.00	$CoCl_2\cdot6H_2O$	237.93
$AgNO_3$	169.87	$Bi(NO_3)_3\cdot5H_2O$	485.07	$Co(NO_3)_2$	182.94
AgSCN	165.95			$Co(NO_3)_2\cdot6H_2O$	291.03
$AlCl_3$	133.34	CO	28.01	CoS	90.99
$AlCl_3\cdot6H_2O$	241.43	CO_2	44.01	$CrCl_3$	158.35
$Al(NO_3)_3$	213.00	$CO(NH_2)_2$	60.06	$CrCl_3\cdot6H_2O$	266.45
$Al(NO_3)_3\cdot9H_2O$	375.13	CaO	56.08	Cr_2O_3	151.99
Al_2O_3	101.96	$CaCO_3$	100.09	CuCl	98.999
$Al(OH)_3$	78.00	CaC_2O_4	128.10	$CuCl_2$	134.45
$Al_2(SO_4)_3$	342.14	$CaCl_2$	110.99	$CuCl_2\cdot2H_2O$	170.48
$Al_2(SO_4)_3\cdot18H_2O$	666.41	$CaCl_2\cdot6H_2O$	219.08	CuSCN	121.62
As_2O_3	197.84	$Ca(OH)_2$	74.09	CuI	190.45
As_2O_5	229.84	$Ca_3(PO_4)_2$	310.18	$Cu(NO_3)_2$	187.56
As_2S_3	246.02	$CaSO_4$	136.14	$Cu(NO_3)_2\cdot3H_2O$	241.60
		$CdCl_2$	183.32	CuO	79.545
$BaCl_2$	208.24	CdS	144.47	Cu_2O	143.09
$BaCl_2\cdot2H_2O$	244.27	$Ce(NH_4)_2(NO_3)_6\cdot2H_2O$	584.25	CuS	95.61

（续表）

$CuSO_4$	159.60	HgO	216.59	$MnCl_2\cdot 4H_2O$	197.90
$CuSO_4\cdot 5H_2O$	249.68	HgS	232.66	$Mn(NO_3)_2\cdot 6H_2O$	287.04
		$HgSO_4$	296.65	MnO	70.937
$FeCl_3$	162.21	Hg_2SO_4	497.24	MnO_2	86.94
$FeCl_3\cdot 6H_2O$	270.30			MnS	87.00
$FeNH_4(SO_4)_2\cdot 12H_2O$	482.18	$KAl(SO_4)_2\cdot 12H_2O$	474.39	$MnSO_4$	151.00
$Fe(NH_4)_2(SO_4)_2\cdot 6H_2O$	392.13	KBr	119.00	$MnSO_4\cdot 7H_2O$	277.11
$Fe(NO_3)_3$	241.86	$KBrO_3$	167.00		
$Fe(NO_3)_3\cdot 6H_2O$	349.95	KCl	74.55	Na_3AsO_3	191.89
FeO	71.84	$KClO_3$	122.55	$Na_2B_4O_7\cdot 10H_2O$	381.37
Fe_2O_3	159.69	$KClO_4$	138.55	$NaBiO_3$	279.97
Fe_3O_4	231.54	KCN	65.116	$NaBr$	102.89
$Fe(OH)_3$	106.87	K_2CO_3	138.21	$NaBrO_3$	150.89
FeS	87.91	K_2CrO_4	194.19	$NaCl$	58.442
Fe_2S_3	207.87	$K_2Cr_2O_7$	294.18	$NaClO$	74.442
$FeSO_4$	151.90	$K_3Fe(CN)_6$	329.24	$NaCN$	49.007
$FeSO_4\cdot 7H_2O$	278.01	$K_4Fe(CN)_6$	368.34	Na_2CO_3	105.99
		$KHC_2O_4\cdot H_2O$	146.14	$Na_2CO_3\cdot 10H_2O$	286.14
H_3AsO_3	125.94	$KHC_2O_4\cdot H_2C_2O_4\cdot 2H_2O$	254.19	$Na_2C_2O_4$	134.00
H_3AsO_4	141.94	$KHC_4H_4O_6$(酒石酸盐)	188.18	CH_3COONa	82.034
H_3BO_3	61.83	$KHC_8H_4O_4$(苯二甲酸盐)	204.22	$CH_3COONa\cdot 3H_2O$	136.08
HBr	80.912	$KHSO_4$	136.17	$NaHCO_3$	84.007
HCN	27.025	KI	166.00	$Na_2HPO_4\cdot 12H_2O$	358.14
$HCOOH$	46.025	KIO_3	214.00	$Na_2H_2Y\cdot 2H_2O$	372.24
CH_3COOH	60.052	$KIO_3\cdot HIO_3$	389.91	$NaNO_2$	68.995
H_2CO_3	62.025	$KMnO_4$	158.03	$NaNO_3$	84.995
$H_2C_2O_4$	90.035	$KNaC_4H_4O_6\cdot 4H_2O$	282.22	Na_2O	61.979
$H_2C_2O_4\cdot 2H_2O$	126.07	KNO_2	85.10	Na_2O_2	77.978
HCl	36.461	KNO_3	101.10	$NaOH$	39.997
HF	20.006	K_2O	94.20	Na_3PO_4	163.94
HI	127.91	KOH	56.106	Na_2S	78.04
HIO_3	175.91	$KSCN$	97.18	$NaSCN$	81.07
HNO_2	47.013	K_2SO_4	174.26	Na_2SO_3	126.04
HNO_3	63.013			Na_2SO_4	142.04
H_2O	18.015	$MgCO_3$	84.31	$Na_2S_2O_3$	158.11
H_2O_2	34.015	$MgCl_2$	95.21	$Na_2S_2O_3\cdot 5H_2O$	248.19
H_3PO_4	97.995	$MgCl_2\cdot 6H_2O$	203.30	NH_3	17.03
H_2S	34.082	$MgNH_4PO_4\cdot 6H_2O$	245.41	$NH_4C_2H_3O_2$(醋酸铵)	77.08
H_2SO_3	82.08	MgO	40.304	NH_4Cl	53.491
H_2SO_4	98.08	$Mg(OH)_2$	58.320	$(NH_4)_2CO_3$	96.086
$HgCl_2$	271.50	$Mg_2P_2O_7$	222.55	$(NH_4)_2C_2O_4\cdot H_2O$	142.11
Hg_2Cl_2	472.09	$MgSO_4\cdot 7H_2O$	246.48	NH_4F	37.04
HgI_2	454.40	$MnCO_3$	114.95	NH_4HCO_3	79.055

（续表）

NH_4NO_3	80.043	$Pb(NO_3)_2$	331.2	$Sr(NO_3)_2$	211.63
$(NH_4)_2HPO_4$	132.06	PbO	223.2	$Sr(NO_3)_2 \cdot 4H_2O$	283.69
NH_4SCN	76.12	PbO_2	239.2	$SrSO_4$	183.68
$(NH_4)_2S$	68.14	PbS	239.3		
$(NH_4)_2SO_4$	132.14	$PbSO_4$	303.3	$TiCl_3$	154.23
$NiCl_2 \cdot 6H_2O$	237.69			TiO_2	79.87
NiO	74.69	SO_2	64.06		
$Ni(NO_3)_2 \cdot 6H_2O$	290.79	SO_3	80.06	$UO_2(CH_3COO)_2 \cdot 2H_2O$	424.15
NiS	90.76	Sb_2O_3	291.52		
$NiSO_4 \cdot 7H_2O$	280.86	Sb_2S_3	339.72	V_2O_5	181.88
NO	30.006	SiF_4	104.08		
NO_2	46.006	SiO_2	60.084	WO_3	231.84
		$SnCl_2$	189.62		
P_2O_5	141.94	$SnCl_2 \cdot 2H_2O$	225.65	$ZnCl_2$	136.30
$PbCl_2$	278.1	SnO_2	150.71	$Zn(NO_3)_2$	189.40
$PbCrO_4$	323.2	SnS	150.78	$Zn(NO_3)_2 \cdot 6H_2O$	297.49
$Pb(CH_3COO)_2$	325.3	$SrCO_3$	147.63	ZnO	81.39
$Pb(CH_3COO)_2 \cdot 3H_2O$	379.3	SrC_2O_4	175.64	$Zn(OH)_2$	99.40
PbI_2	461.0	$SrCrO_4$	203.61	ZnS	97.46

二十一 元素相对原子质量

（录自 1997 年国际原子量表）

元素	符号	相对原子质量	元素	符号	相对原子质量	元素	符号	相对原子质量
银	Ag	107.8682	铯	Cs	132.90545	铱	Ir	192.217
铝	Al	26.981538	铜	Cu	63.546	钾	K	39.0983
氩	Ar	39.948	镝	Dy	162.50	氪	Kr	83.80
砷	As	74.92160	铒	Er	167.26	镧	La	138.9055
金	Au	196.96655	铕	Eu	151.964	锂	Li	6.941
硼	B	10.811	氟	F	18.9984032	镥	Lu	174.967
钡	Ba	137.327	铁	Fe	55.845	镁	Mg	24.3050
铍	Be	9.012182	镓	Ga	69.723	锰	Mn	54.938049
铋	Bi	208.98038	钆	Gd	157.25	钼	Mo	95.94
溴	Br	79.904	锗	Ge	72.61	氮	N	14.00674
碳	C	12.0107	氢	H	1.00794	钠	Na	22.989770
钙	Ca	40.078	氦	He	4.002602	铌	Nb	92.90638
镉	Cd	112.411	铪	Hf	178.49	钕	Nd	144.24
铈	Ce	140.116	汞	Hg	200.59	氖	Ne	20.1797
氯	Cl	35.4527	钬	Ho	164.93032	镍	Ni	58.6934
钴	Co	58.933200	碘	I	126.90447	氧	O	15.9994
铬	Cr	51.9961	铟	In	114.818	锇	Os	190.23

（续表）

元素	符号	相对原子质量	元素	符号	相对原子质量	元素	符号	相对原子质量
磷	P	30.973761	锑	Sb	121.760	钛	Ti	47.867
铅	Pb	207.2	钪	Sc	44.955910	铊	Tl	204.3833
钯	Pd	106.42	硒	Se	78.96	铥	Tm	168.93421
镨	Pr	140.90765	硅	Si	28.0855	铀	U	238.0289
铂	Pt	195.078	钐	Sm	150.36	钒	V	50.9415
镭	Ra	226.03	锡	Sn	118.710	钨	W	183.84
铷	Rb	85.4678	锶	Sr	87.62	氙	Xe	131.29
铼	Re	186.207	钽	Ta	180.9479	钇	Y	88.90585
铑	Rh	102.90550	铽	Tb	158.92534	镱	Yb	173.04
钌	Ru	101.07	碲	Te	127.60	锌	Zn	65.39
硫	S	32.066	钍	Th	232.0381	锆	Zr	91.224

参 考 文 献

1. 杭州大学化学系分析化学教研室. 分析化学手册——第一分册(第二版)、第二分册(第二版). 北京:化学工业出版社,1997
2. 毛跟年,许牡丹,黄建文编著. 环境中有毒有害物质与分析检测. 北京:化学工业出版社,2004
3. 江泉观,纪云晶,常元勋主编. 环境化学毒物防治手册. 北京:化学工业出版社,2004
4. 柴华丽,马林,徐华华,陈剑鋐编著. 定量分析化学实验教程. 上海:复旦大学出版社,1993
5. 《仪器分析实验》编写组. 仪器分析实验(修订版). 上海:复旦大学出版社,1988
6. B. H. Mahan(马亨). 大学化学. 复旦大学化学系无机教研室译. 北京:科学技术出版社,1982
7. 金若水,王韵华,芮承国. 现代化学原理. 北京:高等教育出版社,2003
8. 吴性良,朱万森. 仪器分析实验. 修订版. 上海:复旦大学出版社,1988
9. 谷珉珉,贾韵仪,姚子鹏. 有机化学实验. 上海:复旦大学出版社,1991
10. 复旦大学等编,庄继华等修订. 物理化学实验. 第三版. 北京:高等教育出版社,2004
11. 北京大学化学系普通化学教研室. 普通化学实验(第二版). 北京:大学出版社,1991
12. 吴性良,朱万森,马林. 分析化学原理. 北京:化学工业出版社,2004
13. 李必斌,张海震,潘连富. 紫外-可见吸收光谱法定性定量测定食用合成色素. 中国卫生检验杂志,2001,**11**(1):58
14. J. A. Dean (Ed). *Lange's Handbook of Chemistry*. 15th edition. New York: McGraw-Hill, Inc., 1999
15. R. C. Weast. *Handbook of Chemistry and Physics*. 70th edition. Florida: Boca Raton, 1989—1990
16. D. R. Lide. *Handbook of Chemistry and Physics*. 82nd edition. Florida: Boca Raton, 2001—2002
17. Perry. *Chemical Engineer's Handbook*. 16th edition. New York: McGraw-Hill, Inc., 1984
18. 《分析化学手册》编写组. 分析化学手册(第二版). 北京:化学工业出版社,1997—1998
19. 高华寿. 定性分析实验. 北京:人民教育出版社,1962
20. 北京师范大学无机化学教研室等编. 无机化学实验(第三版). 北京:高等教育出版社,2001

参考文献

图书在版编目(CIP)数据

普通化学实验/沈建中等编. —上海：复旦大学出版社，2006.2(2021.11 重印)
ISBN 978-7-309-04874-2

Ⅰ. 普… Ⅱ. 沈… Ⅲ. 化学实验-高等学校-教材 Ⅳ. 06-3

中国版本图书馆 CIP 数据核字(2006)第 000435 号

普通化学实验
沈建中 马 林 赵 滨 卫景德 编
责任编辑/秦金妹

复旦大学出版社有限公司出版发行
上海市国权路 579 号 邮编：200433
网址：fupnet@fudanpress.com http://www.fudanpress.com
门市零售：86-21-65102580 团体订购：86-21-65104505
出版部电话：86-21-65642845
上海崇明裕安印刷厂

开本 787×1092 1/16 印张 12 字数 292 千
2021 年 11 月第 1 版第 8 次印刷
印数 12 101—13 200

ISBN 978-7-309-04874-2/O · 354
定价：38.00 元
